朝倉物性物理シリーズ

7

編集委員　川畑有郷・斯波弘行・鹿児島誠一

磁性 I

久保 健・田中秀数 著

朝倉書店

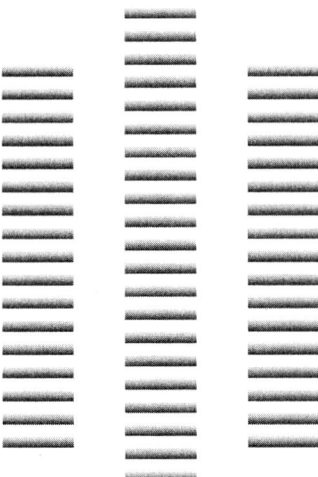

まえがき

磁力の問題は紀元前の昔から人類の興味をひきつけてきた．すでに紀元前8世紀の古代ギリシャでは，現在我々が磁鉄鉱 (Fe_3O_4) とよんでいる鉱物が鉄を引き寄せることが知られており，紀元前6世紀の哲学者タレスがそれについて述べたといわれている．また12世紀までにはヨーロッパにコンパスが伝わり，それによって大航海時代の幕が開かれた．このように身近なものになっても，離れた場所にある物体に力を及ぼす磁石は昔の人々にとって非常に神秘的なものに思われたに違いない．そのため多くの科学者たちが磁石の本性を明らかにしようと努力してきた．しかし，19世紀に電磁気学が完成され，電磁力についての理解が進んでも，物質が磁石になる理由を理解するためには，20世紀における量子力学の成立を待たねばならなかった．今日では，大部分の物質の磁性は，物質中の電子のもつスピンによって担われており，電子間に働くクーロン相互作用が物質を磁石にする原因であることがわかっている．一方，物質は磁石になる強磁性ばかりでなく，それ以外にも非常に多彩な磁性を示すことがわかってきた．本書はそれらの多彩な磁性現象のうち特徴的なものを紹介し，物質の磁性について勉強を始めようとしている人達に磁性体物理の面白さを知ってもらうことを目的としている．

固体中の電子スピンが示す磁性は，大きく分けて2通りの場合に分けられる．1つは，スピンを担う電子がイオンや原子の内部に強く束縛されているために，電子の固体全体にわたる運動を考えなくてもよい場合である．絶縁体が示す磁性はほとんどこの場合にあたる．この場合は，他の自由度を忘れ，スピンの自由度だけを取り扱うことにより磁性を議論することができる．このような系は局在スピン系とよばれる．本書が取り扱うのはこの場合である．もう1つの場合は，エネルギーバンド内での電子の運動が重要な役割を果たす場合である．このような場合を遍歴系の磁性とよぶが，これは本シリーズ中に出版予定の『磁性 II』で取り扱われる予定である．

日本における磁性物理研究の歴史は，1878年から1883年までお雇い外国人として東京大学に赴任したユーイング (J. A. Ewing) に始まる．その後本多光太郎をはじめとする多くの優れた研究者たちによって日本の磁性物理学は世界をリードする立場を築き，現在もわが国では磁性物理学の研究が非常に盛んである．そのため，磁性に関する優れた教科書がすでに多く存在する．一方，1980年以降低次元磁性体における量子効果の研究が，理論および実験の両面から急激に進展し，現在では1つの大きな研究分野となっているが，従来の磁性教科書には，量子効果についての記述は比較的少ないように思われる．そこで本書には量子効果の説明を多く加え，現代的な磁性物理学への入門書となるよう心がけた．

本書は読者として，学部の卒業研究あるいは大学院の修士論文で磁性の研究を始めようとしている人達を対象と考えており，学部レベルの量子力学，統計力学および固体物理学の知識を前提としている．また，一部には第2量子化の手法を使っているが，第2量子化については最低限の知識さえあれば内容を理解できると考えている．第1章および第2章は田中が担当し，固体中の局在スピンの成り立ちとそれらの間に働く相互作用について説明した．また，第3章以降は久保が担当し，局在スピンが多数集まった系の性質について説明している．局在スピン系の磁性について，実験を志す人も理論を志す人も一応知っておくとよいと著者たちが考えている事項を挙げてあるが，磁性の統計物理学的側面にかなり重点がおかれており，実験的な側面では不足している事項も多いと思う．また理論的な側面でも，紙数の関係で説明を尽していない点も多い．それらの点については，章末の文献や，他の参考書を通してさらに勉強して欲しい．本書が，いくらかでも磁性物理学を志す若い人達の助けになるならば著者たちにとって喜びである．

最後になるが，本書の執筆を薦めて下さり，原稿の改善に対して有益な助言を頂いた斯波弘行先生及び本書の構成について貴重な御意見を頂いた勝又紘一先生に厚く御礼申し上げる．また，本書の内容については多くの方々からの貴重なご教示に助けられた．また，多くの方々に論文中の図の転載を快く認めて頂いた．それらの方々に心から感謝申し上げる．また，執筆を始めてから脱稿までにすでに5年以上の年月が過ぎてしまったが，その間辛抱強く待ってくださり，激励を惜しまれなかった編集委員の先生方および朝倉書店編集部の方々にも厚く御礼申し上げる．

2008年9月

久保　健・田中秀数

目　　次

1

磁性体の基礎

1.1　原子の磁気モーメント

物質の物理的性質は構成原子の種類や配列の仕方によって様々である．原子は負の電荷をもつ電子と正の電荷をもつ原子核からなるが，それらは微視的な磁気モーメントの担い手でもある．物質の磁性は，特に電子の物質中での状態によって決まる．ここではまず電子と原子核のもつ磁気モーメントについて述べる．

1.1.1　電子のスピン磁気モーメント

電子は自転に対応するスピン角運動量 $\hbar \boldsymbol{s}$ をもつ．ここで $\hbar$ はプランク定数 h を 2π で割った量であり，$\boldsymbol{s}$ は大きさ $s = 1/2$ の無次元の角運動量演算子で，スピン (spin) とよばれる．スピン $\boldsymbol{s}$ は x，y，z 成分が

$$\sigma^x = \begin{pmatrix} 0 & 1 \\ 1 & 0 \end{pmatrix}, \qquad \sigma^y = \begin{pmatrix} 0 & -i \\ i & 0 \end{pmatrix}, \qquad \sigma^z = \begin{pmatrix} 1 & 0 \\ 0 & -1 \end{pmatrix} \tag{1.1}$$

で定義されるパウリ (Pauli) のスピン演算子 $\boldsymbol{\sigma}$ を用いて

$$\boldsymbol{s} = \frac{1}{2}\boldsymbol{\sigma}$$

と表される．電子スピンの大きさ s が整数ではなく，1/2 であることは，後で述べるゼーマン効果の観測，シュテルン・ゲルラッハの実験，あるいは電子がフェルミ統計に従うことなどで実証されている．

電荷をもつ粒子が自転をすれば，自転軸のまわりに小さな円電流が生ずるので，その粒子は磁気モーメントをもち，小さな磁石として振る舞う．このことは量子力学的粒子である電子にもあてはまり，電子は

$$\boldsymbol{\mu}_{\rm s} = -g\mu_{\rm B}\boldsymbol{s} \tag{1.2}$$

と表されるスピン磁気モーメント $\boldsymbol{\mu}_\mathrm{s}$ をもつ．この式の μ_B は**ボーア磁子** (Bohr magneton) とよばれ

$$\mu_\mathrm{B} = \frac{e\hbar}{2mc} = 9.2740154 \times 10^{-21} \quad [\mathrm{erg/G}] \tag{1.3}$$

で与えられる．ここで m，c および e はそれぞれ電子の質量，光の速さそして電気素量である．式 (1.2) の右辺の負符号は電子が負電荷 $-e$ をもつことによる．また右辺の g は **g 因子** (g-factor) とよばれ，磁場以外に何の影響も受けていない自由な電子の場合には

$$g = 2 + \frac{\alpha}{\pi} - 0.328\left(\frac{\alpha}{\pi}\right)^2 = 2.00231930 \tag{1.4}$$

と表される．ここで α は**微細構造定数** (fine structure constant) で，

$$\alpha = \frac{e^2}{\hbar c} = 7.29735308 \times 10^{-3} \tag{1.5}$$

で与えられる無次元の量である．g 因子が 1 と異なりほぼ 2 になるのは，相対論効果のためである．g 因子を与える式 (1.4) の右辺第 1 項の 2 は電子の相対論的量子力学を記述するディラック方程式の $1/c$ 展開から導かれる．また第 2 項以上は高次の補正を表す．磁性では一般的に顕著な相対論効果は少ないが，電子の g 因子と後に述べるスピン軌道相互作用だけは顕著な相対論効果である．

電子を外部磁場 $\boldsymbol{H}$ の中におくと，スピン磁気モーメントと外部磁場との相互作用は

$$\mathcal{H}_\mathrm{s} = -\boldsymbol{\mu}_\mathrm{s} \cdot \boldsymbol{H} = g\mu_\mathrm{B}\boldsymbol{s} \cdot \boldsymbol{H} \tag{1.6}$$

と表される．したがって，エネルギーはスピンの磁場方向成分 (z 成分) の値 $m_s = \pm 1/2$ に対応して

$$E_\mathrm{s}^{\pm} = \pm\frac{1}{2}g\mu_\mathrm{B}H \tag{1.7}$$

のように 2 つに分裂し，その差は $g\mu_\mathrm{B}H$ になる．この m_s に対応した磁場中でのエネルギーの分裂をスピンによる **ゼーマン効果** (Zeeman effect) という．

1.1.2 電子の軌道磁気モーメント

電子は原子核のまわりを軌道運動しているので，**軌道角運動量** (orbital angular momentum) $\hbar\boldsymbol{l}$ をもつ．ここで $\boldsymbol{l}$ は無次元の角運動量演算子で，その大きさ l は方位量子数とよばれ，電子軌道の主量子数を n とすれば，$l = 0, 1, 2, \cdots, n-1$ の値をとる．また $\boldsymbol{l}$ の z 成分 m は磁気量子数とよばれ，$m = l, l-1, \cdots, 0, \cdots, -l+1, -l$ の整数値をとる．電子の軌道運動は円電流をつくるので，**軌道磁気モー**

表 1.1 種々のイオンの反磁性磁化率 χ_{dia}

単位は 10^{-6} emu/mol. 文献 1) より転載. SI 単位系への換算は $1\,\mathrm{emu/mol} = 4\pi \times 10^{-6}\,\mathrm{m^3/mol}$ で行うことができる.

イオン	χ_{dia}	イオン	χ_{dia}	イオン	χ_{dia}	イオン	χ_{dia}	イオン	χ_{dia}	イオン	χ_{dia}
Ag^{+}	−24	Cl^{5+}	−2	I^{7+}	−10	Nd^{3+}	−20	Ru^{3+}	−23	TeO_3^{2-}	−63
Ag^{2+}	−24	ClO_3^{-}	−32	IO_3^{-}	−50	Ni^{2+}	−12	Ru^{4+}	−18	TeO_4^{2-}	−55
Al^{3+}	−2	ClO_4^{-}	−34	IO_4^{-}	−54	O^{2-}	−12	S^{2-}	−38	Th^{4+}	−23
As^{3+}	−9	Co^{2+}	−12	In^{3+}	−19	OH^{-}	−12	S^{4+}	−3	Ti^{3+}	−9
As^{5+}	−6	Co^{3+}	−10	Ir^{+}	−50	Os^{2+}	−44	S^{6+}	−1	Ti^{4+}	−5
AsO_3^{3-}	−51	Cr^{2+}	−15	Ir^{2+}	−42	Os^{3+}	−36	SO_3^{2-}	−38	Tl^{+}	−34
AsO_4^{3-}	−60	Cr^{3+}	−11	Ir^{3+}	−35	Os^{4+}	−29	SO_4^{2-}	−40	Tl^{3+}	−31
Au^{+}	−40	Cr^{4+}	−8	Ir^{4+}	−29	Os^{6+}	−18	$S_2O_8^{2-}$	−78	Tm^{3+}	−18
Au^{3+}	−32	Cr^{5+}	−5	Ir^{5+}	−20	Os^{8+}	−11	Sb^{3+}	−17	U^{3+}	−46
B^{3+}	−0.2	Cr^{6+}	−3	K^{+}	−13	P^{3+}	−4	Sb^{5+}	−14	U^{4+}	−35
BF_4^{-}	−39	Cs^{+}	−31	La^{3+}	−20	P^{5+}	−1	Sc^{3+}	−6	U^{5+}	−26
BO_3^{3-}	−35	Cu^{+}	−12	Li^{+}	−0.6	PO_3^{-}	−30	Se^{2-}	−48	U^{6+}	−19
Ba^{2+}	−32	Cu^{2+}	−11	Lu^{3+}	−17	PO_3^{3-}	−42	Se^{4+}	−8	V^{2+}	−15
Be^{2+}	−0.4	Dy^{3+}	−19	Mg^{2+}	−3	Pb^{2+}	−28	Se^{6+}	−5	V^{3+}	−10
Bi^{3+}	−25	Er^{3+}	−18	Mn^{2+}	−14	Pb^{4+}	−26	SeO_3^{2-}	−44	V^{4+}	−7
Bi^{5+}	−23	Eu^{2+}	−22	Mn^{3+}	−10	Pd^{2+}	−25	SeO_4^{2-}	−51	V^{5+}	−4
Br^{-}	−36	Eu^{3+}	−20	Mn^{4+}	−8	Pd^{4+}	−18	Si^{4+}	−1	W^{2+}	−41
Br^{5+}	−6	F^{-}	−11	Mn^{6+}	−4	Pr^{3+}	−20	SiO_3^{2-}	−36	W^{3+}	−36
BrO_3^{-}	−40	Fe^{2+}	−13	Mn^{7+}	−3	Pr^{4+}	−17	Sm^{2+}	−23	W^{4+}	−23
C^{4+}	−0.1	Fe^{3+}	−10	Mo^{2+}	−31	Pt^{2+}	−40	Sm^{3+}	−20	W^{5+}	−19
CN^{-}	−18	Ga^{3+}	−8	Mo^{3+}	−23	Pt^{3+}	−33	Sn^{2+}	−20	W^{6+}	−13
CNO^{-}	−21	Ge^{4+}	−7	Mo^{4+}	−17	Pt^{4+}	−28	Sn^{4+}	−16	Y^{3+}	−12
CNS^{-}	−35	Gd^{3+}	−20	Mo^{5+}	−12	Rb^{+}	−20	Sr^{2+}	−15	Yb^{2+}	−20
CO_3^{2-}	−34	H^{+}	0	Mo^{6+}	−7	Re^{3+}	−36	Ta^{5+}	−14	Yb^{3+}	−18
Ca^{2+}	−8	Hf^{4+}	−16	N^{5+}	−0.1	Re^{4+}	−28	Tb^{3+}	−19	Zn^{2+}	−10
Cd^{2+}	−22	Hg^{2+}	−37	NH_4^{+}	−11.5	Re^{6+}	−16	Tb^{4+}	−17	Zr^{4+}	−10
Ce^{3+}	−20	Ho^{2+}	−19	NO_2^{-}	−10	Re^{7+}	−12	Te^{2-}	−70		
Ce^{4+}	−17	I^{-}	−52	NO_3^{-}	−20	Rh^{3+}	−22	Te^{4+}	−14		
Cl^{-}	−26	I^{5+}	−12	Na^{+}	−5	Rh^{4+}	−18	Te^{6+}	−12		

メント $\boldsymbol{\mu}_{\mathrm{o}}$ が生ずる. 以下で外部磁場 $\boldsymbol{H}$ の中での軌道磁気モーメントを求めてみよう.

原子核やその他の電子がつくる中心力ポテンシャル $U(r)$ を受けて軌道運動する電子を外部磁場の中におくと, 軌道運動のハミルトニアン $\mathcal{H}$ は

$$\mathcal{H} = \frac{1}{2m}\left(\boldsymbol{p} + \frac{e}{c}\boldsymbol{A}\right)^2 + U(r) \tag{1.8}$$

と表される. ここで $\boldsymbol{p}$ は電子の運動量である. また $\boldsymbol{A}$ はベクトルポテンシャルで, 外部磁場 $\boldsymbol{H}$ と $\mathrm{rot}\,\boldsymbol{A} = \boldsymbol{H}$ の関係にある. ベクトルポテンシャル $\boldsymbol{A}$ は

$$\boldsymbol{A} = \frac{1}{2}(\boldsymbol{H} \times \boldsymbol{r}) \tag{1.9}$$

のように選ぶことができる．ここで $\boldsymbol{r}$ は原子核を原点とした電子の位置ベクトルである．この関係を式(1.8)に代入し，$2\boldsymbol{p}\cdot\boldsymbol{A} = (\boldsymbol{r}\times\boldsymbol{p})\cdot\boldsymbol{H}$ および $\boldsymbol{A}^2 = \frac{1}{4}(\boldsymbol{H}\times\boldsymbol{r})\cdot(\boldsymbol{H}\times\boldsymbol{r}) = \frac{1}{4}[r^2\boldsymbol{H} - (\boldsymbol{r}\cdot\boldsymbol{H})\boldsymbol{r}]\cdot\boldsymbol{H}$ を用いると

$$\mathcal{H} = \frac{\boldsymbol{p}^2}{2m} + U(r) + \left(\frac{e}{2mc}(\boldsymbol{r}\times\boldsymbol{p}) + \frac{e^2}{8mc^2}\{r^2\boldsymbol{H} - (\boldsymbol{r}\cdot\boldsymbol{H})\boldsymbol{r}\}\right)\cdot\boldsymbol{H} \tag{1.10}$$

を得る．この式の第 3 項は軌道磁気モーメント $\boldsymbol{\mu}_{\rm o}$ と磁場との相互作用を表すもので，式 (1.3) で与えられるボーア磁子 $\mu_{\rm B}$ と角運動量演算子 $\hbar\boldsymbol{l} = \boldsymbol{r}\times\boldsymbol{p}$ を用いると

$$\mathcal{H}_{\rm o} = \left(\mu_{\rm B}\boldsymbol{l} + \frac{e^2}{8mc^2}\{r^2\boldsymbol{H} - (\boldsymbol{r}\cdot\boldsymbol{H})\boldsymbol{r}\}\right)\cdot\boldsymbol{H} \tag{1.11}$$

と表すことができる．外部磁場中では軌道磁気モーメントのエネルギーは磁気量子数 m で指定される $2l+1$ 個の準位に分裂する．式(1.11)から軌道磁気モーメント $\boldsymbol{\mu}_{\rm o}$ は

$$\boldsymbol{\mu}_{\rm o} = -\frac{\partial\mathcal{H}_{\rm o}}{\partial\boldsymbol{H}} = -\mu_{\rm B}\boldsymbol{l} - \frac{e^2}{4mc^2}\{r^2\boldsymbol{H} - (\boldsymbol{r}\cdot\boldsymbol{H})\boldsymbol{r}\} \tag{1.12}$$

と求められる．この第 2 項は外部磁場を打ち消す向きに磁気モーメントをつくるように流れる誘導電流によって生ずる**反磁性** (diamagnetism) を表す．このように軌道磁気モーメントは，外部磁場がないときは電子の軌道角運動量に比例するが，外部磁場がある場合には，これに反磁性の項(式(1.12)の第 2 項)が加わる．この反磁性項の期待値 $\langle\boldsymbol{\mu}_{\rm dia}\rangle$ は

$$\langle\boldsymbol{\mu}_{\rm dia}\rangle = -\frac{e^2}{4mc^2}\langle\boldsymbol{r}_\perp^2\rangle\boldsymbol{H} \tag{1.13}$$

のように表すことができる．ここで $\boldsymbol{r}_\perp$ は電子の位置ベクトル $\boldsymbol{r}$ の外部磁場に垂直な成分で，$\langle\boldsymbol{r}_\perp^2\rangle$ は $H=0$ における $\boldsymbol{r}_\perp$ の 2 乗の期待値である．式(1.13)から電子軌道の反磁性磁化率 $\chi_{\rm dia}$ は

$$\chi_{\rm dia} = -\frac{\partial\langle\mu_{\rm dia}\rangle}{\partial H} = -\frac{e^2}{4mc^2}\langle\boldsymbol{r}_\perp^2\rangle \tag{1.14}$$

と求められる．軌道磁気モーメントに対する反磁性項の寄与は軌道角運動量に比例する項 $-\mu_{\rm B}\boldsymbol{l}$ に比べて一般に非常に小さい．しかし電子はすべてこの反磁性に関与するので，すべてのイオンまたは原子が反磁性磁化率をもっている．表1.1に種々のイオンがもつ反磁性磁化率を示した．

1.1.3　原子核の磁気モーメント

原子核やこれを構成する陽子や中性子も自転に対応するスピン角運動量 $\hbar\boldsymbol{I}$ をもつ．ここで $\boldsymbol{I}$ は無次元の角運動量演算子で，**核スピン** (nuclear spin) とよばれる．核スピンの大きさ I は陽子や中性子では $I = 1/2$ であるが，これらからなる原子核では核種によって 0 以上の整数の場合も半奇数の場合もある．同じ原子でも同位体によって核スピンの値が異なる．

核スピンによる核磁気モーメント $\boldsymbol{\mu}$ は

$$\boldsymbol{\mu} = g_{\mathrm{N}}\mu_{\mathrm{N}}\boldsymbol{I} \tag{1.15}$$

のように表される．ここで μ_{N} は**核磁子** (nuclear magneton) とよばれ，陽子の質量を m_{p} として

$$\mu_{\mathrm{N}} = \frac{e\hbar}{2m_{\mathrm{p}}c} = 5.0507866 \times 10^{-24} \quad [\mathrm{erg/G}] \tag{1.16}$$

で定義される．g_{N} は 1 程度の数で，核種によって決まった値をもつ．陽子では $g_{\mathrm{N}} = 5.5857$ であり，中性子では $g_{\mathrm{N}} = -3.8261$ である．このように中性子は電気的に中性であるが，磁気モーメントをもっている．このため中性子が物質中に入射すると，原子核からの核力の他に物質中の磁気モーメントとの双極子相互作用のために散乱される．この原理を利用した**中性子散乱実験**で，物質中の磁気モーメントの配列や磁気励起を調べることができる．核磁子はボーア磁子に比べて約 1/1800 の大きさしかないので，核磁気モーメントは通常物質の磁性にほとんど影響を与えることはない．しかし原子核は電子の磁気モーメントによる強い内部磁場を受けているので，核スピンのエネルギー準位に分裂が起こる．この準位間のエネルギーをもつ電波の共鳴吸収を利用した**核磁気共鳴実験**によって，物質中の磁気モーメントの配列や揺らぎの様子を知ることができる．

1.2　自由な磁性イオン

絶縁性の磁性体の多くはハロゲン化物や酸化物などのイオン結晶である．しかし最近では分子のある部分に局在したフリーラジカル (free radical) が磁性を担う分子磁性体が精力的に開拓されている．本節ではイオン結晶の磁性体の電子状態について述べる．イオン結晶では電子の移動によって原子は正と負のイオンに分かれ，これらが規則的に配列して結晶格子を形成している．議論の

出発点として，まず他のイオンから電場などの影響を受けていない自由な磁性イオンの電子状態を考えよう．

1.2.1 磁性イオンと電子配置

量子力学で学んだように，1つのイオンの中で電子は主量子数n，方位量子数l，磁気量子数mで指定される軌道をとる．1つの軌道にはスピンのz成分$m_s = \pm 1/2$に対応して2つの電子が入ることができる．方位量子数が$l = 0, 1, 2, 3, 4, \cdots$の軌道はそれぞれ$s, p, d, f, g, \cdots$という慣用記号で表され，たとえば$n = 3, l = 2$の軌道は$3d$軌道とよばれる．また主量子数$n$と方位量子数$l$が同じで磁気量子数$m$だけが異なる$2l+1$個の軌道は，まとめて1つの殻(shell) とよばれる．

電子が原子核やその他の電子がつくる中心力ポテンシャル$U(r)$を受けていると仮定すると，電子軌道の波動関数ϕ_{nlm}は極座標r，θ，φを用いて

$$\phi_{nlm} = R_{nl}(r) Y_{lm}(\theta, \varphi) \tag{1.17}$$

のように, nとlで指定されrのみに依存する動径部分$R_{nl}(r)$と, lとmで指定されθとφに依存する球面調和関数$Y_{lm}(\theta, \varphi)$の積で表される．この$Y_{lm}(\theta, \varphi)$は

$$\Theta_{lm}(\theta) = (-1)^{\frac{m+|m|}{2}} \sqrt{\frac{2l+1}{2} \frac{(l-|m|)!}{(l+|m|)!}} P_l^m(\cos\theta), \tag{1.18}$$

$$\Phi_m(\varphi) = \frac{1}{\sqrt{2\pi}} \mathrm{e}^{\mathrm{i}m\varphi} \tag{1.19}$$

で定義される $\Theta_{lm}(\theta)$ と $\Phi_m(\varphi)$ を用いて

$$Y_{lm}(\theta, \varphi) = \Theta_{lm}(\theta) \Phi_m(\varphi) \tag{1.20}$$

と表される．ここで$P_l^m(x)$はルジャンドルの陪関数とよばれ

$$P_l^m(x) = \frac{(1-x^2)^{\frac{|m|}{2}}}{2^l l!} \frac{\mathrm{d}^{|m|+l}}{\mathrm{d}x^{|m|+l}} (x^2-1)^l \tag{1.21}$$

で定義される．

軌道角運動量は$Y_{lm}(\theta, \varphi)$によって決まり，角運動量演算子$\boldsymbol{l} = (l^x, l^y, l^z)$について

$$\boldsymbol{l}^2 Y_{lm}(\theta, \varphi) = l(l+1) Y_{lm}(\theta, \varphi), \tag{1.22}$$

$$l^z Y_{lm}(\theta, \varphi) = m Y_{lm}(\theta, \varphi), \tag{1.23}$$

$$l^{\pm} Y_{lm}(\theta, \varphi) = \sqrt{(l \pm m + 1)(l \mp m)} Y_{lm\pm1}(\theta, \varphi) \tag{1.24}$$

の関係がある．ここで $l^{\pm}$ は $l^{\pm} = l^x \pm \mathrm{i}l^y$ で定義される昇降演算子である．

一方，電子のエネルギーは $R_{nl}(r)$ によって決まる．電子が $+Ze$ の正電荷をもつ原子核からのクーロン相互作用 $U(r) = -Ze^2/r$ のみを受ける場合には，電子のエネルギー E は

$$E = -\frac{mZ^2e^4}{2\hbar^2n^2} \tag{1.25}$$

となって，主量子数 n のみで決まり，方位量子数 l には依存しない．しかし，実際には他の電子からクーロン相互作用があり，これを中心力に取り込むと中心力ポテンシャル $U(r)$ は $1/r$ に比例する単純な形にはならず，電子のエネルギーは l にも依存する．一般的に n が同じ軌道については，l が大きい方が (すなわち角運動量が大きい方が) エネルギーが高くなる．1 つのイオンは原子番号からイオンの価数 (陽イオンならば正，陰イオンならば負) を引いた数の電子をもっている．この電子をエネルギーの低い軌道から順に配置してゆくと最もエネルギーの低い電子配置が得られる．たとえば Cr^{3+} では 21 個の電子が $(1s)^2(2s)^2(2p)^6(3s)^2(3p)^6(3d)^3$ のように配置される．また Cu^{2+} では 27 個の電子が $(1s)^2(2s)^2(2p)^6(3s)^2(3p)^6(3d)^9$ のように配置される．ここで各軌道の右肩の数字はその軌道に入る電子の数を表している．この Cr^{3+} と Cu^{2+} では $1s$ から $3p$ 軌道が電子がすべて詰まった**閉殻** (closed shell) で，$3d$ 軌道が電子が完全に詰まっていない**不完全殻**である．1 つの殻内の電子の番号を i として，電子の軌道角運動量 $\boldsymbol{l}_i$ とスピン $\boldsymbol{s}_i$ の i についての和をとると，閉殻については $\sum_i \boldsymbol{l}_i = 0$，$\sum_i \boldsymbol{s}_i = 0$ となるため，スピン磁気モーメントの和と軌道磁気モーメントを表す式 (1.12) の第 1 項についての和がともに 0 となる．したがって閉殻の電子は式 (1.12) の第 2 項で表される小さな反磁性のみを生ずる．これに対して不完全殻では $\sum_i \boldsymbol{l}_i \neq 0$，$\sum_i \boldsymbol{s}_i \neq 0$ となるので，スピン磁気モーメントの和と軌道角運動量による軌道磁気モーメントの和は相殺せずに残る．この不完全殻の電子の磁気モーメントは閉殻電子の反磁性モーメントよりずっと大きく，強磁性や反強磁性などの多彩な磁性を担う．

不完全殻をもつイオン (あるいは原子) は**磁性イオン (磁性原子)** とよばれる．磁性イオンには Ti^{3+}，Cr^{3+}，Mn^{2+}，Fe^{3+}，Co^{2+}，Ni^{3+}，Cu^{2+} などの**遷移元素イオン**と Ce^{3+}，Pr^{3+}，Nd^{3+}，Sm^{3+}，Eu^{2+}，Gd^{3+}，Dy^{3+} などの**希土類元素イオン**とがある．遷移元素イオンでは $3d$ 軌道や $4d$ 軌道が不完全殻であり，希土類元素イオンでは $4f$ 軌道が不完全殻である．表 1.2 に $3d$ 軌道と $4f$ 軌

表 1.2　代表的な磁性イオンの電子配置

磁性イオン	$1s$	$2s$	$2p$	$3s$	$3p$	$3d$	$4s$	$4p$	$4d$	$4f$	$5s$	$5p$	$5d$	$5f$	$5g$
(遷移元素イオン)															
Sc^{2+}, Ti^{3+}	2	2	6	2	6	1									
Ti^{2+}, V^{3+}	2	2	6	2	6	2									
V^{2+}, Cr^{3+}	2	2	6	2	6	3									
Cr^{2+}, Mn^{3+}	2	2	6	2	6	4									
Mn^{2+}, Fe^{3+}	2	2	6	2	6	5									
Fe^{2+}, Co^{3+}	2	2	6	2	6	6									
Co^{2+}	2	2	6	2	6	7									
Ni^{2+}	2	2	6	2	6	8									
Cu^{2+}	2	2	6	2	6	9									
(希土類元素イオン)															
Ce^{3+}	2	2	6	2	6	10	2	6	10	1	2	6			
Pr^{3+}	2	2	6	2	6	10	2	6	10	2	2	6			
Nd^{3+}	2	2	6	2	6	10	2	6	10	3	2	6			
Pm^{3+}	2	2	6	2	6	10	2	6	10	4	2	6			
Sm^{3+}	2	2	6	2	6	10	2	6	10	5	2	6			
Eu^{3+}	2	2	6	2	6	10	2	6	10	6	2	6			
Eu^{2+}, Gd^{3+}	2	2	6	2	6	10	2	6	10	7	2	6			
Tb^{3+}	2	2	6	2	6	10	2	6	10	8	2	6			
Dy^{3+}	2	2	6	2	6	10	2	6	10	9	2	6			
Ho^{3+}	2	2	6	2	6	10	2	6	10	10	2	6			
Er^{3+}	2	2	6	2	6	10	2	6	10	11	2	6			
Tm^{3+}	2	2	6	2	6	10	2	6	10	12	2	6			
Yb^{3+}	2	2	6	2	6	10	2	6	10	13	2	6			

道が不完全殻である磁性イオンの電子配置を示した．これから先では磁性を担う不完全殻の電子状態について述べる．

1.2.2　*LS* 多重項とフントの規則

d 軌道にはスピンの自由度を入れると $5 \times 2 = 10$ 個の状態があり，f 軌道については $7 \times 2 = 14$ 個の状態がある．したがってたとえば d 軌道に n 個の電子がある場合には ${}_{10}C_n$ 通りの電子状態がある．電子が中心力ポテンシャルのみを受けている場合には，これらの状態はすべて同じエネルギーをもつが，電子間に働くクーロン相互作用のためにエネルギー準位に分裂が生ずる．ここでは不完全殻内の電子間に働くクーロン相互作用によって電子のエネルギー準位がどのように分裂し，どの状態が基底状態になるかを説明しよう．

クーロン相互作用は内力であるから，**全軌道角運動量** (total orbital angular momentum) $\boldsymbol{L} = \sum_i \boldsymbol{l}_i$ と**全スピン** (total spin) $\boldsymbol{S} = \sum_i \boldsymbol{s}_i$ は保存される．

したがって L と S が同じ $(2L+1)\times(2S+1)$ 個の状態は同じエネルギーをもつ．この L と S が同じ状態を **LS 多重項** (LS multiplet) とよぶ．このように電子のエネルギー準位は全軌道角運動量 L と全スピン S とで分類することができる．全軌道角運動量が $L=0,1,2,3,4,5,6,7,8,9,10,\cdots$ の状態はそれぞれ $S,P,D,F,G,H,I,K,L,M,N,\cdots$ という大文字の記号で表される．たとえば $L=3$，$S=1$ の LS 多重項は ^3F のように，また $L=0$，$S=5/2$ の場合は ^6S のように表記される．ここで左肩の数字 3 は $2S+1$ の値で，全スピンの大きさを表す．一般に d 軌道や f 軌道に任意の個数の電子が配置されるとき，どのような LS 多重項が現れるかを調べる簡便な方法としてスレーター (Slater) の方法が知られている．詳しくは文献 2) を参照されたい．

各 LS 多重項のエネルギー準位は d 軌道や f 軌道内での電子間のクーロン相互作用によって決まる．このエネルギー準位の計算方法についても文献 2) に詳しく解説がなされているので，参照されたい．ただし最低エネルギーの LS 多重項がどのようなものになるかについては，以下の**フントの規則** (Hund rule) が知られている．すなわち

1) 全スピン S が最大である LS 多重項が最もエネルギーが低い．
2) 最大の S をもつ LS 多重項が複数ある場合には，全軌道角運動量 L が最大のものが最もエネルギーが低い．

1) は**パウリの原理**から電子のスピンが互いに平行であれば同じ場所を占める確率が少なくなり，電子間の反発力をより避けることができることによる．2) についての直感的な説明は難しいが，2) は電子のスピンが互いに平行であれば磁気量子数 m が大きい軌道から順に電子を配置した方が電子間の反発力をより避けることができることを意味している．

表 1.3 は d 軌道と f 軌道に n 個の電子が配置されるときに現れる LS 多重項をまとめたものである．f 軌道については LS 多重項の数が非常に多くなるので，最低のエネルギーをもつものについてのみ記載した．d 軌道については一番右の LS 多重項が最低エネルギーをもつ．最低エネルギーと次に低いエネルギーをもつ LS 多重項のエネルギー差は電子間のクーロン相互作用で決まり，おおよそ 2 ～数 eV の大きさをもつ．1 eV は温度に換算する約 1×10^4 K なので，室温程度の温度では電子は最低エネルギーの LS 多重項にあると考えてよい．表 1.3 を見てわかるように，d 軌道については d^n と d^{10-n} が，また f 軌道については f^n と f^{14-n} が同じ LS 多重項をもつ．これは n が軌道に収容でき

表 1.3 d 軌道と f 軌道の LS 多重項

電子配置	LS 多重項 (記号左の 2 あるいは 3 は出現個数を表す)
d, d^9	${}^2D$
d^2, d^8	${}^1S,\ {}^1D,\ {}^1G,\quad {}^3P,\ {}^3F$
d^3, d^7	${}^2P,\ 2\,{}^2D,\ {}^2F,\ {}^2G,\ {}^2H,\quad {}^4P,\ {}^4F$
d^4, d^6	$2\,{}^1S,\ 2\,{}^1D,\ {}^1F,\ 2\,{}^1G,\ {}^1I,\quad 2\,{}^3P,\ {}^3D,\ 2\,{}^3F,\ {}^3G,\ {}^3H,\quad {}^5D$
d^5	${}^2S,\ {}^2P,\ 3\,{}^2D,\ 2\,{}^2F,\ 2\,{}^2G,\ {}^2H,\ {}^2I,\quad {}^4P,\ {}^4D,\ {}^4F,\ {}^4G,\quad {}^6S$
f, f^{13}	${}^2F$
f^2, f^{12}	${}^3H$
f^3, f^{11}	${}^4I$
f^4, f^{10}	${}^5I$
f^5, f^9	${}^6H$
f^6, f^8	${}^7F$
f^7	${}^8S$

る電子の数 $2(2l+1)$ の半分以上であるときには，$2(2l+1)-n$ 個の正の電荷をもつ正孔 (hole) がある場合と対応づけることができるためである．

1.2.3 スピン軌道相互作用

非相対論的量子力学の範囲内では，電子の軌道運動とスピンとは独立である．しかし電磁場中の電子の相対論的な運動を記述するディラック方程式からはスピン軌道相互作用 (spin-orbit interaction) とよばれる軌道角運動量 $\boldsymbol{l}$ とスピン $\boldsymbol{s}$ との内積に比例した相互作用

$$\mathcal{H}_{\rm so} = \frac{g{\mu_{\rm B}}^2 Z}{r^3}(\boldsymbol{l}\cdot\boldsymbol{s}) \tag{1.26}$$

が導かれる．この相互作用は次のような機構から生ずる．電子は原子核のまわりを軌道運動しているが，これを電子とともに動く座標系から見ると，原子核が電子のまわりを軌道運動しているように見える．正の電荷をもつ原子核の軌道運動は環状電流をつくるので，電子の位置にはこれによる磁場 $\boldsymbol{H}$ が生じ，この磁場と電子のスピン磁気モーメント $\boldsymbol{\mu}_{\rm s}$ の間には式 (1.6) で表されるゼーマン相互作用が働く．磁場 $\boldsymbol{H}$ は電子の軌道角運動量 $\boldsymbol{l}$ に比例するので，結果的に $\boldsymbol{l}$ と $\boldsymbol{s}$ の内積に比例した相互作用が生ずる．

式 (1.26) で表されるスピン軌道相互作用は磁性を担う不完全殻の全電子について働く．最低エネルギーの LS 多重項では，電子の数 n が $2l+1$ より小さい場合には，電子のスピンはすべて平行であるので，個々の電子スピン $\boldsymbol{s}_i$ は全スピン $\boldsymbol{S}$ を用いて

$$\boldsymbol{s}_i = \frac{\boldsymbol{S}}{n} = \frac{\boldsymbol{S}}{2S} \tag{1.27}$$

と表される．したがって1つの LS 多重項におけるスピン軌道相互作用は

$$\mathcal{H}_{LS} = g\mu_{\mathrm{B}}{}^2 Z \sum_i \frac{1}{r_i^3}(\boldsymbol{l}_i \cdot \boldsymbol{s}_i) = g\mu_{\mathrm{B}}{}^2 Z \left\langle \frac{1}{r^3} \right\rangle \frac{1}{2S}(\boldsymbol{L} \cdot \boldsymbol{S}) \tag{1.28}$$

となる．次に電子の数 n が $2l+1$ より大きい場合には，$2l+1$ 個の電子のスピンは全スピン $\boldsymbol{S}$ と平行になり，残りの電子のスピンは反平行になる．$\boldsymbol{S}$ と平行なスピンをもつ $i = 1 \sim (2l+1)$ の電子のスピン $\boldsymbol{s}_i$ については式 (1.27) がそのまま成り立つ．この電子について軌道角運動量 $\boldsymbol{l}_i$ の和をとると $\sum_i \boldsymbol{l}_i = 0$ となり，スピン軌道相互作用は相殺される．$\boldsymbol{S}$ と反平行なスピンをもつ $i = (2l+2) \sim n$ の電子については

$$\boldsymbol{s}_i = -\frac{\boldsymbol{S}}{2(2l+1)-n} = -\frac{\boldsymbol{S}}{2S} \tag{1.29}$$

となるので，スピン軌道相互作用は

$$\mathcal{H}_{LS} = g\mu_{\mathrm{B}}{}^2 Z \sum_i \frac{1}{r_i^3}(\boldsymbol{l}_i \cdot \boldsymbol{s}_i) = -g\mu_{\mathrm{B}}{}^2 Z \left\langle \frac{1}{r^3} \right\rangle \frac{1}{2S}(\boldsymbol{L} \cdot \boldsymbol{S}) \tag{1.30}$$

と表される．一般にスピン軌道相互作用は

$$\mathcal{H}_{LS} = \lambda(\boldsymbol{L} \cdot \boldsymbol{S}) \tag{1.31}$$

のように書き表される．上に述べたことから係数 λ は電子数 n が $n < 2l+1$ のときには $\lambda > 0$ となり，$n > 2l+1$ のときには $\lambda < 0$ となる．また $n = 2l+1$ のときには $L = 0$ となるので，スピン軌道相互作用は消失する．後に述べるように，λ の符号は結晶中での g 値が式 (1.4) で与えられる自由な電子の g 値 $g \approx 2.00$ よりも小さくなるか大きくなるかを決める．表 1.4 は代表的な遷移元素イオンと希土類元素イオンのスピン軌道相互作用係数 λ を表したものである．

スピン軌道相互作用が存在すると全軌道角運動量 $\boldsymbol{L}$ と全スピン $\boldsymbol{S}$ は保存されなくなるので，LS 多重項のエネルギーは分裂する．スピン軌道相互作用は式 (1.31) のように $\boldsymbol{L}$ と $\boldsymbol{S}$ の内積に比例するので，$\boldsymbol{L}$ と $\boldsymbol{S}$ の和

$$\boldsymbol{J} = \boldsymbol{L} + \boldsymbol{S} \tag{1.32}$$

は保存される．ここで $\boldsymbol{J}$ の大きさ J は $J = L+S,\ L+S-1,\ L+S-2, \cdots, |L-S|$ の値をとることができる．この $\boldsymbol{J}$ を用いるとスピン軌道相互作用は

$$\mathcal{H}_{LS} = \lambda(\boldsymbol{L} \cdot \boldsymbol{S}) = \frac{1}{2}\lambda\left(\boldsymbol{J}^2 - \boldsymbol{L}^2 - \boldsymbol{S}^2\right) \tag{1.33}$$

のように表されるので，その固有値 E_J は

表 1.4 遷移元素イオンの $3d^n$ 電子配置と希土類元素イオンの $4f^n$ 電子配置のスピン軌道相互作用係数 λ (単位は cm^{-1}. λ の値は文献 2 ～ 4) から引用)

遷移元素イオン	n	λ	希土類元素イオン	n	λ
Sc^{2+}, Ti^{3+}	1	79, 154	Ce^{3+}	1	640
Ti^{2+}, V^{3+}	2	61, 104	Pr^{3+}	2	360
V^{2+}, Cr^{3+}	3	56, 91	Nd^{3+}	3	290
Cr^{2+}, Mn^{3+}	4	58, 88	Pm^{3+}	4	260
Mn^{2+}, Fe^{3+}	5	–	Sm^{3+}	5	240
Fe^{2+}	6	−103	Eu^{3+}	6	230
Co^{2+}	7	−178	Eu^{2+}, Gd^{3+}	7	–
Ni^{2+}	8	−325	Tb^{3+}	8	−290
Cu^{2+}	9	−829	Dy^{3+}	9	−380
			Ho^{3+}	10	−520
			Er^{3+}	11	−820
			Tm^{3+}	12	−1290
			Yb^{3+}	13	−2940

$$E_J = \frac{1}{2}\lambda\{J(J+1) - L(L+1) - S(S+1)\} \tag{1.34}$$

となる．このように 1 つの LS 多重項は J で指定されるいくつかの準位に分裂する．同じ J をもつ $2J+1$ 重に縮退した状態は **J 多重項** (J multiplet) とよばれる．$\lambda > 0$ の場合には $J = |L-S|$ の J 多重項が基底状態となり，$\lambda < 0$ の場合には $J = L+S$ の J 多重項が基底状態となる．

一般に磁性イオンの磁気モーメント $\boldsymbol{\mu}$ は，自由な電子の g 値を 2 とすれば $\boldsymbol{\mu} = -\mu_B(\boldsymbol{L} + 2\boldsymbol{S})$ と表される．この $\boldsymbol{\mu}$ の $\boldsymbol{J}$ に平行な成分 $\boldsymbol{\mu}_J$ が J 多重項の磁気モーメントを与える．$\boldsymbol{\mu}_J$ は

$$\boldsymbol{\mu}_J = -g_J \mu_B \boldsymbol{J} \tag{1.35}$$

と書き表すことができる．ここで $\boldsymbol{\mu} \cdot \boldsymbol{J} = -\mu_B(\boldsymbol{L} + 2\boldsymbol{S}) \cdot (\boldsymbol{L} + \boldsymbol{S}) = \boldsymbol{\mu}_J \cdot \boldsymbol{J} = -g_J \mu_B \boldsymbol{J}^2$ の関係を用いると，

$$g_J = \frac{3}{2} + \frac{S(S+1) - L(L+1)}{2J(J+1)} \tag{1.36}$$

が得られる．この g_J はランデ (Landé) の **g 因子**とよばれている．外部磁場 $\boldsymbol{H}$ の下での J 多重項のゼーマン相互作用は

$$\mathcal{H}_Z = -\boldsymbol{\mu}_J \cdot \boldsymbol{H} = g_J \mu_B \boldsymbol{J} \cdot \boldsymbol{H} = g_J \mu_B M_J H \tag{1.37}$$

と表される．ここで M_J は $\boldsymbol{J}$ の磁場方向成分で，$M_J = J, J-1, \cdots, -J+1, -J$ の値をとる．このように磁場中で，J 多重項のエネルギーは間隔が $g_J \mu_B H$ の $2J+1$ 個の準位に分裂する．

1.2.4　自由な磁性イオンの常磁性

ほかから何の影響も受けない自由な磁性イオンの集団が磁場中で示す磁性を調べてみよう．基底状態と第1励起状態の J 多重項間のエネルギー差は λJ であるので，対象とする温度範囲は励起状態の影響がない $k_BT \ll |\lambda J|$ に限ることにする．磁性イオンの個数を N とすれば，温度 T，磁場 H での**磁化** (magnetization) は

$$M(T,H) = N\frac{\sum_{M_J=-J}^{J}(-g_J\mu_B M_J)\exp\left(\dfrac{-g_J\mu_B M_J H}{k_BT}\right)}{\sum_{M_J=-J}^{J}\exp\left(\dfrac{-g_J\mu_B M_J H}{k_BT}\right)}$$

$$= Ng_J\mu_B J B_J\left(\frac{g_J\mu_B JH}{k_BT}\right) \tag{1.38}$$

となる．ここで関数 $B_J(x)$ は**ブリユアン関数** (Brillouin function) とよばれ，

$$B_J(x) = \frac{2J+1}{2J}\coth\left(\frac{2J+1}{2J}x\right) - \frac{1}{2J}\coth\left(\frac{x}{2J}\right) \tag{1.39}$$

で定義される．ブリユアン関数 $B_J(x)$ は $x \to 0$ と $x \to \infty$ のとき

$$B_J(x) \approx \begin{cases} \dfrac{J+1}{3J}x - \dfrac{(2J^2+2J+1)(J+1)}{90J^3}x^3 & (x \to 0) \\ 1 & (x \to \infty) \end{cases} \tag{1.40}$$

のように近似できる．図1.1は異なる J をもつ3つの物質について種々の温度で測定した磁化曲線と対応するブリユアン関数 $B_J(x)$ を示したものである[5)]．

磁化率あるいは**帯磁率** (magnetic susceptibility) は式(1.40)の $x \to 0$ の場合から

$$\chi = \lim_{H\to 0}\frac{M}{H} = \frac{C}{T} \tag{1.41}$$

と求められる．ここで C は

$$C = \frac{Ng_J^2\mu_B^2 J(J+1)}{3k_B} \tag{1.42}$$

で与えられる定数で，**キュリー定数** (Curie constant) とよばれる．また式(1.41)で表される磁化率と温度の関係を**キュリーの法則** (Curie's law) という．キュリーの法則は $p = g_J\sqrt{J(J+1)}$ で定義される**有効ボーア磁子数** (effective Bohr magneton number) を用いると

$$\chi = \frac{N\mu_B^2}{3k_BT}p^2 \tag{1.43}$$

と表される．p の値は磁化率の逆数 $1/\chi$ と温度 T のグラフの傾きから求めるこ

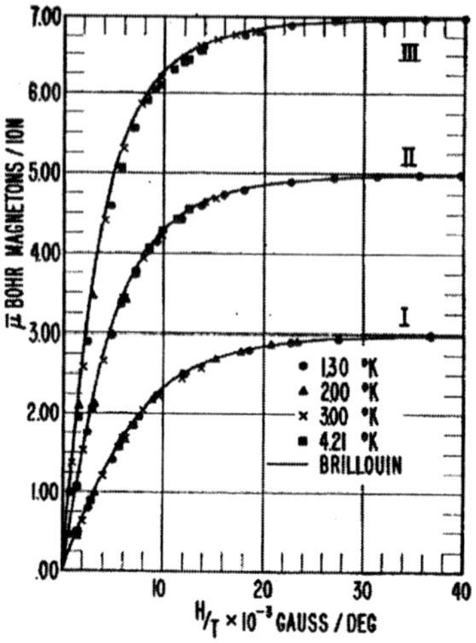

図 1.1 (I) $KCr(SO_4)_2 \cdot 12H_2O$ (Cr^{3+}: $J = S = 3/2$), (II) $NH_4Fe(SO_4)_2 \cdot 12H_2O$ (Fe^{3+}: $J = S = 5/2$), および (III) $Gd_2(SO_4)_3 \cdot 8H_2O$ (Gd^{3+}: $J = S = 7/2$) について種々の温度で測定した磁化曲線と対応するブリユアン関数 $B_J(x)$ (文献5) から転載)

とができる．十分低温で強磁場を加えると磁化は飽和し一定の値になる．この**飽和磁化** (saturation magnetization) の値は

$$M_{\rm s} = N g_J \mu_{\rm B} J \tag{1.44}$$

で与えられるので，有効ボーア磁子数 p の値は飽和磁化の値からも求めることができる．表 1.5 は室温で求めた遷移元素イオンと希土類元素イオンの有効ボーア磁子数を示したものである．表を見てわかるように，希土類元素イオンの有効ボーア磁子数は理論値 $g_J\sqrt{J(J+1)}$ と実測値の一致がよい．Sm^{3+} と Eu^{3+} について両者の一致がよくない理由は，これらのイオンでは基底状態と励起状態の J 多重項間のエネルギー差が室温に比べて十分大きくないために，室温で測定した有効ボーア磁子数には励起状態の J 多重項からの寄与が含まれるためである．一方遷移元素イオンでは有効ボーア磁子数の実測値は $g_J\sqrt{J(J+1)}$ から大きくずれていて，全軌道角運動量 L の値を 0 とした場合の $2\sqrt{S(S+1)}$ によく一致している．これは磁性イオンがまわりに配位する負イオンや水分子などから強い電場 (結晶場) を受けることによって電子の基底状態の縮退が解け，全軌道角運動量 L が消失するためである．次節でこの結晶場の影響について解説する．

表 1.5 遷移元素イオンと希土類元素イオンの有効磁子数 p
実測値は室温での値である．実測値は文献 2) と 3) より転載．

	電子配置	J	p (実測値)	$g_J\sqrt{J(J+1)}$	$2\sqrt{S(S+1)}$
(遷移元素イオン)					
Ti^{3+}	$3d^1$	3/2	1.80	1.55	1.73
V^{3+}	$3d^2$	2	2.80	1.63	2.83
Cr^{3+}	$3d^3$	3/2	3.84	0.77	3.87
Cr^{2+}, Mn^{3+}	$3d^4$	0	4.82, 4.91	0	4.90
Mn^{2+}, Fe^{3+}	$3d^5$	5/2	5.88, 5.89	5.92	5.92
Fe^{2+}, Co^{3+}	$3d^6$	4	5.22, 5.53	6.70	4.90
Co^{2+}	$3d^7$	9/2	4.96	6.54	3.87
Ni^{2+}	$3d^8$	4	2.82	5.59	2.83
Cu^{2+}	$3d^9$	5/2	1.95	3.55	1.73
(希土類元素イオン)					
Ce^{3+}	$4f^1$	5/2	2.4	2.54	
Pr^{3+}	$4f^2$	4	3.5	3.58	
Nd^{3+}	$4f^3$	9/2	3.5	3.62	
Pm^{3+}	$4f^4$	4	–	2.68	
Sm^{3+}	$4f^5$	5/2	1.5	0.845	
Eu^{3+}	$4f^6$	0	3.4	0	
Gd^{3+}	$4f^7$	7/2	8.0	7.94	
Tb^{3+}	$4f^8$	6	9.5	9.72	
Dy^{3+}	$4f^9$	15/2	10.6	10.63	
Ho^{3+}	$4f^{10}$	8	10.4	10.60	
Er^{3+}	$4f^{11}$	15/2	9.5	9.59	
Tm^{3+}	$4f^{12}$	6	7.3	7.55	
Yb^{3+}	$4f^{13}$	7/2	4.5	4.54	

1.3 結晶中の磁性イオン

多くの絶縁性磁性体は構成原子が正と負のイオンに電離して，これらがクーロン力で結合したイオン結晶である．図 1.2 はそのような磁性体の結晶構造を幾つか示したものである．磁性イオンは正に帯電し陽イオンとなる．磁性イオンのまわりには負に帯電した F^-，Cl^-，Br^-，I^-，O^{2-}，SO_4^{2-} などの陰イオンや強い電気双極子モーメントをもつ H_2O 分子などが配位する．したがって磁性イオンの不完全殻の電子はまわりに配位する陰イオンから電場を受ける．この電場を**結晶場** (crystalline field) という．本節では結晶場が磁性イオンの電子状態に及ぼす影響について解説する．

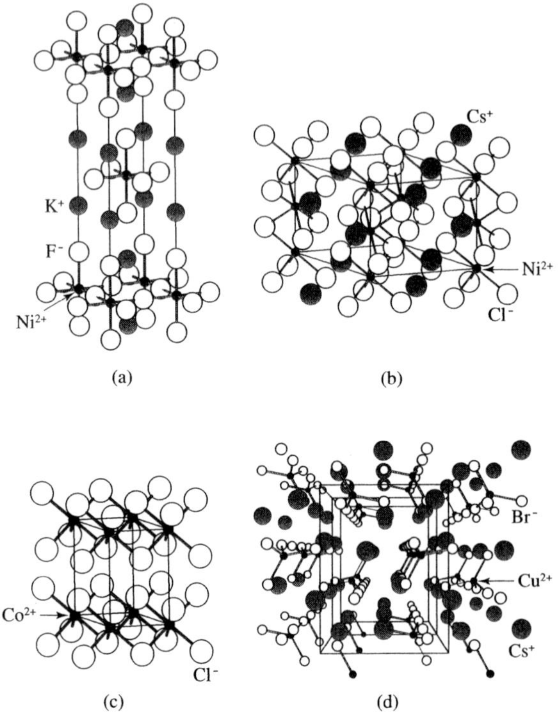

図 1.2　(a) K_2NiF_4，(b) $CsNiCl_3$，(c) $CoCl_2$，(d) Cs_2CuBr_4 の結晶構造
陰イオンは白丸で表されている．細い線は単位胞を表す．

1.3.1　結晶場と電子状態

磁性イオンのまわりの代表的な陰イオンの配位の仕方は図 1.3(a) のように 6 個の陰イオン X_i $(i = 1 \sim 6)$ が磁性イオン M を八面体的に取り囲む八面体配位と図 1.3(b) のように 4 個の陰イオンが磁性イオンを四面体的に取り囲む四面体配位である．図 1.2 の K_2NiF_4，$CsNiCl_3$，$CoCl_2$ では，陰イオンは磁性イオンのまわりに八面体配位をし，Cs_2CuBr_4 では四面体配位をしている．この他に $YBa_2Cu_3O_7$ などの酸化物高温超伝導体や NaV_2O_5 などのバナジウムの酸化物で見られるような，5 個の酸素イオンが銅イオンやバナジウムイオンをピラミッド状に取り囲む配位の仕方もある．

結晶場は磁性イオンのまわりに配位する陰イオンからの電場であるから，その強さは磁性イオンと陰イオンの距離で決まってしまうように思われるが，遷移元素イオンと希土類イオンでは大きく異なっている．遷移元素イオンでは結

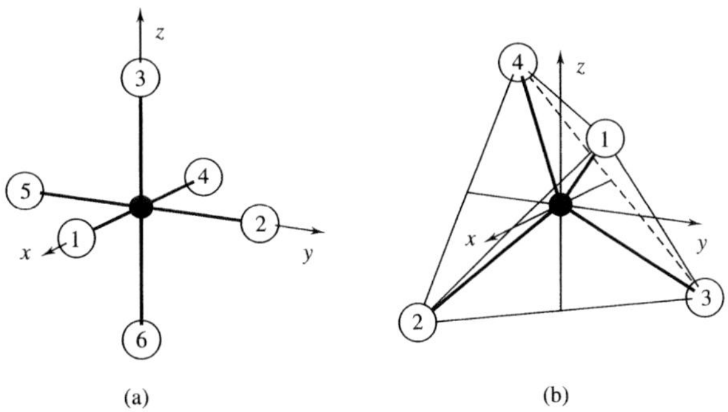

図 1.3　磁性イオンと周りに配位する陰イオン
(a) は八面体配位，(b) は四面体配位.

晶場ポテンシャルの大きさは 1 eV 程度で，LS 多重項間のエネルギー差に匹敵するのに対して，希土類イオンでは 10^{-2} eV 程度である．これは表 1.2 にあるように，遷移元素イオンでは不完全殻の $3d$ 軌道は一番外側に位置していて，結晶場を直接受けるからである．これに対して希土類イオンでは不完全殻の $4f$ 軌道の外側に $5s$ 軌道と $5p$ 軌道があり，これらが $4f$ 軌道に働く結晶場を遮蔽する．このために希土類イオンでは $4f$ 軌道に働く結晶場は弱められる．このように $3d$ 遷移元素イオンでは原子内クーロン相互作用，結晶場，スピン軌道相互作用の大きさは一般的に

$$\text{原子内クーロン相互作用} > \text{結晶場} > \text{スピン軌道相互作用}$$

であるのに対して，希土類イオンでは

$$\text{原子内クーロン相互作用} > \text{スピン軌道相互作用} > \text{結晶場}$$

となる．しかし $4d$，$5d$ 遷移元素イオンでは一般的に結晶場の方が原子内クーロン相互作用よりも大きくなる．

次に遷移元素イオンの d 電子のエネルギー準位 (LS 多重項) が八面体配位による結晶場によってどのように分裂するかを述べる．図 1.3(a) のように磁性イオンとまわりに配位する陰イオンの距離はすべて等しく，磁性イオンは**立方対称** (cubic symmetry) の結晶場 (以後，**立方対称場**とよぶ) を受けているとする．まず d 軌道に電子が 1 つある場合から考える．d 電子の位置ベクトルを $\boldsymbol{r} = (r, \theta, \varphi)$，まわりに配位する電荷 $-Ze$ をもつ陰イオンの位置ベクトルを $\boldsymbol{R}_i = (R, \theta_i, \varphi_i)$ $(i = 1 \sim 6)$，そして $\boldsymbol{r}$ と $\boldsymbol{R}_i$ のなす角を ω_i とすれば，1 つ

の d 電子が受ける立方対称場のポテンシャルエネルギー $v_{\mathrm{cryst}}(\boldsymbol{r})$ は

$$v_{\mathrm{cryst}}(\boldsymbol{r}) = \sum_{i=1}^{6} \frac{Ze^2}{|\boldsymbol{R}_i - \boldsymbol{r}|} = \sum_{i=1}^{6} \frac{Ze^2}{\sqrt{r^2 + R^2 - 2rR\cos\omega_i}} \tag{1.45}$$

と表される．$3d$ 電子の波動関数の広がりは $\boldsymbol{R}_i$ の大きさ R に比べて小さいとしてよいので，$v_{\mathrm{cryst}}(\boldsymbol{r})$ を r/R について展開して

$$v_{\mathrm{cryst}}(\boldsymbol{r}) = \sum_{i=1}^{6} \frac{Ze^2}{R} \sum_{k=0}^{\infty} \left(\frac{r}{R}\right)^k P_k(\cos\omega_i) \tag{1.46}$$

を得る．ここで $P_k(\cos\omega_i)$ はルジャンドル関数で式 (1.21) で $m=0$ として定義される．この $P_k(\cos\omega_i)$ は式 (1.20) で定義される球面調和関数 $Y_{km}(\theta,\varphi)$ を用いて

$$P_k(\cos\omega_i) = \frac{4\pi}{2k+1} \sum_{m=-k}^{k} Y_{km}(\theta,\varphi)\, Y_{km}^*(\theta_i,\varphi_i) \tag{1.47}$$

のように表される．これから $v_{\mathrm{cryst}}(\boldsymbol{r})$ は

$$T_{km} = \sqrt{\frac{4\pi}{2k+1}} \frac{Ze^2}{R^{k+1}} \sum_{i=1}^{6} Y_{km}^*(\theta_i,\varphi_i), \tag{1.48}$$

および

$$C_{km}(\theta,\varphi) = \sqrt{\frac{4\pi}{2k+1}} Y_{km}(\theta,\varphi) \tag{1.49}$$

で定義される T_{km} と $C_{km}(\theta,\varphi)$ を用いて

$$v_{\mathrm{cryst}}(\boldsymbol{r}) = \sum_{k=0}^{\infty} \sum_{m=-k}^{k} r^k\, T_{km}\, C_{km}(\theta,\varphi) \tag{1.50}$$

と書き表される．図 1.3(a) にあるように陰イオンに番号を付けると，$(\theta_1,\varphi_1) = (\pi/2,0)$，$(\theta_2,\varphi_2) = (\pi/2,\pi/2)$，$(\theta_3,\varphi_3) = (0,0)$，$(\theta_4,\varphi_4) = (\pi/2,\pi)$，$(\theta_5,\varphi_5) = (\pi/2,3\pi/2)$，$(\theta_6,\varphi_6) = (\pi,0)$ と選ぶことができる．これから T_{km} は m が奇数のときは 0 となり，m が 0 または偶数のときは

$$T_{k0} = \sqrt{\frac{2}{2k+1}} \frac{Ze^2}{R^{k+1}} \left\{ \Theta_{k0}(0) + 4\Theta_{k0}\left(\frac{\pi}{2}\right) + \Theta_{k0}(\pi) \right\}, \tag{1.51}$$

$$T_{km} = \sqrt{\frac{8}{2k+1}} \frac{Ze^2}{R^{k+1}} \Theta_{km}\left(\frac{\pi}{2}\right) \left(1 + \cos\frac{m\pi}{2}\right) \qquad (m \text{ が偶数}) \tag{1.52}$$

となる．また，$\Theta_{lm}(\theta)$ の関数形から，k が奇数のときには $T_{km} = 0$ となることもわかる．このようにして $v_{\mathrm{cryst}}(\boldsymbol{r})$ を k の 4 次まで書くと

$$v_{\mathrm{cryst}}(\boldsymbol{r}) = \frac{6Ze^2}{R} + \frac{2}{5} Der^4 \left[C_{40}(\theta,\varphi) + \sqrt{\frac{5}{14}} \{ C_{44}(\theta,\varphi) + C_{4-4}(\theta,\varphi) \} \right] \tag{1.53}$$

となる．ここで D は

$$D = \frac{35Ze}{4R^5} \tag{1.54}$$

で定義される定数である．立方対称場では r の2次の項はない．d 電子の場合には $v_{\mathrm{cryst}}(\boldsymbol{r})$ で k の6次以上は不要である．その理由は方位量子数 $l = 2$ の波動関数 $\phi_{nlm} = R_{nl}(r)Y_{lm}(\theta, \varphi)$ で行列要素 $\langle nlm'|v_{\mathrm{cryst}}|nlm''\rangle$ を求めると，$k > 2l$ の場合に行列要素はすべて0になるからである．

式(1.53)の第1項の定数は点電荷間のクーロン力によるポテンシャルエネルギーを表し，その効果は電子のエネルギー準位の原点を移動するだけである．d 電子のエネルギー準位の分裂は第2項によって起こる．この第2項を $v_{\mathrm{cub}}(\boldsymbol{r})$ と表すことにする．この $v_{\mathrm{cub}}(\boldsymbol{r})$ が立方対称場を表すポテンシャルエネルギーである．直交座標 $x = r\sin\theta\cos\varphi$，$y = r\sin\theta\sin\varphi$，$z = r\cos\theta$ を用いると $v_{\mathrm{cub}}(\boldsymbol{r})$ は

$$v_{\mathrm{cub}}(\boldsymbol{r}) = eD\left(x^4 + y^4 + z^4 - \frac{3}{5}r^4\right) \tag{1.55}$$

のように表される．

$v_{\mathrm{cub}}(\boldsymbol{r})$ を対角化する固有関数は電子の波動関数 ϕ_{32m} $(m = 2, 1, 0, -1, -2)$ の線形結合として

$$\phi_\xi = \frac{\mathrm{i}}{\sqrt{2}}(\phi_{321} + \phi_{32-1}) = \sqrt{\frac{15}{4\pi}}\frac{yz}{r^2}R_{32}(r),$$

$$\phi_\eta = -\frac{1}{\sqrt{2}}(\phi_{321} - \phi_{32-1}) = \sqrt{\frac{15}{4\pi}}\frac{zx}{r^2}R_{32}(r),$$

$$\phi_\zeta = -\frac{\mathrm{i}}{\sqrt{2}}(\phi_{322} - \phi_{32-2}) = \sqrt{\frac{15}{4\pi}}\frac{xy}{r^2}R_{32}(r) \tag{1.56}$$

および

$$\phi_u = \phi_{320} = \sqrt{\frac{5}{16\pi}}\frac{3z^2 - r^2}{r^2}R_{32}(r),$$

$$\phi_v = \frac{1}{\sqrt{2}}(\phi_{322} + \phi_{32-2}) = \sqrt{\frac{15}{16\pi}}\frac{x^2 - y^2}{r^2}R_{32}(r) \tag{1.57}$$

のようにつくることができる．ここで

$$q = \frac{2e}{105}\langle r^4\rangle \quad \left(\text{ただし } \langle r^4\rangle = \int |R_{32}(r)|^2\, r^4\, r^2\, dr\right) \tag{1.58}$$

とおくと，波動関数 ϕ_ξ，ϕ_η，ϕ_ζ と ϕ_u，ϕ_v に対応するエネルギー固有値は，それぞれ

$$\varepsilon_1 = -4Dq, \qquad \varepsilon_2 = 6Dq \tag{1.59}$$

のように表される．エネルギー固有値が ε_1 と ε_2 の状態はそれぞれ T_{2g}，E_g 状態とよばれる．ここで記号 T_{2g}，E_g は変換の対称性を表す群論の表現である．このように立方対称場によって5重に縮退した d 電子のエネルギー準位は3重縮退の T_{2g} 状態と，2重縮退の E_g 状態に分裂し，その分裂の大きさは $\varepsilon(E_g)-\varepsilon(T_{2g})=10Dq$ となる．T_{2g} 状態の3つの軌道 ϕ_ξ，ϕ_η，ϕ_ζ は $\boldsymbol{t_{2g}}$ **軌道**または $\boldsymbol{d\varepsilon}$ **軌道**とよばれ，E_g 状態の2つの軌道 ϕ_u と ϕ_v は $\boldsymbol{e_g}$ **軌道**または $\boldsymbol{d\gamma}$ **軌道**とよばれている．また，これらの5つの軌道は，式(1.56)と式(1.57)の第3項の関数形を用いて，$d(yz)$，$d(zx)$，$d(xy)$，$d(3z^2-r^2)$，$d(x^2-y^2)$ のように表されることもある．図1.4はこれらの軌道を描いたものである．t_{2g} 軌道は陰イオンを避けるような軌道であるので，陰イオンからのクーロン反発力を軽減できる．これに対して，e_g 軌道は陰イオンに向かって広がった軌道であるので，陰イオンからのクーロン反発力を強く受ける．このために t_{2g} 軌道の方が e_g 軌道よりもエネルギー的に低くなる．t_{2g} 軌道と e_g 軌道のエネルギー差は $10Dq$ で与えられ，その大きさは配位する陰イオンにもよるが，1 eV 程度である．

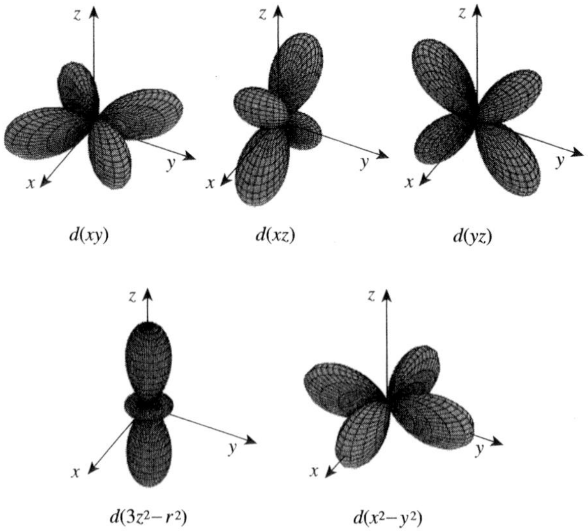

図 1.4　t_{2g} ($d\varepsilon$) 軌道 (上の 3 つ) と e_g ($d\gamma$) 軌道 (下の 2 つ)

次に d 軌道に電子が2個入った場合を考える．この場合，電子間のクーロン相互作用のために $L=3$，$S=1$ である ^3F 状態が安定な LS 多重項になる．こ

の ^3F 状態のエネルギー準位の立方対称場による分裂を説明しよう．全軌道角運動量 $\boldsymbol{L}$ の z 成分 M_L が $M_L = 3, 2, 1, 0, -1, -2, -3$ の状態 $\Psi(M_L)$ は，それぞれ

$$
\begin{aligned}
\Psi(M_L = 3) &= |2, 1|, \\
\Psi(M_L = 2) &= |2, 0|, \\
\Psi(M_L = 1) &= \frac{1}{\sqrt{5}}\left(\sqrt{2}|1, 0| + \sqrt{3}|2, -1|\right), \\
\Psi(M_L = 0) &= \frac{1}{\sqrt{5}}(2|1, -1| + |2, -2|), \\
\Psi(M_L = -1) &= \frac{1}{\sqrt{5}}\left(\sqrt{2}|0, -1| + \sqrt{3}|1, -2|\right), \\
\Psi(M_L = -2) &= |0, -2|, \\
\Psi(M_L = -3) &= |-1, -2|
\end{aligned}
\tag{1.60}
$$

と書くことができる．ここで $|m, m'|$ は

$$
|m, m'| = \frac{1}{\sqrt{2}}\begin{vmatrix} \phi_{32m}(\boldsymbol{r}_1) & \phi_{32m'}(\boldsymbol{r}_1) \\ \phi_{32m}(\boldsymbol{r}_2) & \phi_{32m'}(\boldsymbol{r}_2) \end{vmatrix}
\tag{1.61}
$$

で定義されるスレーター行列式である．式 (1.60) で表される固有状態は，$L = 3$, $M_L = 3$ の状態 $\Psi(M_L = 3) = |2, 1|$ に L^- を順次作用させて，規格化因子を適当に選べば得られる．

d 電子が 2 個ある場合の結晶場 V_{cub} は

$$
V_{\mathrm{cub}} = v_{\mathrm{cub}}(\boldsymbol{r}_1) + v_{\mathrm{cub}}(\boldsymbol{r}_2)
\tag{1.62}
$$

のように，それぞれの電子に働く結晶場の和で表される．ここではエネルギー準位の原点の移動のみに寄与する定数項は省略した．この結晶場 V_{cub} を対角化する固有関数は式 (1.60) で与えられる $\Psi(M_L)$ を用いて

$$
\begin{aligned}
\Psi(T_1\alpha) &= \frac{1}{\sqrt{8}}\left\{\sqrt{5}\,\Psi(M_L = 3) + \sqrt{3}\,\Psi(M_L = -1)\right\}, \\
\Psi(T_1\beta) &= \frac{1}{\sqrt{8}}\left\{\sqrt{5}\,\Psi(M_L = -3) + \sqrt{3}\,\Psi(M_L = 1)\right\}, \\
\Psi(T_1\gamma) &= \Psi(M_L = 0)
\end{aligned}
\tag{1.63}
$$

$$\Psi(T_2\xi) = \frac{1}{\sqrt{8}}\left\{\sqrt{3}\,\Psi(M_L=3) - \sqrt{5}\,\Psi(M_L=-1)\right\},$$

$$\Psi(T_2\eta) = \frac{1}{\sqrt{8}}\left\{\sqrt{3}\,\Psi(M_L=-3) - \sqrt{5}\,\Psi(M_L=1)\right\},$$

$$\Psi(T_2\zeta) = \frac{1}{\sqrt{2}}\left\{\Psi(M_L=2) + \Psi(M_L=-2)\right\} \tag{1.64}$$

$$\Psi(A_2) = \frac{1}{\sqrt{2}}\left\{\Psi(M_L=2) - \Psi(M_L=-2)\right\} \tag{1.65}$$

のように表される．式 (1.63)，(1.64)，(1.65) の固有関数に対応するエネルギー固有値はそれぞれ

$$\varepsilon_1 = -6Dq, \quad \varepsilon_2 = 2Dq, \quad \varepsilon_3 = 12Dq \tag{1.66}$$

となる．このように 7 重縮退した ^3F 状態は結晶場によって 2 つの 3 重縮退した状態と 1 つの縮退のない状態とに分裂する．基底状態は $\varepsilon_1 = -6Dq$ のエネルギーをもつ 3 重縮退した状態である．

次に上で求めた 2 電子系の軌道状態と式 (1.56)，(1.57) で与えられる 1 電子軌道である t_{2g}，e_g 軌道との関係を説明しよう．例として，式 (1.65) で与えられる一番エネルギーの高い $\Psi(A_2)$ 軌道と式 (1.63) の 3 番目の式で与えられる基底状態の 1 つ $\Psi(T_1\gamma)$ 軌道を取り上げる．まず $\Psi(A_2)$ は e_g 軌道 ϕ_u，ϕ_v のスレーター行列式を用いて，

$$\Psi(A_2) = |\phi_v, \phi_u| \tag{1.67}$$

のように表すことができる．これから一番エネルギーの高い $\Psi(A_2)$ 軌道は，エネルギーの高い 2 つの e_g 軌道 ϕ_u，ϕ_v に 1 つずつ電子が入った状態であることがわかる．次に $\Psi(T_1\gamma)$ は

$$\Psi(T_1\gamma) = -\frac{\mathrm{i}}{\sqrt{5}}\left(2|\phi_\xi, \phi_\eta| + |\phi_v, \phi_\zeta|\right) \tag{1.68}$$

のように表される．これから基底状態の 1 つである $\Psi(T_1\gamma)$ 軌道は，エネルギーの低い t_{2g} 軌道の ϕ_ξ と ϕ_η に 1 つずつ電子が入った状態と，t_{2g} 軌道の残りの 1 つ ϕ_ζ とエネルギーの高い e_g 軌道の 1 つ ϕ_v に 1 つずつ電子が入った状態からできていることがわかる．このように 2 電子系の基底状態である 3 つの軌道 $\Psi(T_1\alpha)$，$\Psi(T_1\beta)$，$\Psi(T_1\gamma)$ には t_{2g} 軌道だけでなく，e_g 軌道も含まれている．この事情は基底状態のエネルギーを調べてもわかる．もし基底状態が t_{2g} 軌道のみからできているとすれば，そのエネルギーは $\varepsilon_1 = (-4Dq) \times 2 = -8Dq$ に

なるはずである．しかし，そのようにはならず，$\varepsilon_1 = -6Dq$ となるのは，基底状態に e_g 軌道が混じっているからである．

多少くどくなるが，Cr^{3+} の磁性や後で Co^{2+} の磁性を考えるときに必要になるので，$3d$ 軌道に電子が3個入った ${}^4F$ 状態 ($L = 3$，$S = 3/2$) の結晶場によるエネルギー準位の分裂も説明しよう．結晶場を受けない自由なイオン状態での波動関数は，$L = 3$，$M_L = 3$ の状態 $\Psi(M_L = 3) = |2, 1, 0|$ に L^- を順次作用させて，規格化因子を適当に選べば

$$
\begin{aligned}
\Psi(M_L = 3) &= |2, 1, 0|, \\
\Psi(M_L = 2) &= |2, 1, -1|, \\
\Psi(M_L = 1) &= \frac{1}{\sqrt{5}}(\sqrt{2}|2, 1, -2| + \sqrt{3}|2, 0, -1|), \\
\Psi(M_L = 0) &= \frac{1}{\sqrt{5}}(2|2, 0, -2| + |1, 0, -1|), \\
\Psi(M_L = -1) &= \frac{1}{\sqrt{5}}(\sqrt{2}|2, -1, -2| + \sqrt{3}|1, 0, -2|), \\
\Psi(M_L = -2) &= |1, -1, -2|, \\
\Psi(M_L = -3) &= |0, -1, -2|
\end{aligned}
\tag{1.69}
$$

と求められる．ここで $|m, m', m''|$ は

$$
|m, m', m''| = \frac{1}{\sqrt{6}} \begin{vmatrix} \phi_{32m}(\boldsymbol{r}_1) & \phi_{32m'}(\boldsymbol{r}_1) & \phi_{32m''}(\boldsymbol{r}_1) \\ \phi_{32m}(\boldsymbol{r}_2) & \phi_{32m'}(\boldsymbol{r}_2) & \phi_{32m''}(\boldsymbol{r}_2) \\ \phi_{32m}(\boldsymbol{r}_3) & \phi_{32m'}(\boldsymbol{r}_3) & \phi_{32m''}(\boldsymbol{r}_3) \end{vmatrix} \tag{1.70}
$$

で定義されるスレーター行列式である．3 電子系の結晶場 $V_{\mathrm{cub}} = \sum_{i=1}^{3} v_{\mathrm{cub}}(\boldsymbol{r}_i)$ を対角化する固有関数は先に述べた2電子系の場合と同じになり，式 (1.63)～(1.65) で表される．しかしエネルギー固有値は符号が逆転し，

$$
\varepsilon_1 = 6Dq, \quad \varepsilon_2 = -2Dq, \quad \varepsilon_3 = -12Dq \tag{1.71}
$$

となる．したがって基底状態には縮退がない．基底状態の軌道 $\Psi(A_2)$ は3つの t_{2g} 軌道 ϕ_ξ，ϕ_η，ϕ_ζ を用いて

$$
\Psi(A_2) = -|\phi_\xi, \phi_\eta, \phi_\zeta| \tag{1.72}
$$

と表される．これから基底状態の $\Psi(A_2)$ 軌道は，エネルギーの低い3つの t_{2g} 軌道に1つずつ電子が入った状態であることがわかる．

図 1.5 は立方対称の八面体結晶場によって生ずる電子配置 d^n のエネルギー準位の分裂を表したものである．図を見てわかるように，**電子配置が $\boldsymbol{d^n}$ と $\boldsymbol{d^{10-n}}$ ではエネルギー準位が逆転している**．これは $10-n$ 個の電子がある状態と n 個の正孔 (hole) がある状態とが同等であるためである．電子が正孔に変わったことによってエネルギー準位に逆転が生じる．

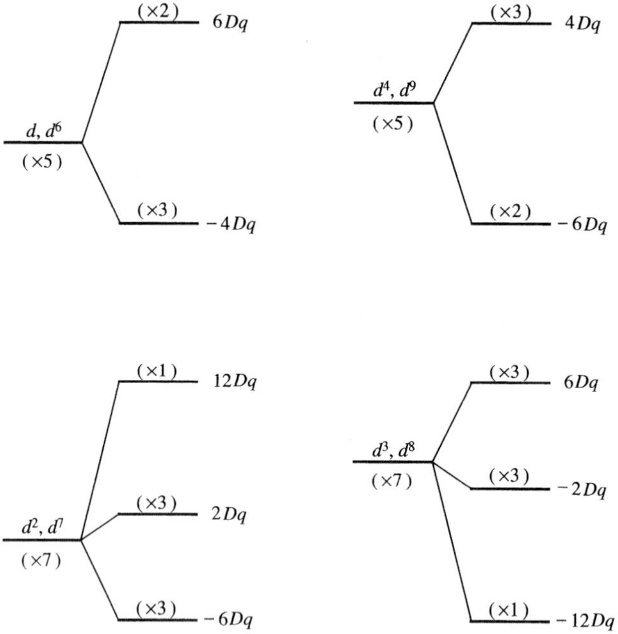

図 1.5　立方対称の八面体結晶場による電子配置 d^n のエネルギー準位の分裂
図の $(\times 3)$ などは縮重度を表す.

電子配置が d^n の結晶場によるエネルギー準位の分裂を求める便利な方法として，結晶場を角運動量演算子で表す**等価演算子** (equivalent operator) の方法がある．結晶場は各電子の座標 x_i, y_i, z_i の多項式で表されるが，1 つの LS 多重項内では $\sum_{i=1}^n x_i^m$, $\sum_{i=1}^n y_i^m$, $\sum_{i=1}^n z_i^m$ の行列要素はそれぞれ $(L^x)^m$, $(L^y)^m$, $(L^z)^m$ の行列要素に比例し，その比例係数は全角運動量 $\boldsymbol{L}$ の z 成分 M_L の値によらず一定になる．また $\sum_{i=1}^n r^2$ と $\sum_{i=1}^n r^4$ の行列要素はそれぞれ $L(L+1)$ と $L(L+1)\{L(L+1)-1/3\}$ に比例する．この関係を用いると結晶場 $V_{\rm cub}=\sum_{i=1}^n v_{\rm cub}(\boldsymbol{r}_i)$ は

$$V_{\mathrm{cub}} = \frac{105}{2}\beta Dq\left[(L^x)^4 + (L^y)^4 + (L^z)^4 - \frac{3}{5}L(L+1)\left\{L(L+1) - \frac{1}{3}\right\}\right] \tag{1.73}$$

のように全角運動量演算子で表すことができる．この右辺を V_{cub} の**等価演算子**という．比例係数 β は

$$\begin{aligned}
\beta(d,\,{}^2D) &= -\beta(d^9,\,{}^2D) = \frac{2}{63},\\
\beta(d^2,\,{}^3F) &= -\beta(d^8,\,{}^3F) = -\frac{2}{315},\\
\beta(d^3,\,{}^4F) &= -\beta(d^7,\,{}^4F) = \frac{2}{315},\\
\beta(d^4,\,{}^5D) &= -\beta(d^6,\,{}^5D) = -\frac{2}{63}
\end{aligned} \tag{1.74}$$

で与えられる．角運動量演算子 $(L^x)^4$, $(L^y)^4$, $(L^z)^4$ などの行列要素は角運動量の公式を用いて簡単に計算できるので，等価演算子の方法を用いると結晶場の分裂が容易に求められる．等価演算子の作り方についての詳しい解説は文献 2) や 4) にあるので，参照されたい．

図 1.3(b) に示されたように，陰イオンが四面体的に配位する場合に起こる結晶場による d 電子のエネルギー準位の分裂は，八面体結晶場による分裂とは異なるので，注意が必要である．四面体配位の場合には，直交する x, y, z 軸は四面体の中心から辺の中点 (すなわち 2 つの陰イオンの中間点) に向かうようにとられる．このため軸方向に広がりをもつ e_g 軌道の方が軸の間に広がりをもつ t_{2g} 軌道よりも陰イオンから遠くなるので，エネルギーが低くなる．したがって，**四面体配位での d 電子のエネルギー準位の分裂は八面体配位での分裂とすべて逆になる**．

1.3.2 低対称の結晶場

図 1.6(a) に示されたように，八面体 MX_6 をなす陰イオンの X_3 と X_6 が z 軸に沿って ΔR だけ原点から離れるように変位し，他の 4 つの陰イオンが x 軸および y 軸に沿って $\Delta R/2$ だけ原点に近づくように変位する場合を考える．このようなイオンの変位は実際に K_2NiF_4 や La_2CuO_4 をはじめとして多くの磁性体で見られる．この場合，陰イオンの配置は z 軸に関する 4 回対称をもつので，電子が受ける結晶場の対称性は，これまで述べた立方対称から**正方対称** (tetragonal

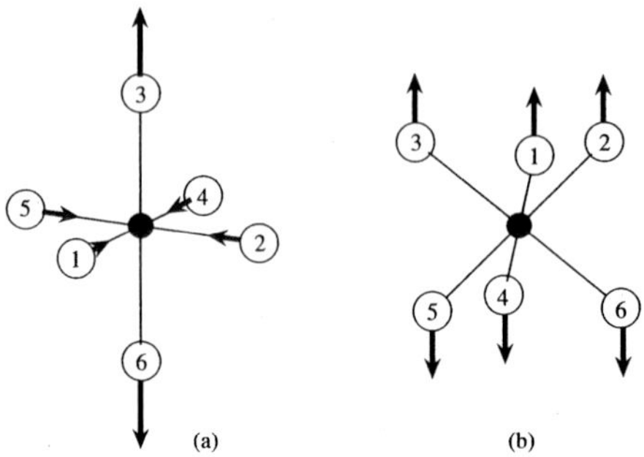

図 1.6 八面体の変形
(a) は正方対称，(b) は三方対称の変形.

symmetry) に低下する．ここでは**正方対称の結晶場**中での d 電子のエネルギー準位の分裂を調べてみよう．正方対称の八面体結晶場 $v_{\text{cryst}}(\boldsymbol{r})$ は

$$v_{\text{cryst}}(\boldsymbol{r}) = A_0 + v_{\text{cub}}(\boldsymbol{r}) + v_{\text{tetra}}(\boldsymbol{r}) \tag{1.75}$$

のように表すことができる．ここで A_0 はエネルギー準位の原点の移動のみに寄与する定数項，$v_{\text{cub}}(\boldsymbol{r})$ は式 (1.53) の第 2 項で表される立方対称場，そして $v_{\text{tetra}}(\boldsymbol{r})$ は立方対称場からのずれを表す．$v_{\text{tetra}}(\boldsymbol{r})$ は式 (1.49) の $C_{km}(\theta,\varphi)$ を用いて

$$\begin{aligned} v_{\text{tetra}}(\boldsymbol{r}) = {} & Ar^2 C_{20}(\theta,\varphi) \\ & + Br^4\left[C_{40}(\theta,\varphi) - \sqrt{\frac{7}{10}}\{C_{44}(\theta,\varphi) + C_{4-4}(\theta,\varphi)\}\right] \end{aligned} \tag{1.76}$$

のように書き表される．ここで A と B は定数で，その符号は八面体が伸びる ($\varDelta R > 0$) か縮む ($\varDelta R < 0$) かで決まる．$v_{\text{tetra}}(\boldsymbol{r})$ の中では座標に関する 2 次の項が重要で，その係数 A は八面体が伸びるときは $A < 0$，縮むときは $A > 0$ である．以後，$v_{\text{tetra}}(\boldsymbol{r})$ を**正方対称場**とよぶことにしよう．$v_{\text{tetra}}(\boldsymbol{r})$ は直交座標 x，y，z を用いると

$$\begin{aligned} v_{\text{tetra}}(\boldsymbol{r}) = {} & \frac{1}{2}A(3z^2 - r^2) \\ & + B\left[7\left\{z^4 - \frac{1}{2}(x^4 + y^4)\right\} - 6\left\{z^2 - \frac{1}{2}(x^2 + y^2)\right\}r^2\right] \end{aligned} \tag{1.77}$$

のように表される．

一般に正方対称場 $v_{\mathrm{tetra}}(\boldsymbol{r})$ の大きさは立方対称場 $v_{\mathrm{cub}}(\boldsymbol{r})$ より小さいので，$v_{\mathrm{tetra}}(\boldsymbol{r})$ は $v_{\mathrm{cub}}(\boldsymbol{r})$ に対する摂動として取り扱うことができる．式 (1.56) と式 (1.57) で与えられる立方対称場の固有関数 ϕ_ξ，ϕ_η，ϕ_ζ と ϕ_u，ϕ_v は，正方対称場 $v_{\mathrm{tetra}}(\boldsymbol{r})$ の固有関数になっていて，$v_{\mathrm{tetra}}(\boldsymbol{r})$ の行列要素は

$$
\begin{aligned}
&\langle\phi_\xi|v_{\mathrm{tetra}}|\phi_\xi\rangle = \langle\phi_\eta|v_{\mathrm{tetra}}|\phi_\eta\rangle = \frac{1}{7}A\langle r^2\rangle - \frac{4}{21}B\langle r^4\rangle,\\
&\langle\phi_\zeta|v_{\mathrm{tetra}}|\phi_\zeta\rangle = -\frac{2}{7}A\langle r^2\rangle + \frac{8}{21}B\langle r^4\rangle,\\
&\langle\phi_u|v_{\mathrm{tetra}}|\phi_u\rangle = -\langle\phi_v|v_{\mathrm{tetra}}|\phi_v\rangle = \frac{2}{7}A\langle r^2\rangle + \frac{6}{21}B\langle r^4\rangle,\\
&\langle\phi_\xi|v_{\mathrm{tetra}}|\phi_\eta\rangle = \langle\phi_\eta|v_{\mathrm{tetra}}|\phi_\zeta\rangle = \langle\phi_\zeta|v_{\mathrm{tetra}}|\phi_\xi\rangle = 0,\\
&\langle\phi_u|v_{\mathrm{tetra}}|\phi_v\rangle = 0
\end{aligned}
\tag{1.78}
$$

となる．これから立方対称場中で3重に縮退した T_{2g} 状態は，2重に縮退した E_g 状態と縮退のない B_{2g} 状態に分裂する．また立方対称場中で2重に縮退した E_g 状態は，2つの縮退のない A_{1g} 状態と B_{1g} 状態に分裂する．それぞれの状態のエネルギーは，立方対称場のエネルギーを加えることによって

$$
\begin{aligned}
\varepsilon(B_{2g}) &= -4Dq - \frac{2}{7}A\langle r^2\rangle + \frac{8}{21}B\langle r^4\rangle,\\
\varepsilon(E_g) &= -4Dq + \frac{1}{7}A\langle r^2\rangle - \frac{4}{21}B\langle r^4\rangle,\\
\varepsilon(B_{1g}) &= 6Dq - \frac{2}{7}A\langle r^2\rangle - \frac{6}{21}B\langle r^4\rangle,\\
\varepsilon(A_{1g}) &= 6Dq + \frac{2}{7}A\langle r^2\rangle + \frac{6}{21}B\langle r^4\rangle
\end{aligned}
\tag{1.79}
$$

のように与えられる．ここではエネルギー準位の一様な移動 A_0 は省いてある．八面体が正方対称に縮んだ場合には $A > 0$ であるので，縮退のない B_{2g} 状態が基底状態になる．また正方対称に伸びた場合には $A < 0$ であるので，2重に縮退した E_g 状態が基底状態になる．図 1.7(a) は正方対称場 (伸びた場合) による d 軌道のエネルギー準位の分裂を表したものである．エネルギー準位の一様な移動 A_0 を除くとエネルギー準位の重心は分裂の前後で変わらない．

複数の d 電子がある場合の正方対称場は $V_{\mathrm{tetra}} = \sum_i v_{\mathrm{tetra}}(\boldsymbol{r}_i)$ のように個々の電子が受ける結晶場の和で与えられる．V_{tetra} に対応する等価演算子は

$$
V_{\mathrm{tetra}} = A\alpha\langle r^2\rangle\frac{1}{2}\left\{3(L^z)^2 - L(L+1)\right\}
$$

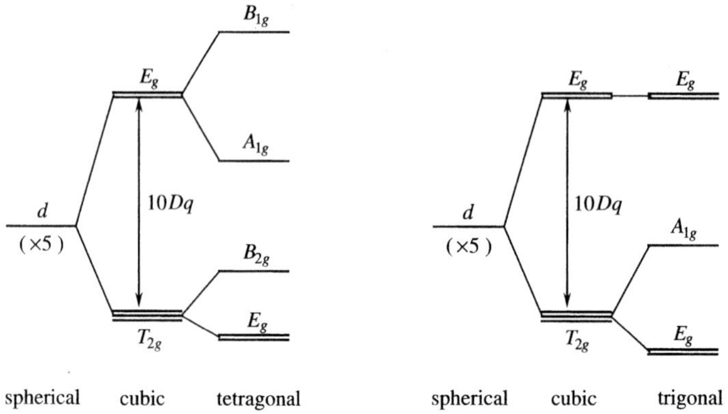

図 1.7 低対称の八面体結晶場による d 軌道のエネルギー準位の分裂
左は正方対称に伸びた場合 ($A < 0$), 右は三方対称に縮んだ場合 ($A > 0$) を表す.

$$+B\beta\langle r^4\rangle\left[7\left\{(L^z)^4-\frac{1}{2}\left[(L^x)^4+(L^y)^4\right]\right\}\right.$$
$$\left.-6\left\{(L^z)^2-\frac{1}{2}\left[(L^x)^2+(L^y)^2\right]\right\}\left\{L(L+1)-\frac{5}{6}\right\}\right] \quad (1.80)$$

と書き表される. ここで α は

$$\alpha(d,\,{}^2D)=-\alpha(d^9,\,{}^2D)=-\frac{2}{21},$$
$$\alpha(d^2,\,{}^3F)=-\alpha(d^8,\,{}^3F)=-\frac{2}{105},$$
$$\alpha(d^3,\,{}^4F)=-\alpha(d^7,\,{}^4F)=\frac{2}{105},$$
$$\alpha(d^4,\,{}^5D)=-\alpha(d^6,\,{}^5D)=\frac{2}{21} \quad (1.81)$$

で与えられ, β は式 (1.74) で与えられる. 式 (1.80) を解くことによって図 1.7 で表されるエネルギー準位の正方対称場によるさらなる分裂を求めることができる.

次に図 1.6(b) のように, 八面体 MX_6 が [1, 1, 1] 方向に伸びた場合 (あるは縮んだ場合) における d 電子のエネルギー準位の分裂を簡単に説明しよう. この場合, まわりの陰イオンの配置が [1, 1, 1] を軸とする 3 回対称をもつので, 結晶場は三方対称 (trigonal symmetry) になる. このような結晶場は $CsCoCl_3$ や $CoBr_2$ など, 多くの磁性体で見られる. 正方対称と同様に, 三方対称の八面体結晶場 $v_{\rm cryst}(\boldsymbol{r})$ は

$$v_{\rm cryst}(\boldsymbol{r})=A_0+v_{\rm cub}(\boldsymbol{r})+v_{\rm tri}(\boldsymbol{r}) \quad (1.82)$$

のように表すことができる．$v_{\rm tri}(\boldsymbol{r})$ は三方対称場で立方対称場 $v_{\rm cub}(\boldsymbol{r})$ からのずれを表す．三方対称の場合，量子化軸を対称軸である $[1,1,1]$ 方向にとると便利である．そこで新しい直交座標 (X,Y,Z) を

$$
\begin{aligned}
X &= \frac{1}{\sqrt{6}}(2z-x-y),\\
Y &= \frac{1}{\sqrt{2}}(x-y),\\
Z &= \frac{1}{\sqrt{3}}(x+y+z)
\end{aligned}
\tag{1.83}
$$

のようにとると，立方対称場 $v_{\rm cub}(\boldsymbol{r})$ と三方対称場 $v_{\rm tri}(\boldsymbol{r})$ はそれぞれ

$$
\begin{aligned}
v_{\rm cub}(\boldsymbol{r}) &= -\frac{4}{15}Der^4\left[C_{40}(\theta,\varphi)+\sqrt{\frac{10}{7}}\left\{C_{43}(\theta,\varphi)-C_{4-3}(\theta,\varphi)\right\}\right]\\
&= -eD\left[\frac{1}{30}(35Z^4-30r^2Z^2+3r^4)-\frac{2\sqrt{2}}{3}Z(X^3-3XY^2)\right],
\end{aligned}
\tag{1.84}
$$

$$
\begin{aligned}
v_{\rm tri}(\boldsymbol{r}) &= Ar^2C_{20}(\theta,\varphi)\\
&\quad +Br^4\left[C_{40}(\theta,\varphi)-\sqrt{\frac{7}{40}}\left\{C_{43}(\theta,\varphi)-C_{4-3}(\theta,\varphi)\right\}\right]\\
&= \frac{A}{2}(3Z^2-r^2)\\
&\quad +B\left[\frac{1}{8}(35Z^4-30r^2Z^2+3r^4)+\frac{7}{4\sqrt{2}}Z(X^3-3XY^2)\right]
\end{aligned}
\tag{1.85}
$$

のように表される．$v_{\rm tri}(\boldsymbol{r})$ の中で重要な 2 次の係数 A は正方対称場の場合と同じく，八面体が三方対称に伸びるときは $A<0$，縮むときは $A>0$ である．$v_{\rm cub}(\boldsymbol{r})$ と $v_{\rm tri}(\boldsymbol{r})$ を同時に対角化する固有関数は，式 (1.56) と式 (1.57) で与えられる ϕ_ξ，ϕ_η，ϕ_ζ と ϕ_u，ϕ_v を用いて

$$
\begin{aligned}
\phi_\varepsilon^+ &= -\frac{1}{\sqrt{3}}\left(\omega\phi_\xi+\omega^2\phi_\eta+\phi_\zeta\right),\\
\phi_\varepsilon^0 &= \frac{1}{\sqrt{3}}\left(\phi_\xi+\phi_\eta+\phi_\zeta\right),\\
\phi_\varepsilon^- &= \frac{1}{\sqrt{3}}\left(\omega^2\phi_\xi+\omega\phi_\eta+\phi_\zeta\right),
\end{aligned}
\tag{1.86}
$$

$$\phi_\gamma^+ = -\frac{1}{\sqrt{2}}(\phi_u + \mathrm{i}\phi_v),$$
$$\phi_\gamma^- = \frac{1}{\sqrt{2}}(\phi_u - \mathrm{i}\phi_v) \tag{1.87}$$

のように表される．ここで ω は $\omega = \exp(2\pi\mathrm{i}/3)$ である．$v_{\mathrm{tri}}(\boldsymbol{r})$ の行列要素は

$$\langle\phi_\varepsilon^+|v_{\mathrm{tri}}|\phi_\varepsilon^+\rangle = \langle\phi_\varepsilon^-|v_{\mathrm{tri}}|\phi_\varepsilon^-\rangle = -\frac{1}{7}A\langle r^2\rangle - \frac{1}{7}B\langle r^4\rangle,$$
$$\langle\phi_\varepsilon^0|v_{\mathrm{tri}}|\phi_\varepsilon^0\rangle = \frac{2}{7}A\langle r^2\rangle + \frac{2}{7}B\langle r^4\rangle,$$
$$\langle\phi_\gamma^+|v_{\mathrm{tri}}|\phi_\gamma^+\rangle = \langle\phi_\gamma^-|v_{\mathrm{tri}}|\phi_\gamma^-\rangle = 0 \tag{1.88}$$

で与えられる．特徴的なことは，三方対称場 $v_{\mathrm{tri}}(\boldsymbol{r})$ の ϕ_γ^+ と ϕ_γ^- に関する行列要素がすべて 0 になることである．これは立方対称場中の E_g 状態は，三方対称場によって分裂しないことを意味している．図 1.7(b) は三方対称場 (縮んだ場合) による d 軌道のエネルギー準位を表したものである．このように，三方対称場中では，立方対称場中で 3 重に縮退した T_{2g} 状態だけが 2 重に縮退した E_g 状態と縮退のない A_{1g} 状態に分裂する．それぞれのエネルギー準位は，式 (1.88) から

$$\varepsilon(A_{1g}) = -4Dq + \frac{2}{7}A\langle r^2\rangle + \frac{2}{7}B\langle r^4\rangle,$$
$$\varepsilon(E_g) = -4Dq - \frac{1}{7}A\langle r^2\rangle - \frac{1}{7}B\langle r^4\rangle \tag{1.89}$$

となる．したがって八面体が三方対称に伸びた場合には $A<0$ であるので，縮退のない A_{1g} 状態が基底状態になる．また縮んだ場合には $A>0$ であるので，2 重に縮退した E_g 状態が基底状態になる．

複数の d 電子がある場合の三方対称の八面体結晶場 $V_{\mathrm{cryst}}(\boldsymbol{r})$ は個々の電子が受ける結晶場の和として

$$V_{\mathrm{cryst}}(\boldsymbol{r}) = V_{\mathrm{cub}}(\boldsymbol{r}) + V_{\mathrm{tri}}(\boldsymbol{r}) = \sum_i v_{\mathrm{cub}}(\boldsymbol{r}_i) + \sum_i v_{\mathrm{tri}}(\boldsymbol{r}_i) \tag{1.90}$$

のように与えられる．[1, 1, 1] 方向を量子化軸にとった場合の $V_{\mathrm{cub}}(\boldsymbol{r})$ と $V_{\mathrm{tri}}(\boldsymbol{r})$ に対応する等価演算子はそれぞれ

$$\begin{aligned}V_{\mathrm{cub}}(\boldsymbol{r}) = -14Dq\beta\Bigg[&\frac{1}{8}\left\{35(L^z)^4 - 30L(L+1)(L^z)^2 + 25(L^z)^2\right.\\&\left.+ 3L^2(L+1)^2 - 6L(L+1)\right\}\\&- \frac{5}{4\sqrt{2}}\left\{L^z\left[(L^+)^3 + (L^-)^3+\right] + \left[(L^+)^3 + (L^-)^3+\right]L_z\right\}\Bigg]\end{aligned} \tag{1.91}$$

$$V_{\rm tri}(\boldsymbol{r}) = A\alpha\langle r^2\rangle\frac{1}{2}\left\{3(L^z)^2 - L(L+1)\right\} + B\beta\langle r^4\rangle\left[\frac{1}{8}\left\{35(L^z)^4 - 30(L^z)^2L(L+1) + 25(L^z)^2 + 3L^2(L+1)^2 - 6L(L+1)\right\} + \frac{7}{16\sqrt{2}}\left\{L^z\left[(L^+)^3 + (L^-)^3\right] + \left[(L^+)^3 + (L^-)^3\right]L^z\right\}\right] \quad (1.92)$$

となる．式(1.91)と式(1.92)を解くことによって図1.7で表されるエネルギー準位の三方対称場によるさらなる分裂を求めることができる

1.3.3　ヤーン・テラー効果

図1.7に示したように，八面体MX_6が変形することによって結晶場が低対称になると，立方対称場中で縮退していたd軌道の基底状態のエネルギー準位は分裂し，新しい基底状態はエネルギー的により安定になる．正方対称や三方対称の結晶場中で基底状態に縮退が残る場合でも，八面体がより低い対称性の変形(斜方対称など)をすることによって基底状態の縮退はなくなり，エネルギー的に安定になる．これは別な言い方をすると，八面体MX_6は磁性イオンMの基底電子状態が縮退しているとき不安定であるということができる．一般的にMX_6などの錯体あるいは分子の幾何学的構造と電子状態について，次のヤーン・テラーの定理 (Jahn-Teller theorem) が知られている．

直線状の構造を除くすべての錯体あるいは分子において，電子の基底状態が縮退しているとき，その構造は不安定になる．

八面体MX_6が立方対称の場合，d電子の数nが3, 5, 8の場合を除いて，基底状態は縮退している．したがってヤーン・テラーの定理から立方対称の八面体は不安定になり，電子状態の縮退がない低対称な構造に変形する．このように**電子の基底状態が縮退している場合に，ヤーン・テラーの定理によって錯体あるいは分子が対称性の高い構造から低い構造に変形して，電子状態の縮退が解け，電子のエネルギーが下がることによって系が安定化する現象をヤーン・テラー効果** (Jahn-Teller effect) という．

図1.8は八面体の基準振動モードの中で反転対称をもつ3種類のモードA_{1g}, E_g, T_{2g}と対応する基準座標Q_i $(i = 1 \sim 6)$を示したものである．各基準座標は陰イオンX_i $(i = 1 \sim 6)$の変位のx, y, z成分X_i, Y_i, Z_iを用いて次のように表される．

$$Q_1 = \frac{1}{\sqrt{6}}\left(X_1 + Y_2 + Z_3 - X_4 - Y_5 - Z_6\right), \quad (1.93)$$

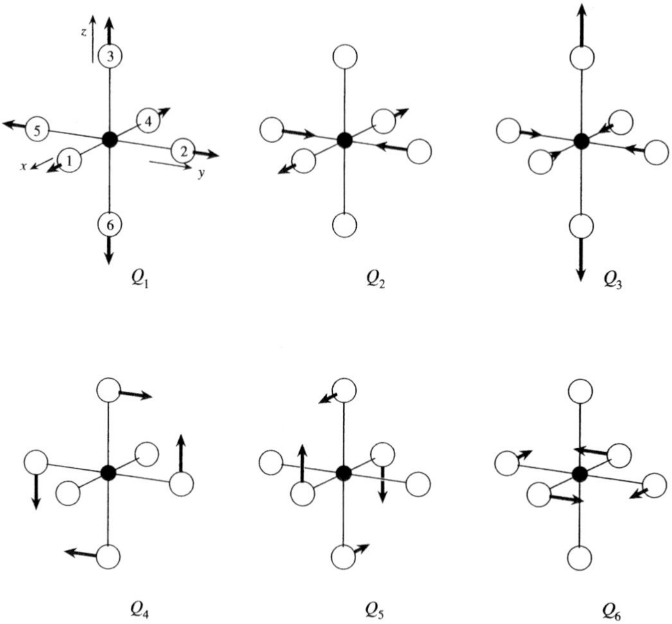

図 1.8 八面体 MX_6 の基準振動モードと基準座標
Q_1 は A_{1g} モード，Q_2 と Q_3 は E_g モード，Q_4 から Q_6 は T_{2g} モード．

$$Q_2 = \frac{1}{2}(X_1 - Y_2 - X_4 + Y_5),$$

$$Q_3 = \frac{1}{2\sqrt{3}}[2(Z_3 - Z_6) - (X_1 + Y_2 - X_4 - Y_5)] \tag{1.94}$$

$$Q_4 = \frac{1}{2}(Z_2 + Y_3 - Z_5 - Y_6),$$

$$Q_5 = \frac{1}{2}(Z_1 + X_3 - Z_4 - X_6),$$

$$Q_6 = \frac{1}{2}(Y_1 + X_2 - Y_4 - X_5) \tag{1.95}$$

A_{1g} モードは全対称の振動モードである．この他にも反転対称をもつ 3 つの T_{1g} モードがあるが，これは八面体の x, y, z 軸のまわりの回転運動に対応する．以下において，八面体の基本振動モードの 1 つである E_g モードと 2 重縮退した電子の E_g 状態との相互作用によるヤーン・テラー効果を説明しよう．これは磁性イオン M が Cr^{2+}，Mn^{3+}，Cu^{2+} などの場合に対応し，相互作用のエネルギーも一般に大きい．

図1.9に示されたように，d^4 である Cr^{2+}，Mn^{3+} と d^9 である Cu^{2+} の立方対称場中の基底状態は2重縮退した E_g 状態である．d^9 の場合は1個の正孔がある場合と同等であるので，正孔が式(1.57)で表される e_g 軌道の ϕ_u か ϕ_v に入った状態が基底状態になる．一方 d^4 の場合は4個の電子のうち3個が式(1.56)で表される t_{2g} 軌道 ϕ_ξ，ϕ_η，ϕ_ζ に入り，残りの1個が e_g 軌道の ϕ_u か ϕ_v に入った状態が基底状態になる．この2つの状態は

$$\psi_u = |\phi_\xi, \phi_\eta, \phi_\zeta, \phi_v|, \qquad \psi_v = |\phi_\xi, \phi_\eta, \phi_\zeta, \phi_u| \tag{1.96}$$

のように表される．ψ_u と ψ_v は4つの電子と同じスピン状態をもった正孔がそれぞれ ϕ_u と ϕ_v 軌道に入った状態に対応する．d^9 において正孔が ϕ_u と ϕ_v にある状態，および d^4 において ψ_u と ψ_v で表される電子状態をそれぞれ $\Psi_{E_g u}$，$\Psi_{E_g v}$ と書くことにしよう．

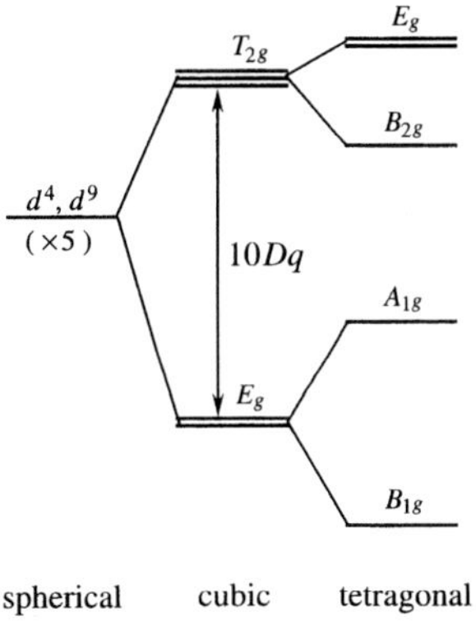

図 1.9 正方対称に伸びた八面体結晶場による電子配置 d^4，d^9 のエネルギー準位の分裂

八面体 MX_6 が z 軸に沿って正方対称に伸びる変形をするとき，すなわち式(1.94)で表される E_g 振動モードの基準座標が $Q_2 = 0$，$Q_3 > 0$ となるとき，z 軸上の2つの陰イオンが遠ざかり x 軸と y 軸上の4つの陰イオンが近づくので，正孔軌道が x 軸と y 軸方向に伸びた $\Psi_{E_g v}$ 状態の方が z 軸方向に伸びた $\Psi_{E_g u}$ 状態よりエネルギーが下がる．このように縮退した電子の E_g 状態は八面体の E_g モードと結合し，その結果，電子状態の縮退が解け，基底状態のエネルギーが下がる．この結合ハミルトニアンを $\mathcal{H}_{JT}$ と書くと，その行列要素は A を正の結合定数として

$$\langle \Psi_{E_g u}|\mathcal{H}_{\rm JT}|\Psi_{E_g u}\rangle = -\langle \Psi_{E_g v}|\mathcal{H}_{\rm JT}|\Psi_{E_g v}\rangle = AQ_3,$$

$$\langle \Psi_{E_g u}|\mathcal{H}_{\rm JT}|\Psi_{E_g v}\rangle = \langle \Psi_{E_g v}|\mathcal{H}_{\rm JT}|\Psi_{E_g u}\rangle = -AQ_2 \tag{1.97}$$

のように表される．八面体の E_g 振動モードのポテンシャルエネルギー U_{E_g} は K を正の係数として

$$U_{E_g} = \frac{1}{2}K\left(Q_2^2 + Q_3^2\right) \tag{1.98}$$

と表されるので，ヤーン・テラー効果のポテンシャルエネルギー $V_{E_g}(Q_2, Q_3)$ は

$$V_{E_g}(Q_2, Q_3) = \frac{1}{2}K\left(Q_2^2 + Q_3^2\right) - A\begin{bmatrix} -Q_3 & Q_2 \\ Q_2 & Q_3 \end{bmatrix} \tag{1.99}$$

と書き表される．ここで極座標表示

$$Q_2 = Q\sin\theta, \qquad Q_3 = Q\cos\theta \tag{1.100}$$

を用いると，$V_{E_g}(Q_2, Q_3)$ の 2 つの固有値は

$$V_{E_g}^{\pm}(Q,\theta) = \frac{1}{2}KQ^2 \pm AQ \tag{1.101}$$

のように表される．図 1.10 は $V_{E_g}^{\pm}(Q,\theta)$ を描いたものである．$V_{E_g}^{\pm}(Q,\theta)$ はその形状からメキシカンハット (Mexican hat) ポテンシャルとよばれている．ポテンシャルエネルギー $V_{E_g}^{+}(Q,\theta)$ と $V_{E_g}^{-}(Q,\theta)$ に対応する電子状態はそれぞれ

$$\Psi_{E_g}^{+} = \Psi_{E_g u}\cos\frac{\theta}{2} - \Psi_{E_g v}\sin\frac{\theta}{2},$$

$$\Psi_{E_g}^{-} = \Psi_{E_g u}\sin\frac{\theta}{2} + \Psi_{E_g v}\cos\frac{\theta}{2} \tag{1.102}$$

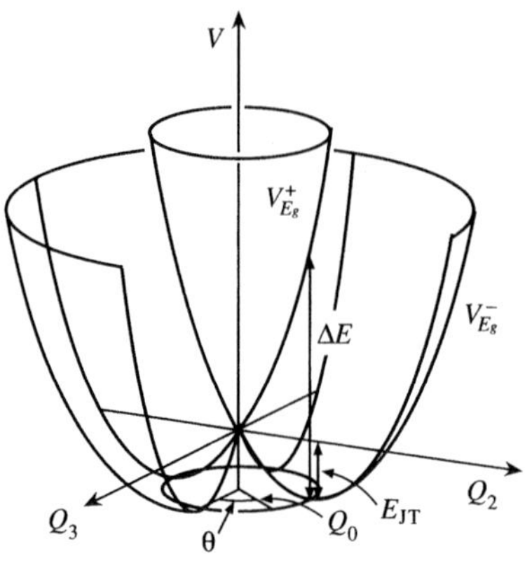

図 1.10　ヤーン・テラー効果によってできるポテンシャルエネルギー面 $V_{E_g}^{\pm}(Q,\theta)$

となる．

八面体の最も安定な変形の振幅Q_0は，$V_{E_g}^-(Q,\theta)$を最小にすることにより$Q_0 = A/K$と求められ，このときの$V_{E_g}^-(Q,\theta)$は

$$V_{E_g}^-(Q_0,\theta) = -\frac{A^2}{2K} \tag{1.103}$$

となる．この式の絶対値$E_{\rm JT} = A^2/(2K)$はヤーン・テラーエネルギーとよばれる．光吸収の実験から$\Delta E = V_{E_g}^+(Q_0,\theta) - V_{E_g}^-(Q_0,\theta) = 2A^2/K$の値が求められるので，$E_{\rm JT}$の大きさを評価することができる．磁性イオンが$\rm Cr^{2+}$，$\rm Mn^{3+}$，$\rm Cu^{2+}$で，配位する陰イオンがハロゲンイオンの場合には，$Q_0$の大きさは$0.4 \sim 0.5$ Åであり，$E_{\rm JT}$は$1500 \sim 2000\,\rm cm^{-1}$である．酸化物ではハロゲン化物に比べ結晶場が強いので$E_{\rm JT}$の値はさらに大きくなる．上記の$E_{\rm JT}$の値は温度に換算すると$2000 \sim 3000$ Kとなるので，室温付近では八面体$\rm MX_6$は振幅がQ_0の何らかの変形をしているものと考えられる．

八面体$\rm MX_6$の変形は式(1.100)の位相θが$2\pi/3$変わるごとに同等な形が現れる．たとえば$\theta = 0$，$2\pi/3$，$4\pi/3$に対応する八面体の変形はそれぞれz軸，x軸，y軸に沿って正方対称に伸びた状態である．式(1.99)あるいは式(1.101)では，振幅Q_0の変形はすべて同じエネルギーをもつので，特定の変形が安定化されることはなく，変形に関して連続的な縮退が残る．この縮退は振動モードの3次の非調和項$\mathcal{H}_{\rm a}$と2次のヤーン・テラー結合$\mathcal{H}_{\rm JT}^{(2)}$ [6,7] を考慮すると解くことができる．$\mathcal{H}_{\rm a}$と$\mathcal{H}_{\rm JT}^{(2)}$は$B$と$C$を定数として

$$\mathcal{H}_{\rm a} = BQ_3\left(Q_3^2 - 3Q_2^2\right), \tag{1.104}$$

$$\mathcal{H}_{\rm JT}^{(2)} = -C\begin{bmatrix} -(Q_2^2 - Q_3^2) & 2Q_2Q_3 \\ 2Q_2Q_3 & (Q_2^2 - Q_3^2) \end{bmatrix} \tag{1.105}$$

のように書き表される．これらの相互作用による$V_{E_g}^-(Q,\theta)$に対する補正は

$$\Delta V_{E_g}^-(Q,\theta) = (BQ\ + C)\,Q^2\cos 3\theta \tag{1.106}$$

と表される．したがってポテンシャルエネルギー$V_{E_g}^-(Q,\theta)$の底に位相が$2\pi/3$変わるごとに安定点ができ，これに対応した八面体の変形が安定化される．式(1.106)の$\cos 3\theta$の係数は一般に負である．したがって$\theta = 0$，$2\pi/3$，$4\pi/3$に安定点ができるので，z軸，x軸，y軸に沿って正方対称に伸びた変形が一般に安定になる．これらの変形の安定度を示す$Q = Q_0$での$\cos 3\theta$の係数の大きさは，非磁性の結晶に少量の$\rm Cu^{2+}$を入れた系の電子スピン共鳴実験から$100\,\rm cm^{-1}$程

度であることがわかっている．このように式 (1.104) ～ (1.106) で表されるエネルギーは八面体の特定の変形を安定化させる働きをもち，**ワーピング項** (warping term) とよばれている．

1.3.4　軌道角運動量の消失とスピンハミルトニアン

表 1.5 に示したように，遷移元素イオンでは磁気モーメントの大きさを表す有効ボーア磁子数の実測値は $g_J\sqrt{J(J+1)}$ から大きくずれていて，全軌道角運動量 L の値を 0 とした場合の $2\sqrt{S(S+1)}$ によく一致している．以下において，この問題を説明しよう．これまでに述べたように，立方対称の結晶場中で縮退していた電子の基底状態は結晶場が低対称になると分裂し，多くの場合，基底状態の縮退はなくなる．基底状態に縮退がないとき，その波動関数 Ψ は実関数で表される．すなわち $\Psi = \Psi^*$ となる．軌道角運動量演算子は

$$\boldsymbol{L} = \sum_i \boldsymbol{l}_i = \sum_i (-\mathrm{i}\hbar\, \boldsymbol{r}_i \times \nabla_i) \tag{1.107}$$

のように表される純虚数演算子である．したがって，基底状態 $|0\rangle$ に関する期待値は

$$\begin{aligned}\langle 0|\boldsymbol{L}|0\rangle &= \int \Psi^* \boldsymbol{L}\, \Psi\, \mathrm{d}\xi = \int \Psi \boldsymbol{L}\, \Psi^*\, \mathrm{d}\xi \\ &= -\left\{\int \Psi^* \boldsymbol{L}\, \Psi\, \mathrm{d}\xi\right\}^* = -\langle 0|\boldsymbol{L}|0\rangle^* \end{aligned} \tag{1.108}$$

となる．ここで $\mathrm{d}\xi$ は全電子についての積分を表す．軌道角運動量は物理量であるので，その期待値は実数でなければならないので，式 (1.108) から $\langle 0|\boldsymbol{L}|0\rangle = 0$ となり，軌道角運動量の期待値は 0 になる．これを**軌道角運動量の消失** (quenching of orbital angular momentum) という．このような訳で，基底状態に縮退がない場合には，磁気モーメントに寄与するのはスピンだけになる．

上に述べたように，基底状態に縮退がない場合には軌道角運動量の期待値は 0 になるが，基底状態 $|0\rangle$ と励起状態 $|n\rangle$ との間には軌道角運動量の行列要素 $\langle n|\boldsymbol{L}|0\rangle$ がある．このため，摂動過程を通して軌道角運動量の影響が物質の磁性に現れる．次にこの軌道角運動量の効果を調べてみよう．スピン軌道相互作用 $\lambda \boldsymbol{L}\cdot\boldsymbol{S}$ とゼーマン相互作用 $\mu_{\mathrm{B}}(\boldsymbol{L}+2\boldsymbol{S})\cdot\boldsymbol{H}$ は軌道のエネルギー準位の分裂の大きさに比べて一般に十分小さいので，摂動として扱うことができる．そこでこの 2 つをまとめて

$$\mathcal{H}' = \lambda \boldsymbol{L}\cdot\boldsymbol{S} + \mu_{\mathrm{B}}(\boldsymbol{L}+2\boldsymbol{S})\cdot\boldsymbol{H} \tag{1.109}$$

と書くと，1次の摂動エネルギー $\Delta E^{(1)}$ は

$$\Delta E^{(1)} = 2\mu_{\mathrm{B}}\boldsymbol{S}\cdot\boldsymbol{H} \tag{1.110}$$

となる．次に2次の摂動エネルギー $\Delta E^{(2)}$ は

$$\begin{aligned}\Delta E^{(2)} &= -\sum_{n}\sum_{M_S''}\frac{\langle 0, M_S'|\mathcal{H}'|n, M_S''\rangle\langle n, M_S''|\mathcal{H}'|0, M_S\rangle}{E_n - E_0} \\ &= -\sum_{\mu\nu}\{\lambda^2\Lambda^{\mu\nu}S^{\mu}S^{\nu} + 2\lambda\mu_{\mathrm{B}}\Lambda^{\mu\nu}H^{\mu}S^{\nu} + \mu_{\mathrm{B}}^2\Lambda^{\mu\nu}H^{\mu}H^{\nu}\}\end{aligned} \tag{1.111}$$

のように計算される．ここで $|0, M_S\rangle$ と $|n, M_S'\rangle$ は，それぞれスピンの z 成分が M_S と M_S' である基底状態と励起状態を表す．また $\Lambda^{\mu\nu}$ は

$$\Lambda^{\mu\nu} = \sum_{n}\frac{\langle 0|L^{\mu}|n\rangle\langle n|L^{\nu}|0\rangle}{E_n - E_0} \tag{1.112}$$

で与えられ，μ と ν は x，y，z を表す．$\Delta E^{(1)}$ と $\Delta E^{(2)}$ を加え合わせた

$$\mathcal{H}_{\mathrm{spin}} = \sum_{\mu\nu}\{-\lambda^2\Lambda^{\mu\nu}S^{\mu}S^{\nu} + 2\mu_{\mathrm{B}}H^{\mu}(\delta^{\mu\nu} - \lambda\Lambda^{\mu\nu})S^{\nu} - \mu_{\mathrm{B}}^2\Lambda^{\mu\nu}H^{\mu}H^{\nu}\} \tag{1.113}$$

は軌道角運動量の効果をスピン空間で表した有効ハミルトニアンで，スピンハミルトニアン (spin Hamiltonian)[8) とよばれている．

式 (1.112) の $\Lambda^{\mu\nu}$ は x，y，z 軸を適当に選べば対角化できる．その対角成分を $\Lambda^{xx}, \Lambda^{yy}, \Lambda^{zz}$ とすると，スピンハミルトニアン $\mathcal{H}_{\mathrm{spin}}$ の第1項は定数項を除くと

$$\mathcal{H}_{\mathrm{S}} = D(S^z)^2 + E\left\{(S^x)^2 - (S^y)^2\right\} \tag{1.114}$$

のように書くことができる．ここで D と E は

$$D = -\lambda^2\left\{\Lambda^{zz} - \frac{1}{2}(\Lambda^{xx} + \Lambda^{yy})\right\}, \tag{1.115}$$

$$E = -\frac{\lambda^2}{2}(\Lambda^{xx} - \Lambda^{yy}) \tag{1.116}$$

で与えられる．この $\mathcal{H}_{\mathrm{S}}$ は**1イオン異方性** (single ion anisotropy) とよばれている．スピンの大きさ S が $1/2$ のときには，$(S^x)^2$，$(S^y)^2$，$(S^z)^2$ は定数になるので，$\mathcal{H}_{\mathrm{S}}$ は意味をなさない．$\mathcal{H}_{\mathrm{S}}$ が意味をなすのは S が1以上の場合である．

次に $\mathcal{H}_{\mathrm{spin}}$ の第2項は 3×3 のテンソル $\tilde{\boldsymbol{g}}$ を用いて

$$\mathcal{H}_{\mathrm{Z}} = \mu_{\mathrm{B}}\boldsymbol{H}\tilde{\boldsymbol{g}}\boldsymbol{S} \tag{1.117}$$

のように書くことができる．$\Lambda^{\mu\nu}$ を対角化すると $\tilde{\boldsymbol{g}}$ テンソルの各成分は

$$g^\mu = 2(1 - \lambda \Lambda^{\mu\mu}) \tag{1.118}$$

のように表される．$\Lambda^{\mu\mu}$ は常に正であるから，$\lambda > 0$ である電子数 n が $n < 2l + 1$ の場合には $g < 2$ となる．また $\lambda < 0$ である $n > 2l + 1$ の場合には $g > 2$ となる．このように軌道角運動量の効果のために g 値は2からずれる．$\mathcal{H}_{\rm spin}$ の第3項も同時に対角化され

$$\mathcal{H}_{\rm VV} = -\mu_{\rm B}^2 \left\{ \Lambda^{xx}(H^x)^2 + \Lambda^{yy}(H^y)^2 + \Lambda^{zz}(H^z)^2 \right\} \tag{1.119}$$

のように書くことができる．この $\mathcal{H}_{\rm VV}$ は**バン・ブレック常磁性** (van Vleck paramagnetism) とよばれ，温度に依存しない正の磁化率

$$\chi_{\rm VV}^\mu = 2N\mu_{\rm B}^2 \Lambda^{\mu\mu} = -\frac{N\mu_{\rm B}^2}{\lambda} \Delta g^\mu \tag{1.120}$$

を生じさせる．ここで N は磁性イオンの数であり，Δg^μ は g 値の2からのずれ $\Delta g^\mu = g^\mu - 2$ である．このように電子スピン共鳴 (ESR) などによって g 値を測定することによってバン・ブレック常磁性磁化率 $\chi_{\rm VV}$ を求めることができる．$3d$ 軌道では $\chi_{\rm VV}$ の大きさは 10^{-4} emu/mol 程度である．スピンによる磁化率 $\chi_{\rm spin}$ が大きい場合には，磁化率の実験値 $\chi_{\rm exp} = M/H$ に対する $\chi_{\rm VV}$ の補正は無視してよいが，次章で述べる反強磁性的交換相互作用が温度に換算して数百Kより大きくなると，$\chi_{\rm spin}$ が小さくなり $\chi_{\rm VV}$ と同程度になるために，$\chi_{\rm spin}$ を正しく評価するには $\chi_{\rm VV}$ の補正が必要になる．この他にも表1.1にある閉殻電子の反磁性磁化率の補正が必要になる．以下では d^9 の Cu^{2+} の場合について g 値とバン・ブレック常磁性を説明しよう．この場合には $S = 1/2$ であるので，式(1.114)で表される1イオン異方性は考える必要はない．

Cu^{2+} を囲む陰イオンの八面体はヤーン・テラー効果とワーピング項(式(1.106))のために，ほとんどの場合，正方対称に伸びる変形をしている．このような結晶場中での d^9 のエネルギー準位は正孔が1個 d 軌道にある場合と等価であるので，図1.9のようになる．基底状態は B_{1g} 状態で，その波動関数は式(1.57)の ϕ_v にある．基底状態と励起状態との間の軌道角運動量の行列要素で有限の値をもつものは $\langle\phi_\zeta|L_z|\phi_v\rangle = -2\langle\phi_\xi|L_x|\phi_v\rangle = -2\langle\phi_\eta|L_y|\phi_v\rangle = 2{\rm i}$ である．ここで z 軸は八面体の伸びた軸に平行にとってある．基底状態から B_{2g} 状態と E_g 状態への励起エネルギーをそれぞれ E^{xy}，E^{xz} とすると，$\Lambda^{\mu\mu}$ は $\Lambda^{zz} = 4/E^{xy}$，$\Lambda^{xx} = \Lambda^{yy} = 1/E^{xz}$ のようになる．これから g 値は

$$g_\parallel = 2\left\{1 - \frac{4\lambda}{E^{xy}}\right\}, \qquad g_\perp = 2\left\{1 - \frac{\lambda}{E^{xz}}\right\} \tag{1.121}$$

のように求められる．ここで添字 $\|$ と $\perp$ はそれぞれ磁場を八面体の伸びた軸に平行と垂直に加えた場合を表す．励起エネルギー E^{xy} と E^{xz} は光吸収の実験から求めることができる．たとえば，$CsCuCl_3$ においては $E^{xy} = 10000\,\mathrm{cm}^{-1}$，$E^{xz} = 12900\,\mathrm{cm}^{-1}$ であり，$B_{1g} \rightarrow A_{1g}$ 遷移についても $8300\,\mathrm{cm}^{-1}$ と求められている[9)]．これを式 (1.121) に代入すると $g^{\|} = 2.66$，$g^{\perp} = 2.13$ が得られるが，これらの平均値は実測値 $g_{\mathrm{av}} = 2.21$ よりも大きい．これは実際の系では磁性イオンの d 軌道と配位する陰イオンの p 軌道が混成することによって，軌道角運動量の行列要素の大きさが小さくなるためである．この効果は 1 より小さい係数 k を用いて $\boldsymbol{L} \rightarrow k\boldsymbol{L}$ のように表される．この減少係数 k は軌道角運動量のすべての行列要素に一律にかかるので，式 (1.120) の関係は常に成り立っている．式 (1.120) と表 1.4 にある $\lambda = -829\,\mathrm{cm}^{-1}$ を用いると，バン・ブレック常磁性磁化率 χ^{μ}_{VV} は

$$\chi^{\mu}_{\mathrm{VV}} = 3.14 \times 10^{-4} \Delta g^{\mu}\ \mathrm{emu/mol} \tag{1.122}$$

のように求められる．

1.3.5 強い結晶場と低スピン状態

これまでは d 軌道に 2 つ以上の電子が入った場合に，磁性イオン内の d 電子間のクーロン相互作用がまわりに配位する陰イオンからの結晶場よりも大きいという立場から電子状態を説明した．すなわちフント則で決まる最低エネルギーの LS 多重項を基礎とし，結晶場によるこの LS 多重項の分裂を考えた．この場合には全スピンの大きさ S が最大になっているので，電子状態は高スピン状態 (high-spin state) とよばれる．たとえば，前に述べたように，電子配置が d^2 の場合には，$L = 3$，$S = 1$ の ${}^3F$ が最低エネルギーの LS 多重項となる．この ${}^3F$ 状態は八面体結晶場中で，式 (1.63) ～ (1.65) で表されるように 3 つの状態に分裂し，基底状態は式 (1.68) で表されるように，エネルギーの低い t_{2g} 軌道の 2 つに同じスピンをもつ電子を 1 つずつ入れた状態と t_{2g} 軌道の残りの 1 つとエネルギーの高い e_g 軌道の 1 つに 1 つずつ電子が入った状態の線形結合で与えられる．このように，高スピン状態では t_{2g} 軌道と e_g 軌道は必ずしもよい量子状態ではない．これに対して，結晶場が磁性イオン内の d 電子間のクーロン相互作用よりも大きくなると，結晶場ポテンシャルの固有状態である t_{2g} 軌道と e_g 軌道がよい量子状態となるので，これらの軌道をエネルギーの低い方から順に電

子や正孔を詰めてゆく描像がよい近似になる．この場合には一般にフント則は満たされないので，全スピンの大きさ S は高スピン状態の S に比べて小さくなる．このように強い結晶場のためにフント則が破れ，全スピンの大きさが小さくなった状態を低スピン状態 (low-spin state) という．このような低スピン状態は $4d$ 軌道や $5d$ 軌道が不完全核となる遷移元素イオンを含む磁性体でよく見られる．これは $4d$ 軌道や $5d$ 軌道の軌道半径が $3d$ 軌道の軌道半径に比べて大きいために，式 (1.58) で与えられる結晶場定数 q が大きくなり，$4d$ 電子や $5d$ 電子に作用する結晶場がより強くなるためである．以下に電子配置が d^5 と d^8 の場合について説明しよう．

電子配置が d^5 の高スピン状態は $L = 0$，$S = 5/2$ の ${}^6S$ 状態で，その軌道状態はスレーター行列式を用いて $\Psi_{\mathrm{high}} = |2, 1, 0, -1, -2|$ のように表される．これはまた，式 (1.56) と式 (1.57) で定義される t_{2g} 軌道と e_g 軌道の波動関数を用いて $\Psi_{\mathrm{high}} = |\psi_\xi, \psi_\eta, \psi_\zeta, \psi_u, \psi_v|$ のように表すことができる．したがって，全スピンが $S = 5/2$ となる高スピン状態は図 1.11(a) に示されたように，同じ向きのスピンをもった 5 つの電子が 3 つの t_{2g} 軌道と 2 つの e_g 軌道に 1 つずつ入った状態である．これに対して結晶場による t_{2g} 軌道と e_g 軌道のエネルギーの差 $10Dq$ が磁性イオン内の d 電子間のクーロン相互作用よりも大きくなると，図 1.11(b) に示されたように，エネルギーの低い 3 つの t_{2g} 軌道に同じ向きのスピンをもった 3 つの電子と反対向きのスピンをもった 2 つの電子が入った状態が安定になる．このために全スピンは $S = 1/2$ となる．これが低スピン状態で

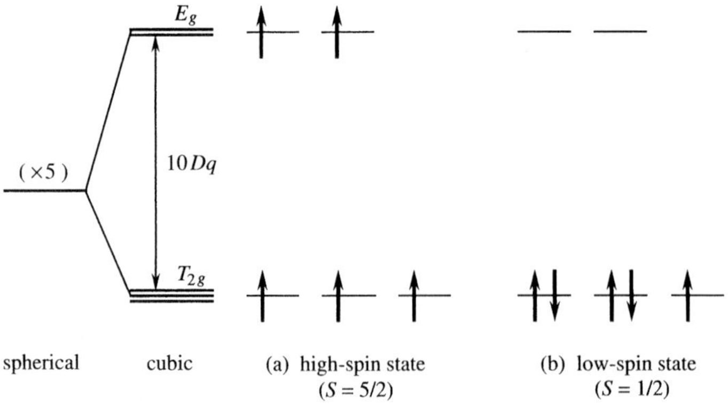

図 1.11　電子配置 d^5 の八面体結晶場中での電子状態
(a) は高スピン状態，(b) は低スピン状態．

ある．図 1.11(b) の低スピン状態は 3 重に縮退しているので，この縮退を解くようにヤーン・テラー効果によって八面体は正方対称か三方対称に伸び変形を起こす．高スピン状態と低スピン状態の判別は，磁化率測定から求められる有効ボーア磁子数 $g\sqrt{S(S+1)}$ や磁化測定から求められる飽和磁化 $g\mu_{\mathrm{B}}S$ の値から行うことができる．

次に正方対称の結晶場中にある d^8 の場合について説明しよう．前に述べたように，d 軌道に 8 個の電子がある状態は正孔が 2 個ある状態と同等である．電子状態 d^8 の立方対称の八面体結晶場中でのエネルギー準位は図 1.5 に示されたように，3 つに分裂し，基底状態は縮退しない．この基底状態は式 (1.67) で表されるように，2 つの正孔が e_g 軌道に 1 つずつ入った状態である．正方対称に伸びた八面体結晶場が加わると，エネルギー準位は図 1.9 のようになり，e_g 軌道は B_{1g} 状態と A_{1g} 状態に分裂する．B_{1g} 状態と A_{1g} 状態のエネルギーの差が d 電子間のクーロン相互作用よりも小さいときには，同じ向きのスピンをもった正孔がそれぞれの状態に 1 つずつ入り，全スピンは $S=1$ となる．これが d^8 の高スピン状態である．これに対して正方対称の結晶場が非常に強くなると，B_{1g} 状態に反対向きのスピンをもった 2 つの正孔が入った状態が安定になる．その結果，全スピンは $S=0$ となり，非磁性の低スピン状態になる．このような強い結晶場は，たとえば Ni^{2+} を例にとると，図 1.3(a) にある八面体を構成する陰イオンの中で 3 と 6 番が存在しないような場合に起こる．

文　献

1) P. W. Selwood: *Magnetochemistry* (Interscience, 1956).
2) 上村　洸，菅野　暁，田辺行人：配位子場理論とその応用，裳華房 (1969).
3) B. N. Figgis: *Introduction to Ligand Fields* (Interscience, 1966).
4) 安達健五：化合物磁性 – 局在スピン系，裳華房 (1996).
5) W. E. Henry: Phys. Rev. **88** (1952) 559.
6) U. Öpik and M. H. L. Pryce: Proc. Roy. Soc. A **238** (1957) 425.
7) A. D. Liehr and C. J. Ballhausen: Ann. Phys. NY **3** (1958) 304.
8) M. H. L. Pryce: Proc. Phys. Soc. A **63** (1950) 25.
9) R. Laiho, M. Natarajan and M. Kaira: Phys. Status Solidi A **15** (1973) 311.

2

スピン間の相互作用

2.1 交換相互作用

スピン磁気モーメントをもつ磁性体は，高温では各磁性イオンがもつスピンは無秩序な常磁性状態にあるが，温度が下がると強磁性状態や反強磁性状態に相転移をする．この相転移温度はヘリウム温度のような低温から1000 Kに近い高温まで広い範囲にある．たとえばマグネタイト Fe_3O_4 では相転移温度は860 Kで，これ以下で自発磁化をもつフェリ磁性状態になる．この相転移温度はその磁性体におけるスピン間相互作用の大きさの目安となる．一般に磁気モーメント $\boldsymbol{\mu}_1$, $\boldsymbol{\mu}_2$ をもつ磁性イオンが距離 r_{12} を隔てておかれているとき，これらの間には

$$\mathcal{H}_{\mathrm{d}} = \frac{\boldsymbol{\mu}_1 \cdot \boldsymbol{\mu}_2}{r_{12}^3} - 3\frac{(\boldsymbol{\mu}_1 \cdot \boldsymbol{r}_{12})(\boldsymbol{\mu}_2 \cdot \boldsymbol{r}_{12})}{r_{12}^5} \tag{2.1}$$

で表される**磁気双極子相互作用** (dipole-dipole interaction) が働く．ここで $\boldsymbol{r}_{12}$ は $\boldsymbol{\mu}_1$ から $\boldsymbol{\mu}_2$ に引いたベクトルである．スピンの大きさが $S = 1/2$ の場合には，磁気モーメントの大きさは $\mu = g\mu_{\mathrm{B}}S \simeq 1\ \mu_{\mathrm{B}}$ であり，また磁性イオン間の距離は3 Å程度であるので，磁気双極子相互作用の大きさは $2\times10^{-2}\ \mathrm{cm}^{-1}$ 程度になる．これは温度に換算すると 3×10^{-2} K程度でしかないので，磁性体における主要な相互作用にはなりえないことがわかる．

隣接する磁性イオン上の電子間にはクーロン相互作用による斥力が働く．電子が量子力学的フェルミ粒子であることから，クーロン相互作用のエネルギーは電子どうしのスピン状態に大きく依存する．この電子間のクーロン相互作用を媒介として電子のスピン間に働く相互作用は**交換相互作用** (exchange interaction) とよばれ，$-2J\boldsymbol{S}_1 \cdot \boldsymbol{S}_2$ のようにスピンの内積で表される．その強さを表す J/k_{B} は 1×10^3 K程度になることもあり，磁性体における主要な相互作用

となる．次節以降でこの交換相互作用について解説する．

2.1.1 直接交換相互作用

まず，十分離れた2つの同種の磁性イオンAとBを考える．Aイオンの軌道ψ_aに電子1が，Bイオンの同じ軌道ψ_bに電子2が入っているとすると，それぞれの電子はシュレディンガー方程式

$$\mathcal{H}_a\psi_a(\boldsymbol{r}_1) = \left[-\frac{\hbar^2}{2m}\Delta_1 - \frac{Ze^2}{r_{a1}}\right]\psi_a(\boldsymbol{r}_1) = E_0\psi_a(\boldsymbol{r}_1),$$

$$\mathcal{H}_b\psi_{\mathrm{b}}(\boldsymbol{r}_2) = \left[-\frac{\hbar^2}{2m}\Delta_2 - \frac{Ze^2}{r_{b2}}\right]\psi_b(\boldsymbol{r}_2) = E_0\psi_b(\boldsymbol{r}_2) \tag{2.2}$$

を満たす．ここで，Zは磁性イオンの価数，r_{a1}はAイオンの原子核と電子1の距離，r_{b2}はBイオンの原子核と電子2の距離である．次に2つのイオン間の距離r_{ab}を小さくしていくと，電子1と2は両方のイオンの原子核から引力のクーロン力をうける．また，電子1と2，および2つのイオンの原子核の間にも斥力のクーロン力が働く．したがって，全体のハミルトニアンは

$$\mathcal{H} = \mathcal{H}_a + \mathcal{H}_b + \frac{(Ze)^2}{r_{ab}} - \frac{Ze^2}{r_{a2}} - \frac{Ze^2}{r_{b1}} + \frac{e^2}{r_{12}} \tag{2.3}$$

のように表される．ここでr_{a2}，r_{b1}，r_{12}は，図2.1に示されたように，それぞれAイオンの原子核と電子2の距離，Bイオンの原子核と電子1の距離，および2つの電子間の距離である．2つのイオンAとBが近づいた結果，電子1と2は一方のイオンにのみ局在することはなく，他方のイオンの軌道にも入る．そこで電子1と2はψ_aかψ_bのどちらかの軌道に入るとし，また同時に同じイオンの軌道に入らないと仮定して，2電子系の波動関数を

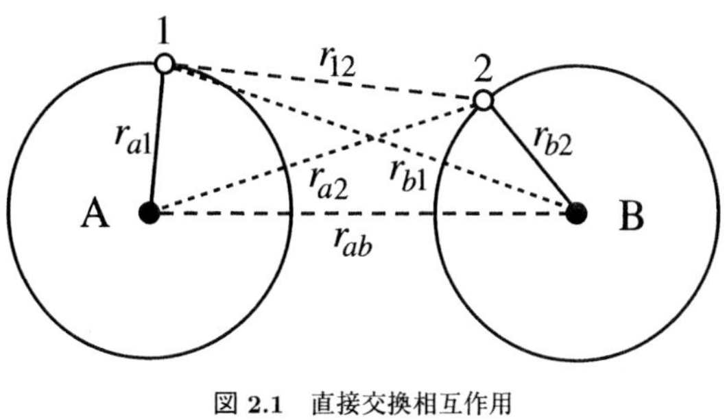

図 2.1 直接交換相互作用

AとBはそれぞれAイオンとBイオンの原子核を表し，1と2は軌道上の電子1と2を表す．

$$\Psi_{\rm s} = \frac{1}{\sqrt{N}}\left[\psi_a(\boldsymbol{r}_1)\psi_b(\boldsymbol{r}_2) + \psi_a(\boldsymbol{r}_2)\psi_b(\boldsymbol{r}_1)\right]\chi_{\rm s} \tag{2.4}$$

$$\Psi_{\rm t} = \frac{1}{\sqrt{N}}\left[\psi_a(\boldsymbol{r}_1)\psi_b(\boldsymbol{r}_2) - \psi_a(\boldsymbol{r}_2)\psi_b(\boldsymbol{r}_1)\right]\chi_{\rm t} \tag{2.5}$$

のように表す．ここで $\chi_{\rm s}$ と $\chi_{\rm t}$ は2つの電子のスピン状態を表す波動関数であり，N は規格化因子である．ψ_a と ψ_b が直交する場合には $N = 2$ となる．$\Psi_{\rm s}$ と $\Psi_{\rm t}$ は電子1と2の入れ替えに対して，ともに反対称でなければならない．$\Psi_{\rm s}$ では軌道部分が対称であるので，$\chi_{\rm s}$ は反対称になる．また，$\Psi_{\rm t}$ では軌道部分が反対称であるので，$\chi_{\rm t}$ は対称になる．電子 i $(i = 1, 2)$ のスピン $\boldsymbol{s}_i$ の z 成分が1/2の状態を $\alpha(i)$，$-1/2$ の状態を $\beta(i)$ と書くことにすると，$\chi_{\rm s}$ と $\chi_{\rm t}$ は

$$\chi_{\rm s} = \frac{1}{\sqrt{2}}\left[\alpha(1)\beta(2) - \beta(1)\alpha(2)\right], \tag{2.6}$$

$$\chi_{\rm t} = \begin{cases} \alpha(1)\alpha(2) \\ \dfrac{1}{\sqrt{2}}\left[\alpha(1)\beta(2) + \beta(1)\alpha(2)\right] \\ \beta(1)\beta(2) \end{cases} \tag{2.7}$$

のように表される．これからわかるように，$\chi_{\rm s}$ は全スピン $\boldsymbol{S} = \boldsymbol{s}_1 + \boldsymbol{s}_2$ の大きさ S が0の1重項 (singlet) 状態に対応し，$\chi_{\rm t}$ は $S = 1$ の3重項 (triplet) 状態に対応する．式 (2.7) の3つの状態は，上から順に $S^z = 1, 0, -1$ に対応する．

スピン1重項状態 $\Psi_{\rm s}$ と3重項状態 $\Psi_{\rm t}$ に対応するエネルギー $E_{\rm s}$ と $E_{\rm t}$ は

$$E_{\rm s} = \int \Psi_{\rm s}^* \mathcal{H} \Psi_{\rm s}\, \mathrm{d}\boldsymbol{r}_1 \mathrm{d}\boldsymbol{r}_2, \qquad E_{\rm t} = \int \Psi_{\rm t}^* \mathcal{H} \Psi_{\rm t}\, \mathrm{d}\boldsymbol{r}_1 \mathrm{d}\boldsymbol{r}_2 \tag{2.8}$$

で与えられる．ここで

$$K = \int \psi_a(\boldsymbol{r}_1)^* \psi_b(\boldsymbol{r}_2)^* \mathcal{H} \psi_a(\boldsymbol{r}_1)\psi_b(\boldsymbol{r}_2)\, \mathrm{d}\boldsymbol{r}_1 \mathrm{d}\boldsymbol{r}_2, \tag{2.9}$$

$$J = \int \psi_a(\boldsymbol{r}_1)^* \psi_b(\boldsymbol{r}_2)^* \mathcal{H} \psi_a(\boldsymbol{r}_2)\psi_b(\boldsymbol{r}_1)\, \mathrm{d}\boldsymbol{r}_1 \mathrm{d}\boldsymbol{r}_2 \tag{2.10}$$

と書くと，$E_{\rm s}$ と $E_{\rm t}$ は $E_{\rm s} = K + J$，$E_{\rm t} = K - J$ と表される．このように，スピン1重項状態と3重項状態との間にエネルギー差 $E_{\rm s} - E_{\rm t} = 2J$ が生ずる．J は**交換積分** (exchange integral) とよばれ，一般に正にも負にもなる．ψ_a と ψ_b が直交する場合には

$$J = \int \psi_a(\boldsymbol{r}_1)^* \psi_b(\boldsymbol{r}_2)^* \frac{e^2}{r_{12}} \psi_a(\boldsymbol{r}_2)\psi_b(\boldsymbol{r}_1)\, \mathrm{d}\boldsymbol{r}_1 \mathrm{d}\boldsymbol{r}_2 \tag{2.11}$$

となり，J は必ず正になる．したがって，スピン3重項状態が基底状態になる．

これに対して ψ_a と ψ_b の重なりが大きい場合には J は負になり，スピン1重項状態が基底状態になる．J の大きさはクーロン力程度であり，1 eV 程度にもなりうる．

ところで実際に観測できるのは，個々の電子のスピンではなく，イオン A と B にある電子のスピンである．そこでイオン A の軌道 ψ_a にある電子のスピンを s_a，イオン B の軌道 ψ_b にある電子のスピンを $\boldsymbol{s}_b$ と書くと，$\boldsymbol{s}_1$ と $\boldsymbol{s}_2$ の1重項状態 $(s_1+s_2=0)$ と3重項状態 $(s_1+s_2=1)$ は，それぞれ $\boldsymbol{s}_a$ と $\boldsymbol{s}_b$ の1重項状態 $(s_a+s_b=0)$ と3重項状態 $(s_a+s_b=1)$ に対応する．$s=1/2$ の場合には

$$\boldsymbol{s}_a\cdot\boldsymbol{s}_b=\begin{cases}-\dfrac{3}{4} & (S=0)\\[2ex] \dfrac{1}{4} & (S=1)\end{cases} \tag{2.12}$$

の関係がある．これを用いると，$\mathcal{H}$ の固有値 E_s と E_t は

$$E=K-\frac{J}{2}\left(1+4\boldsymbol{s}_a\cdot\boldsymbol{s}_b\right) \tag{2.13}$$

のように表すことができる．式 (2.13) の定数項を除いた

$$\mathcal{H}_\mathrm{ex}=-2J\boldsymbol{s}_a\cdot\boldsymbol{s}_b \tag{2.14}$$

がスピン状態に依存するエネルギーを表すもので，**交換相互作用** (exchange interaction) とよばれる．また，このような機構によって隣接するイオン間に働く交換相互作用を**直接交換相互作用**という．歴史的にはハイゼンベルクが最初に交換相互作用を論じたので，式 (2.14) のようにスピン演算子の内積で書き表される交換相互作用は**ハイゼンベルク模型** (Heisenberg model) とよばれている[1]．

図2.2でイオン A と B の距離をさらに近づけると，電子1と2が軌道 ψ_a，あるいは軌道 ψ_b の一方に同時に入る確率が大きくなる．両イオンが非常に近くなると，2つの電子が軌道 ψ_a と ψ_b に別々に入る確率と一方に同時に入る確率が同じになる．そのよう場合には，電子は2つのイオンにまたがる**分子軌道** (molecular orbital)

$$\phi_\pm=\frac{1}{\sqrt{N_\pm}}\left(\psi_a\pm\psi_b\right) \tag{2.15}$$

をつくる．ここで $N_\pm$ は規格化定数である．この2つの分子軌道で，ϕ_+ は**結合性軌道** (bonding orbital) とよばれ，2つのイオンの中間に電子の存在確率が大きく，エネルギーが低い．これに対して，ϕ_- は**反結合性軌道** (antibonding orbital) とよばれ，2つのイオンの中間に電子の存在確率がなく，エネルギーが高い．2つの電子は結合性軌道 ϕ_+ にスピン1重項状態 $(s_1 + s_2 = 0)$ で入る．

2.1.2 超交換相互作用

前節の直接交換相互作用は2つの隣接する磁性イオン間に働く交換相互作用である．しかし，絶縁性磁性体の多くはイオン結晶であるため，図1.2に示されたように，磁性イオン間には陰イオンが配置していて，磁性イオンどうしが隣接することはほとんどない．それにもかかわらず，絶縁性磁性体では磁気相転移が起こり，相転移温度はフェライトなどの酸化物磁性体でみられるように数百Kになる場合もある．この事実は，磁性イオン間に陰イオンを介した交換相互作用 $-2J_{\rm eff}\, \boldsymbol{s}_a \cdot \boldsymbol{s}_b$ が働くことを示している．このような非磁性イオンを介した磁性イオン間の交換相互作用を**超交換相互作用** (superechange interaction) という．以下では，図2.2に示された3つの場合を例にとり，超交換相互作用の機構を説明する．

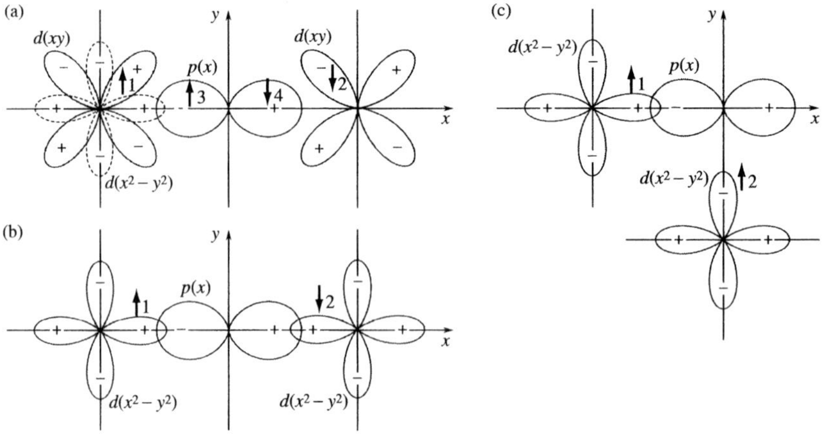

図 2.2 陰イオンXの p 軌道を介した磁性イオンA，B間の超交換相互作用
(a)と(b)はA−X−Bが180°の場合，(c)はA−X−Bが90°の場合．波動関数上の＋，−の記号は波動関数の符号を表す．

まず V^{2+}，Cr^{3+}，Mn^{4+} のように，t_{2g} 軌道に電子があり，e_g 軌道には電子がない同種の磁性イオンA，Bが，図2.2(a)にあるように，陰イオンXを介して180°に配置する場合を考える．座標軸は図に示されたようにとる．

AとBのt_{2g}軌道の1つ$d(xy)$に電子があるとし，それを電子1，2と表す．また，陰イオンXの$p(x)$軌道を占める2つの電子を電子3，4とする．各電子は各イオンの原子核からのクーロン力や結晶場による周期的なポテンシャルVを受けている．このVと運動エネルギーを合わせた1電子のハミルトニアンを$\mathcal{H}_{pd}$と書くと，$\mathcal{H}_{pd}$はy軸に関して対称なので，$\mathcal{H}_{pd}(y) = \mathcal{H}_{pd}(-y)$である．陰イオンXの$p(x)$軌道は磁性イオンの$d(xy)$と直交しているが，破線で表された$d(x^2-y^2)$軌道とは直交せず，大きな重なりをもつ．したがって，$p(x)$軌道上の電子は，$\mathcal{H}_{pd}$によって左の磁性イオンAの$d(xy)$軌道に移ることはできないが，空いた$d(x^2-y^2)$軌道に移ることができる．$p(x)$軌道と$d(x^2-y^2)$軌道をそれぞれϕ_x，ϕ_vと書くと，電子の移動に関する積分は

$$\int \phi_v^* \mathcal{H}_{pd} \phi_x \, \mathrm{d}\boldsymbol{r} \equiv b \tag{2.16}$$

となる．この積分は**移行積分** (transfer integral) とよばれている．

磁性イオン間の超交換相互作用は，この電子の移動によって起こるもので，以下の3次の摂動過程からなる．

1) 磁性イオンAの$d(xy)$軌道上の電子スピンが上向き（↑）であるとすると，陰イオンXの$p(x)$軌道上の↑スピンの電子3がAイオンの空いた$d(x^2-y^2)$軌道に移る．これはAイオン内のフント則によって，下向き（↓）スピンの電子4が$d(x^2-y^2)$軌道に移る場合に比べてエネルギーが低いからである．この結果，AイオンとXイオンの正負の価数は1つ減る．
2) Xイオンの$p(x)$軌道と右の磁性イオンBの$d(xy)$軌道は直交するので，$p(x)$軌道上の↓スピンの電子4はBイオンの$d(xy)$軌道上の電子2と強磁性的な直接交換相互作用$(-2J\boldsymbol{s}_4\cdot\boldsymbol{s}_2)$をする．その結果，電子2のスピンは↓になる方が(正しくは電子4と2のスピン$\boldsymbol{s}_4$と$\boldsymbol{s}_2$が3重項状態になる方が)エネルギーが低くなる．
3) 磁性イオンAの$d(x^2-y^2)$軌道に移った↑スピンの電子3がもとのXイオンに戻り，全体が初めの状態に戻る．

これらの摂動過程によって，磁性イオンA，Bのスピン$\boldsymbol{s}_1$と$\boldsymbol{s}_2$が反平行(1重項状態)である方がエネルギーが低くなる．1)の過程で系は励起状態に移るが，その励起エネルギーをΔEと書くと，この3次の摂動過程によるエネルギーは

$$E = 2\,\frac{2J|b|^2}{(\Delta E)^2}\,\boldsymbol{s}_1\cdot\boldsymbol{s}_2 = -2J_{\mathrm{eff}}\,\boldsymbol{s}_1\cdot\boldsymbol{s}_2 \tag{2.17}$$

のように表すことができる．この式の最初の係数2はAイオンとBイオンの関係を逆にした摂動過程も存在することによる．以上のように，磁性イオンAとBのスピン $\boldsymbol{s}_1$，$\boldsymbol{s}_2$ には反強磁性的 ($J_{\mathrm{eff}} < 0$) な超交換相互作用が働く．

続いて，Cu^{2+} に代表されるように，磁性イオンが正孔をもつときの超交換相互作用を説明しよう．図2.2(b)および(c)のように，$d(x^2-y^2)$ 軌道に正孔をもつ磁性イオンAとBが，陰イオンXを介して $180°$ と $90°$ に配置している場合を考える．図2.2(b)の $180°$ 配置では，陰イオンXの $p(x)$ 軌道と2つの磁性イオンの $d(x^2-y^2)$ 軌道は大きな重なりをもつが，図2.2(c)の $90°$ 配置では，陰イオンXの $p(x)$ 軌道と磁性イオンBの $d(x^2-y^2)$ 軌道は直交している．また，初めの状態では陰イオンXの $p(x)$ 軌道は2つの電子で占められているので，$p(x)$ 軌道に正孔は存在しない．これらの場合の超交換相互作用も以下の3次の摂動過程からなる．

1) 磁性イオンAの $d(x^2-y^2)$ 軌道上の正孔1のスピンを↑に固定する．この正孔が陰イオンXの $p(x)$ 軌道に移る．この結果，AイオンとXイオンの正負の価数は1つ減る．
2) 図2.2(b)の $180°$ 配置では，$p(x)$ 軌道に移った正孔1が磁性イオンBの $d(x^2-y^2)$ 軌道上の正孔2と分子軌道をつくり，結合性軌道にスピン1重項状態で入る．したがって，正孔2のスピンは↓になる方がエネルギーが低い．これに対して，図2.2(c)の $90°$ 配置では，$p(x)$ 軌道に移った正孔1が磁性イオンBの $d(x^2-y^2)$ 軌道上の正孔2と強磁性的な直接交換相互作用をする．その結果，正孔2のスピンは↑になる方がエネルギーが低い．
3) 陰イオンXの $p(x)$ 軌道に移ったが正孔1が，もとの磁性イオンAの $d(x^2-y^2)$ 軌道に戻り，全体が初めの状態に戻る．

以上のように，正孔のスピン間には $180°$ 配置の場合には反強磁性的な超交換相互作用が働き，$90°$ 配置の場合には強磁性的な超交換相互作用が働く．一般に，$180°$ 配置の反強磁性的超交換相互作用は $90°$ 配置の強磁性的超交換相互作用に比べて非常に大きくなる．陰イオンを介した同種イオン間の超交換相互作用には次の一般的な規則がある [2)]．すなわち，**180° 結合では反強磁性的，90° 結合では強磁性的になる．**

2.1.3 超交換相互作用の統一的な説明

前節の超交換相互作用の説明は，個々のイオンにおける原子軌道を出発点とし，電子の飛び移りを考慮した摂動論に基づいている．各イオンの原子軌道どうしは一般に直交してはいない．磁性イオンの d 軌道は，前節で説明した電子の移動によって隣接する陰イオンの電子軌道と混じり合い，結晶全体にわたってつながっている．Anderson[3] は磁性イオンの d 軌道に陰イオンの電子軌道が混合することを取り入れ，d 電子が結晶全体にわたってつながったブロッホ関数として結晶中に存在するという立場から，超交換相互作用を統一的に論じた．

d 軌道は5種類あるが，簡単にするために単一の d 軌道を考えることにする．また，電子の数は磁性イオンの数と同じであるとする．結晶中で波数 $\boldsymbol{k}$ をもつ d 電子は

$$\psi_{\boldsymbol{k}}(\boldsymbol{r}) = u_{\boldsymbol{k}}(\boldsymbol{r}) \exp(\mathrm{i}\boldsymbol{k} \cdot \boldsymbol{r}) \tag{2.18}$$

のようにブロッホ関数 $\psi_{\boldsymbol{k}}(\boldsymbol{r})$ で表すことができる．ここで $u_{\boldsymbol{k}}(\boldsymbol{r})$ は結晶格子の周期と同じ周期をもつ関数で，磁性イオンの位置で大きな振幅をもつ．また，$\exp(\mathrm{i}\boldsymbol{k} \cdot \boldsymbol{r})$ は結晶全体に正弦波的に伝わる波を表す項である．$\psi_{\boldsymbol{k}}(\boldsymbol{r})$ を $\boldsymbol{k}$ についてフーリエ変換した関数

$$w_i(\boldsymbol{r}) = \frac{1}{\sqrt{N}} \sum_{\boldsymbol{k}} \psi_{\boldsymbol{k}}(\boldsymbol{r}) \exp(-\mathrm{i}\boldsymbol{k} \cdot \boldsymbol{R}_i) \tag{2.19}$$

を定義する．ここで N は磁性イオンの数，$\boldsymbol{R}_i$ は格子点 i にある磁性イオンの位置ベクトルである．$w_i(\boldsymbol{r})$ は格子点 i に大きな振幅をもつ関数で，ワニエ関数 (Wannier function) とよばれている．また，i の異なるワニエ関数は互いに直交する．したがって，結晶中で磁性イオンに局在する d 軌道はワニエ関数 $w_i(\boldsymbol{r})$ で表すと便利である．格子点 i にある磁性イオンの局在軌道上にスピン s ($\uparrow$ または $\downarrow$) の電子を生成する第2量子化の演算子を $a_{is}^{\dagger}$，同じ軌道上の電子を消滅させる演算子を a_{is} と書くと，ワニエ関数 $w_i(\boldsymbol{r})$ が互いに直交することから，これらの演算子はフェルミ演算子の交換関係

$$\begin{aligned} &a_{is}^{\dagger} a_{js'} + a_{js'} a_{is}^{\dagger} = \delta_{ij} \delta_{ss'}, \\ &a_{is}^{\dagger} a_{js'}^{\dagger} + a_{js'}^{\dagger} a_{is}^{\dagger} = 0, \quad a_{is} a_{js'} + a_{js'} a_{is} = 0 \end{aligned} \tag{2.20}$$

を満たす．

d 電子の運動エネルギーと結晶から受ける周期的ポテンシャルを合わせた1体のハミルトニアンを $\mathcal{H}_d$ と書くと，局在軌道上の d 電子は $\mathcal{H}_d$ によって，スピンを保存したまま隣接する格子点の局在軌道上に移動する．格子点 i と j にある

局在軌道 $w_i(\boldsymbol{r})$ と $w_j(\boldsymbol{r})$ の間の電子の移動に関する移行積分は

$$b_{ij} = \int w_j^*(\boldsymbol{r})\mathcal{H}_d w_i(\boldsymbol{r})\,\mathrm{d}\boldsymbol{r} \tag{2.21}$$

と表される．同じスピンをもった 2 つの電子はパウリの原理 (Pauli principle) で同一の局在軌道に入ることはできないが，異なるスピンをもった電子は同一の局在軌道に入ることができる．このとき電子間にはクーロン相互作用によって強い斥力が働く．このクーロン相互作用の大きさ U は

$$U = \int |w_i(\boldsymbol{r}_1)|^2 \frac{e^2}{r_{12}} |w_i(\boldsymbol{r}_2)|^2\,\mathrm{d}\boldsymbol{r}_1\mathrm{d}\boldsymbol{r}_2 \tag{2.22}$$

で表される．したがって，系の主要なハミルトニアンはフェルミ演算子を用いて

$$\mathcal{H} = \sum_{ijs} b_{ij} a_{js}^\dagger a_{is} + U\sum_i a_{i\uparrow}^\dagger a_{i\uparrow} a_{i\downarrow}^\dagger a_{i\downarrow} \tag{2.23}$$

のように表すことができる．このハミルトニアンは相互作用をする電子系を記述する基本的なハミルトニアンの 1 つで，ハバード模型 (Hubbard model) とよばれている．絶縁性磁性体では U が $|b_{ij}|$ に比べて十分大きい．そのため，電子と格子点の数が等しいとき，各格子点の局在軌道 $w_i(\boldsymbol{r})$ に電子が 1 個ずつ入った状態が基底状態になる．

電子間のクーロン相互作用は同一軌道上で最も強く作用するが，隣接する格子点にある局在軌道上の電子間にも働く．2.1.1 項の直接交換相互作用の説明で述べたように，格子点 i と j にある局在軌道上の電子に働くクーロン相互作用のスピンに依存する項は，$s = 1/2$ のスピン $\boldsymbol{s}_i$ と $\boldsymbol{s}_j$ を用いて

$$\mathcal{H}_{\mathrm{ex}}^{(1)} = -2J_{ij}\boldsymbol{s}_i \cdot \boldsymbol{s}_j \tag{2.24}$$

のように表すことができる．このとき，交換積分 J は局在軌道 $w_i(\boldsymbol{r})$ と $w_j(\boldsymbol{r})$ が直交するので

$$J_{ij} = \int w_i(\boldsymbol{r}_1)^* w_j(\boldsymbol{r}_2)^* \frac{e^2}{r_{12}} w_i(\boldsymbol{r}_2) w_j(\boldsymbol{r}_1)\,\mathrm{d}\boldsymbol{r}_1\mathrm{d}\boldsymbol{r}_2 \tag{2.25}$$

となる．この J_{ij} は常に正になるので，$\mathcal{H}_{\mathrm{ex}}^{(1)}$ は強磁性的な交換相互作用になる．この機構による交換相互作用はポテンシャル交換 (potential exchange) とよばれている．

超交換相互作用は式 (2.23) で表されるハバード模型の 2 次摂動からも導かれる．この 2 次摂動は，格子点 i の局在軌道にある電子が，運動エネルギーに対応する式 (2.23) の第 1 項によって隣接する格子点 j の局在軌道に移動し，再びもとの局在軌道に戻る過程で表される．この過程が起こるには，格子点 i と j の

局在軌道にある電子のスピン $\boldsymbol{s}_i$ と $\boldsymbol{s}_j$ が異なること (正しくは1重項状態であると) が必要である．$\boldsymbol{s}_i$ と $\boldsymbol{s}_j$ が同じ場合には，パウリ原理によって，電子の移動は起こらない．この2次摂動によるエネルギーは

$$\mathcal{H}_{\mathrm{ex}}^{(2)} = -2\frac{|b_{ij}|^2}{U}\left(\frac{1}{2} - 2\boldsymbol{s}_i \cdot \boldsymbol{s}_j\right) \tag{2.26}$$

と表される．$\boldsymbol{s}_i$ と $\boldsymbol{s}_j$ が3重項状態のときには，電子の移動が起こらないことから $\mathcal{H}_{\mathrm{ex}}^{(2)}$ は0になる．係数 $|b_{ij}|^2/U$ は正であるから，2次摂動による交換相互作用は常に反強磁性的になる．この2次摂動による交換相互作用は**運動交換** (kinetic exchange) とよばれている．このように，格子点 i と j の間に働く超交換相互作用は，式 (2.24) で与えられる強磁性的なポテンシャル交換と式 (2.26) で与えられる反強磁性的な運動交換の和で表される．

式 (2.23) で与えられるハバード模型の3次摂動は，電子が隣接する3個の格子点を $1 \to 2 \to 3 \to 1$ のように循環する過程で表され，ハイゼンベルク模型と同じスピンの内積に比例する交換相互作用が導かれる．次に4次摂動の過程は，電子が隣接する2個の格子点を2往復するものと隣接する4個の格子点を $1 \to 2 \to 3 \to 4 \to 1$ のように循環するものとがある．前者の過程からは**双2次交換** (biquadratic exchange) とよばれる

$$\mathcal{H}_{\mathrm{biquadratic}}^{(4)} = -L\left(\boldsymbol{s}_i \cdot \boldsymbol{s}_j\right)^2 \quad (L > 0) \tag{2.27}$$

が導かれる．また，後者の循環する過程からは

$$\mathcal{H}_{\mathrm{ring}}^{(4)} = K\left[\left(\boldsymbol{s}_1 \cdot \boldsymbol{s}_2\right)\left(\boldsymbol{s}_3 \cdot \boldsymbol{s}_4\right) + \left(\boldsymbol{s}_1 \cdot \boldsymbol{s}_4\right)\left(\boldsymbol{s}_3 \cdot \boldsymbol{s}_2\right) - \left(\boldsymbol{s}_1 \cdot \boldsymbol{s}_3\right)\left(\boldsymbol{s}_2 \cdot \boldsymbol{s}_4\right)\right] \tag{2.28}$$

と表される4体の交換相互作用が導かれる．ここで係数 L と K は $|b_{ij}|^4/U^3$ 程度の大きさをもつ．スピンが1/2の場合には，双2次交換の効果は $s_i + s_j = 0$ の1重項状態と $s_i + s_j = 1$ の3重項状態のエネルギー差を変えるだけなので，ハイゼンベルク模型の J の中に繰り込むことができる．したがって，意味のある効果はない．双2次交換が意味をもつのはスピンの大きさが1以上の場合である．

2.1.4 $S \geq 1$ の場合の交換相互作用

複数の電子，あるいは正孔をもつ磁性イオン間の交換相互作用について説明しよう．磁性イオン1の全スピンを $\boldsymbol{S}_1$，i 番目の軌道上の電子スピンを $\boldsymbol{s}_1^{(i)}$ と

すると，フントの規則から $\boldsymbol{s}_1^{(i)}$ と $\boldsymbol{S}_1$ は平行であるので，

$$\boldsymbol{s}_1^{(i)} = \frac{\boldsymbol{S}_1}{n_1} = \frac{\boldsymbol{S}_1}{2S_1} \tag{2.29}$$

の関係がある．ここで n_1 は磁性イオン1がもつ電子，あるいは正孔の数である．磁性イオン1と2の個々の電子間に $-2J^{(i,j)}\boldsymbol{s}_1^{(i)} \cdot \boldsymbol{s}_2^{(j)}$ 交換相互作用が働くとすると，これらを加えたものが両イオン間に働く交換相互作用 $\mathcal{H}_{\rm ex}$ になる．この交換相互作用は，両イオンの全スピン $\boldsymbol{S}_1$，$\boldsymbol{S}_2$ を用いて

$$\mathcal{H}_{\rm ex} = -\sum_{\langle i,j\rangle} 2J^{(i,j)}\boldsymbol{s}_1^{(i)} \cdot \boldsymbol{s}_2^{(j)} = -\sum_{\langle i,j\rangle} 2J^{(i,j)}\frac{\boldsymbol{S}_1}{2S_1} \cdot \frac{\boldsymbol{S}_2}{2S_2} \tag{2.30}$$

と表される．ここで $J = \sum_{\langle i,j\rangle} J^{(i,j)}/(4S_1S_2)$ と書くと，交換相互作用は

$$\mathcal{H}_{\rm ex} = -2J\boldsymbol{S}_1 \cdot \boldsymbol{S}_2 \tag{2.31}$$

のように，磁性イオンの全スピンの内積で表される．

2.2　異方的交換相互作用

これまで説明したように，交換相互作用の主要な項は式(2.31)で表されるハイゼンベルク模型である．ハイゼンベルク模型はスピンの内積で表されるので，スピンの向きに関して等方的である．しかし，実際の磁性体では結晶場の低対称性やスピン軌道相互作用のために，交換相互作用には異方的な項が加わる．そのため，スピンの向きによってエネルギーに差が生じ，スピンに安定な向きと不安定な向きが生ずる．一般に1軸性の磁性体では，交換相互作用は

$$\mathcal{H}_{\rm ex} = -2\sum_{\langle i,j\rangle}\left[J_{ij}^{\perp}\left(S_i^xS_j^x + S_i^yS_j^y\right) + J_{ij}^{\parallel}S_i^zS_j^z\right] \tag{2.32}$$

のように書くことができる．ここで，$J_{ij}^{\perp} = J_{ij}^{\parallel}$ のときがハイゼンベルク模型である．また，極端に異方的な $J_{ij}^{\perp} = 0$ と $J_{ij}^{\parallel} = 0$ の場合は，それぞれ**イジング模型** (Ising model)，および $\boldsymbol{XY}$ **模型**とよばれている．このようにスピンの向きに関して等方的でない交換相互作用を**異方的交換相互作用** (anisotropic exchange interaction) という．通常の異方的交換相互作用は式(2.32)のように，番号 i と j の入れ替えに関して符号を変えない対称な形をしているが，次節で説明する**ジャロシンスキー・守谷相互作用**のように，スピンの外積で表され，番号の入れ替えに関して符号を変える反対称な相互作用もある．

2.2.1　軌道縮退がない場合

本項では軌道縮退がない場合について，異方的交換相互作用を説明する．隣接する2つの磁性イオン1と2を考え，それらに局在する軌道の基底状態を ψ_{i0} $(i=1,2)$，励起状態を ψ_{in} $(n=1,2,\cdots)$ とする．それぞれの磁性イオンのスピン軌道相互作用と磁性イオン間に働く交換相互作用を合わせたものを

$$\mathcal{H}' = \lambda(\boldsymbol{L}_1 \cdot \boldsymbol{S}_1) + \lambda(\boldsymbol{L}_2 \cdot \boldsymbol{S}_2) + V_{\mathrm{ex}} \tag{2.33}$$

と書き，結晶場に対する摂動として扱う．ここで交換相互作用 V_{ex} は，両磁性イオンが基底状態にある場合だけでなく，一方が基底状態で他方が励起状態の場合の交換相互作用も含めた一般的なものである．軌道縮退がないので，角運動量 $\boldsymbol{L}$ の対角成分は消失している．したがって，$\mathcal{H}'$ の1次摂動には，V_{ex} だけが寄与し，2.1.3項で述べたハイゼンベルク模型が導かれる．

2次以上の摂動には角運動量 $\boldsymbol{L}$ の非対角成分が関与する．2次摂動には一方の磁性イオンの電子状態がスピン軌道相互作用によって励起状態に上がり，他方の磁性イオンと交換相互作用をすることによって再び基底状態に戻る過程と一方の磁性イオンの電子状態が他方の磁性イオンと交換相互作用をすることによって励起状態に上がり，スピン軌道相互作用によって再び基底状態に戻る過程がある．この2次摂動のハミルトニアン $\mathcal{H}_{\mathrm{DM}}$ は

$$\begin{aligned}\mathcal{H}_{\mathrm{DM}} = &-\sum_n \frac{\langle 00|\lambda(\boldsymbol{L}_1 \cdot \boldsymbol{S}_1)|n0\rangle\langle n0|V_{\mathrm{ex}}|00\rangle}{E_{1n}-E_{10}} + \mathrm{h.c.} \\ &-\sum_m \frac{\langle 00|\lambda(\boldsymbol{L}_2 \cdot \boldsymbol{S}_2)|0m\rangle\langle 0m|V_{\mathrm{ex}}|00\rangle}{E_{2m}-E_{20}} + \mathrm{h.c.}\end{aligned} \tag{2.34}$$

と書き表される．ここで $|nm\rangle$ は $|\psi_{1n}\psi_{2m}\rangle$ の意味である．上に述べた摂動の後半の過程が前半の過程のエルミート共役 (h.c.) で表されるのは角運動量の非対角成分が複素共役であることによる．交換相互作用の非対角項 $\langle n0|V_{\mathrm{ex}}|00\rangle$ は両磁性イオンのスピンを用いて

$$\langle n0|V_{\mathrm{ex}}|00\rangle = -2J(n0,00)\boldsymbol{S}_1 \cdot \boldsymbol{S}_2 \tag{2.35}$$

のように書くことができる．この係数 $J(n0,00)$ はポテンシャル交換では交換積分

$$J(n0,00) = \int \psi_{1n}(\boldsymbol{r}_1)\psi_{20}(\boldsymbol{r}_2)\frac{e^2}{r_{12}}\psi_{10}(\boldsymbol{r}_2)\psi_{20}(\boldsymbol{r}_1)\,\mathrm{d}\boldsymbol{r}_1\mathrm{d}\boldsymbol{r}_2 \tag{2.36}$$

になり，運動交換では ψ_{10} と ψ_{20}，および ψ_{1n} と ψ_{20} の間の移行積分をそれぞれ $b(0,0)$，$b(n,0)$ として

$$J(n0,00) = -\frac{b(0,0)b(n,0)}{U} \tag{2.37}$$

となる．式(2.35)と$[\boldsymbol{S}_1, (\boldsymbol{S}_1 \cdot \boldsymbol{S}_2)] = -\mathrm{i}\boldsymbol{S}_1 \times \boldsymbol{S}_2$の関係を用いると，式(2.34)は最終的に

$$\boldsymbol{D} = -2\mathrm{i}\lambda \left[\sum_n \frac{J(n0,00)\langle 0|\boldsymbol{L}_1|n\rangle}{E_{1n} - E_{10}} - \sum_n \frac{J(0m,00)\langle 0|\boldsymbol{L}_2|m\rangle}{E_{2m} - E_{20}} \right] \tag{2.38}$$

と置いて，

$$\mathcal{H}_{\mathrm{DM}} = \boldsymbol{D} \cdot [\boldsymbol{S}_1 \times \boldsymbol{S}_2] \tag{2.39}$$

のように表される．ベクトル$\boldsymbol{D}$は角運動量の非対角項が純虚数なので実ベクトルになる．このスピンの外積で表される相互作用は**ジャロシンスキー・守谷相互作用** (Dzyaloshinsky-Moriya interaction) とよばれている．ジャロシンスキー[4)]は三方晶の反強磁性体Fe_2O_3[5)]で観測されたc軸に垂直に現れる弱強磁性を現象論的に議論し，結晶構造の対称性から2つの部分格子磁化の外積に比例する相互作用が許されることを示した．その後，守谷[6)]は式(2.39)で表される相互作用を分子論的に導いた．このような経緯で上記の命名がなされている．

ジャロシンスキー・守谷相互作用は，スピンの入れ換えに対して符号を変える反対称な相互作用である．交換相互作用定数$J(n0,00)$は基底状態間の交換相互作用定数$J(00,00) \equiv J$と同程度と考えられるので，ベクトル$\boldsymbol{D}$の大きさはg値の2からのずれをΔgとして，$(\Delta g/2)J$程度と見積もられる．ベクトル$\boldsymbol{D}$は類似したベクトル量の差で与えられるので，結晶の対称性が高いときには0になる場合もある．以下にベクトル$\boldsymbol{D}$が結晶の対称性から受ける制約についてまとめておく．磁性イオン1と2の中点を原点Oとし，両イオンを結ぶ直線に沿ってz軸，それに垂直にx軸とy軸をとると，以下の関係がある．

1) 原点Oが反転中心である場合には，$\boldsymbol{D}=0$となる．

2) z軸がn回軸 $(n=2,3,4,6)$ である場合には，$\boldsymbol{D}$はz軸に平行になる．

3) xy面内に2回軸がある場合には，$\boldsymbol{D}$は2回軸に垂直になる．

4) z軸を含む鏡映面がある場合には，$\boldsymbol{D}$は鏡映面に垂直になる．

5) xy面が鏡映面である場合には，$\boldsymbol{D}$は鏡映面に平行になる．

第1の原点Oが反転中心である場合には，スピンは軸性ベクトルなので，反転操作によって$S_1^x \leftrightarrow S_2^x$，$S_1^y \leftrightarrow S_2^y$，$S_1^z \leftrightarrow S_2^z$のように変換される．この変換に対して$\mathcal{H}_{\mathrm{DM}}$は不変でなければならないが，$\mathcal{H}_{\mathrm{DM}}$は符号を変える．したがって，$\boldsymbol{D}=0$でなければならない．次に第2の$z$軸が$n$回軸である場合には，ス

ピンは

$$S_i^x \to S_i^x \cos\left(\frac{2\pi}{n}\right) \pm S_i^y \sin\left(\frac{2\pi}{n}\right),$$
$$S_i^y \to \mp S_i^x \sin\left(\frac{2\pi}{n}\right) + S_i^y \cos\left(\frac{2\pi}{n}\right),$$
$$S_i^z \to S_i^z \tag{2.40}$$

のように変換される．ここで $i = 1, 2$ である．この変換に対して $\mathcal{H}_{\rm DM}$ が不変であるためには，$D^x = 0$，$D^y = 0$ でなければならない．その他の場合についても同様に証明される．

ジャロシンスキー・守谷相互作用の古典的な効果は弱強磁性やらせん磁性を作り出すことである．この相互作用はスピンを $\boldsymbol{D}$ ベクトルに垂直な面内で互いに垂直にするように働く．一方，主要な交換相互作用 $-2J\boldsymbol{S}_1 \cdot \boldsymbol{S}_2$ はスピンを互いに平行，あるいは反平行にするように働く．したがって，これらの相互作用の間に競合が起こり，スピンが互いに

$$\tan\theta = \frac{D}{2J} \tag{2.41}$$

で与えられる角度 θ をなしたとき，エネルギーは最も低くなる．ここで隣り合う $\boldsymbol{D}$ ベクトルの関係が全体の磁気構造に違いをもたらす．スピン $\boldsymbol{S}_1$ と $\boldsymbol{S}_2$ の間の $\boldsymbol{D}$ ベクトルを $\boldsymbol{D}_{12}$，$\boldsymbol{S}_2$ と $\boldsymbol{S}_3$ の間のそれを $\boldsymbol{D}_{23}$ とする．$\boldsymbol{D}_{12} = -\boldsymbol{D}_{23}$ の場合には $\boldsymbol{S}_1$ と $\boldsymbol{S}_3$ が平行になり，$\boldsymbol{S}_2$ と角度 θ をなす配置が安定になる．このように隣り合う $\boldsymbol{D}$ ベクトルが交互に反平行である場合には，磁気構造は互いに角度 θ をなす 2 つの部分格子磁化 $\boldsymbol{M}_1$，$\boldsymbol{M}_2$ で表すことができる．$J < 0$ の反強磁性の場合には，θ は $180°$ に近い値になるので，部分格子磁化に平行な面内に大きさ $2|M_1|\cos(\theta/2)$ の小さな自発磁化が生ずる．このように反強磁性体において，2 つの部分格子磁化が互いに少し傾くことによって小さな自発磁化をもつ現象を**弱強磁性** (weak ferromagnetism) という．一方，$\boldsymbol{D}_{12} = \boldsymbol{D}_{23}$ の場合には $\boldsymbol{S}_1$ と $\boldsymbol{S}_3$ が $\boldsymbol{D}$ ベクトルに垂直な平面内で角度 2θ をなす配置が安定になる．このように隣り合う $\boldsymbol{D}$ ベクトルが平行の場合には，スピンは回転角 θ のらせん構造を形成する．スピンのらせん構造が現れる現象を**らせん磁性** (helimagnetism) という．ジャロシンスキー・守谷相互作用による弱強磁性は Fe_2O_3 の他に $MnCO_3$ [7,8] で，らせん磁性は $CsCuCl_3$ [9] や $Ba_2CuGe_2O_7$ [10] で観測されている．

ジャロシンスキー・守谷相互作用の量子効果は交換相互作用で決まる異なる

固有状態を混ぜることである．簡単な例として交換相互作用で結合したスピン対 (spin dimer) を考える．スピンの大きさが1/2のときには，固有状態は縮退のない1重項状態と3重に縮退した3重項状態になる．式(2.6)と(2.7)に示されたように，1重項状態の波動関数はスピンの入れ替えに関して符号を変える反対称な形をしているが，3重項状態の波動関数は符号を変えない対称な形をしている．スピンの大きさが1のスピン対の場合には，1重項状態と5重項状態の波動関数は対称で，3重項状態の波動関数が反対称になる．このように全スピン S が1違う状態の波動関数 χ_S と $\chi_{S\pm1}$ は一方が対称であれば，他方は必ず反対称である．したがって，式(2.1)の双極子相互作用や以下で説明する異方的交換相互作用のようにスピンの入れ替えに関して対称な相互作用 $\mathcal{H}'$ が作用しても $\langle\chi_S|\mathcal{H}'|\chi_{S\pm1}\rangle = 0$ であるから，2つの状態は混じり合うことはない．これに対してジャロシンスキー・守谷相互作用 $\mathcal{H}_{\rm DM}$ は反対称であるから，一般に $\langle\chi_S|\mathcal{H}_{\rm DM}|\chi_{S\pm1}\rangle \neq 0$ となり，χ_S と $\chi_{S\pm1}$ が混じり合う．近年，基底状態が非磁性の1重項状態である磁性体が数多く開拓されている．そのような磁性体の電子スピン共鳴実験で，本来は禁制遷移である $\Delta S = \pm1$ の遷移がしばしば観測されているが，その原因の多くがジャロシンスキー・守谷相互作用である[11,12]．

$\mathcal{H}'$ の3次摂動からはジャロシンスキー・守谷相互作用とは異なる対称な異方的交換相互作用が導かれる[13]．主要な摂動過程は以下のようである．まずスピン軌道相互作用によって磁性イオン1が励起状態に上がる．次に磁性イオン1の励起状態との磁性イオン2の基底状態との間で交換相互作用をする．このとき，磁性イオン1は同じ励起状態にあり続ける場合と異なる励起状態に移る場合がある．最後に磁性イオン1はスピン軌道相互作用によって基底状態に戻る．この3次摂動のエネルギー $\mathcal{H}_{\rm A}$ は

$$\mathcal{H}_{\rm A} = -2\lambda^2 \sum_{\mu\nu} \left[S_1^{\mu} \mathit{\Gamma}_1^{\mu\nu} \left(\boldsymbol{S}_1 \cdot \boldsymbol{S}_2\right) S_1^{\nu} + S_2^{\mu} \mathit{\Gamma}_2^{\mu\nu} \left(\boldsymbol{S}_1 \cdot \boldsymbol{S}_2\right) S_2^{\nu}\right] \tag{2.42}$$

のように表される．ここで μ と ν は x，y，z を表す．また，$\mathit{\Gamma}_1^{\mu\nu}$ と $\mathit{\Gamma}_2^{\mu\nu}$ は

$$\mathit{\Gamma}_1^{\mu\nu} = \sum_{nn'} \frac{\langle 0|L^{\mu}|n\rangle J(n0, n'0) \langle n'|L^{\nu}|0\rangle}{(E_{1n} - E_{10})(E_{1n'} - E_{10})},$$

$$\mathit{\Gamma}_2^{\mu\nu} = \sum_{mm'} \frac{\langle 0|L^{\mu}|m\rangle J(0m, 0m') \langle m'|L^{\nu}|0\rangle}{(E_{2m} - E_{20})(E_{2m'} - E_{20})} \tag{2.43}$$

である．3次摂動にはほかに交換相互作用によって両磁性イオンがともに励起状

態に上がり，スピン軌道相互作用によってもとの基底状態に戻る過程もあるが，そのエネルギーは上記の過程のエネルギーに比べて小さいと考えられている．

式 (2.42) の $\mathcal{H}_{\mathrm{A}}$ はスピンの内積だけで表すことができないので，スピンの向きに関して異方的である．また，一般に磁性イオンの対が結晶軸のどの方向に沿って並んでいるかによって，$\mathcal{H}_{\mathrm{A}}$ の各スピン成分の係数は変わる．したがって，結晶が立方対称のように高対称であっても $\mathcal{H}_{\mathrm{A}}$ は有限な大きさをもつ．式 (2.42) の異方的交換相互作用の大きさは $(\Delta g/2)^2 J$ 程度である．特に，スピンの大きさ S が $1/2$ の場合には，異方的交換相互作用は

$$\mathcal{H}_{\mathrm{A}} = -\lambda^2 \sum_{\mu\nu} \sum_{i=1,2} \left[\Gamma_i^{\mu\nu} - \frac{1}{3}\delta_{\mu\nu} \left(\Gamma_i^{xx} + \Gamma_i^{yy} + \Gamma_i^{zz} \right) \right] S_1^{\mu} S_2^{\nu} \tag{2.44}$$

のように書き表すことができる．ここで，$(\boldsymbol{S}_1 \cdot \boldsymbol{S}_2)$ に比例した等方的な項は除いてある．式 (2.44) の $\mathcal{H}_{\mathrm{A}}$ は，x，y，z 軸を適当に選べば対角化することができ，

$$\begin{aligned} \mathcal{H}_{\mathrm{A}} &= \Delta J^{xx} S_1^x S_2^x + \Delta J^{yy} S_1^y S_2^y + \Delta J^{zz} S_1^z S_2^z, \\ \Delta J^{xx} &+ \Delta J^{yy} + \Delta J^{zz} = 0 \end{aligned} \tag{2.45}$$

という形に表すことができる．

2.2.2 軌道縮退がある場合

八面体配位の Co^{2+} や Fe^{2+} に代表されるように，電子 (正孔) の基底状態に縮退がある場合の交換相互作用は，スピンの内積で表されるハイゼンベルク模型とは大きく異なり，大きな異方性をもつ．ここでは八面体結晶場中の Co^{2+} を例にとって説明しよう [14,15]．

電子配置が d^7 である Co^{2+} の電子状態は正孔が3個ある場合と同じで，最低エネルギーの LS 多重項は $L=3, S=3/2$ の ^4F である．図1.5に示されたように，Co^{2+} の電子状態は，立方対称の結晶場中で2つの3重縮退した状態と1つの縮退のない状態に分裂する．3重縮退した基底状態は，式 (1.69) で表される $\Psi(M_L)$ を用いて式 (1.63) の $\Psi(T_1\alpha), \Psi(T_1\beta), \Psi(T_1\gamma)$ と同じ式で表される．また，量子化軸を $[1,1,1]$ 方向にとると，基底状態は

$$\Psi(T_1\alpha) = \frac{1}{\sqrt{6}} \left\{ \sqrt{5}\,\Psi(M_L=2) + \Psi(M_L=-1) \right\},$$

$$\Psi(T_1\beta) = \frac{1}{\sqrt{6}} \left\{ \sqrt{5}\,\Psi(M_L=-2) - \Psi(M_L=1) \right\},$$

$$\Psi(T_1\gamma)=\frac{2}{3}\Psi(M_L=0)-\frac{\sqrt{5}}{3\sqrt{2}}\{\Psi(M_L=3)-\Psi(M_L=-3)\} \tag{2.46}$$

のように表される．式 (1.63) あるいは式 (2.46) で表される基底状態と 3 重縮退した励起状態とのエネルギー差は $8Dq$ で $10^4\,\mathrm{cm}^{-1}$ 程度であるから，室温付近の磁性を論ずる場合には，3 重縮退した基底状態のみを考えればよい．この 3 つの基底状態を簡略化して $|+1\rangle=\Psi(T_1\beta)$, $|0\rangle=\Psi(T_1\gamma)$, $|-1\rangle=\Psi(T_1\alpha)$ と書くことにする．$L=3$ の角運動量の z 成分 L^z の期待値をこれら 3 つの基底状態について求めると，

$$\langle\pm1|L^z|\pm1\rangle=\mp3/2,\qquad \langle0|L^z|0\rangle=0 \tag{2.47}$$

となって，$l=1$ の角運動量の z 成分 l^z の行列要素を $-3/2$ 倍にした値になることがわかる．同様に L^x と L^y の行列要素についても $l=1$ の角運動量の x 成分 l^x と y 成分 l^y の行列要素を一律に $-3/2$ 倍したものになっている．したがって，3 重縮退した基底状態のみを考える場合には，$L=3$ の角運動量 $\boldsymbol{L}$ は $l=1$ の角運動量 $\boldsymbol{l}$ を用いて $\boldsymbol{L}=-(3/2)\boldsymbol{l}$ のように置き換えることができる．実際には陰イオンの p 軌道と磁性イオンの d 軌道の混成によって角運動量の行列要素は一律に k (<1) 倍だけ小さくなる．この効果を考慮すると $\boldsymbol{L}=-(3/2)k\boldsymbol{l}$ と書くことができる．

実際の物質では，Co^{2+} を囲む陰イオンの八面体は完全な正八面体であることは少ない．したがって，結晶場は正方対称や三方対称，あるいはさらに低対称な斜方対称であることが多い．ここでは正方対称と三方対称の一軸性結晶場を考える．1.3.2 項で述べたように，Co^{2+} を囲む陰イオンの八面体が正方対称，あるいは三方対称に変形すると，3 重縮退した軌道状態は 2 重縮退した状態と縮退のない状態に分裂する．この分裂は式 (1.80) または式 (1.92) を解くと求めることができる．このとき，式 (1.63) と式 (2.46) で表される 3 つの状態が，それぞれ正方対称場と三方対称場での固有状態になっていて，いずれの場合も，$|+1\rangle$ と $|-1\rangle$ が 2 重縮退した状態に対応し，$|0\rangle$ が縮退のない状態に対応する．これらの状態のエネルギー差を δ と書くと，正方対称場，あるいは三方対称場による基底状態の分裂は $l=1$ の角運動量演算子 l^z を用いて，$-\delta\{(l^z)^2-2/3\}$ と表すことができる．括弧内の $-2/3$ はエネルギーの重心が分裂前と同じくなるようにするための因子である．Co^{2+} の場合には，正方対称や三方対称場によ

表 2.1 $m = l^z + S^z$ と基底 $|l^z, S^z\rangle$，および固有値

m	$\|l^z, S^z\rangle$	固有値
$\frac{5}{2}$	$\|1, \frac{3}{2}\rangle$	E_l
$\frac{3}{2}$	$\|1, \frac{1}{2}\rangle$, $\|0, \frac{3}{2}\rangle$	E_q^+, E_q^-
$\frac{1}{2}$	$\|1, -\frac{1}{2}\rangle$, $\|0, \frac{1}{2}\rangle$, $\|-1, \frac{3}{2}\rangle$	$E_c^{(0)}$, $E_c^{(1)}$, $E_c^{(2)}$

る軌道状態の分裂の大きさは立方対称場による分裂幅に比べて非常に小さく，スピン軌道相互作用 $\lambda \boldsymbol{L} \cdot \boldsymbol{S}$ と同程度である．そこでスピン軌道相互作用と一軸性結晶場を合わせて

$$\mathcal{H}' = -\frac{3}{2}\lambda' \boldsymbol{l} \cdot \boldsymbol{S} - \delta \left\{ (l^z)^2 - \frac{2}{3} \right\} \tag{2.48}$$

と書き，3 重縮退した基底状態に対する摂動と考える．ここで $\lambda' = k\lambda$ である．

角運動量 $\boldsymbol{l}$ とスピン $\boldsymbol{S}$ の z 成分の和 $m = l^z + S^z$ は $\mathcal{H}'$ と可換であるので，$\mathcal{H}'$ の固有値は m で分類することができる．表 2.1 は m の値と，それに対応した基底 $|l^z, S^z\rangle$，および固有値を表したものである．表 2.1 の固有値は

$$\frac{E_l}{\lambda'} = -\frac{\delta}{3\lambda'} - \frac{9}{4}, \tag{2.49}$$

$$\frac{E_q^{\pm}}{\lambda'} = \frac{\delta}{6\lambda'} - \frac{3}{8} \pm \frac{1}{2}\sqrt{\left(\frac{\delta}{\lambda'}\right)^2 + \frac{3\delta}{2\lambda'} + \frac{225}{16}}, \tag{2.50}$$

$$\frac{E_c^{(i)}}{\lambda'} = -\frac{\delta}{3\lambda'} + \frac{3}{4}\left(x^{(i)} + 3\right) \qquad (i = 0, 1, 2) \tag{2.51}$$

のように与えられる．ここで $x^{(i)}$ は方程式

$$\frac{\delta}{\lambda'} = \frac{3}{4}\left(x^{(i)} + 3\right) - \frac{9}{2x^{(i)}} - \frac{6}{x^{(i)} + 2} \tag{2.52}$$

の 3 個の解である．これらの固有値をグラフにすると図 2.3(a) のようになる．Co^{2+} イオンでは，λ' は負であるので，縦軸は $E/|\lambda'|$ としてある．基底が $|l^z, S^z\rangle$ と $|-l^z, -S^z\rangle$ の状態は縮退しているので，図 2.3 のすべてのエネルギー準位は 2 重縮退している．これらのエネルギー準位は電子ラマン散乱で観測することができる．

図 2.3(a) からわかるように，$E_c^{(0)}$ が常に最低エネルギーになる．励起状態とのエネルギー差は $|\lambda'| \sim 2|\lambda'|$ である．Co^{2+} イオンでは，$\lambda = -180\,\mathrm{cm}^{-1}$ で，λ' の値は $-150\,\mathrm{cm}^{-1}$ 程度である．したがって，数十 K 以下の低温ではエネルギーが $E_c^{(0)}$ の 2 重項のみを考えればよい．この 2 重項の波動関数 $\psi_{\pm}^{(0)}$ は

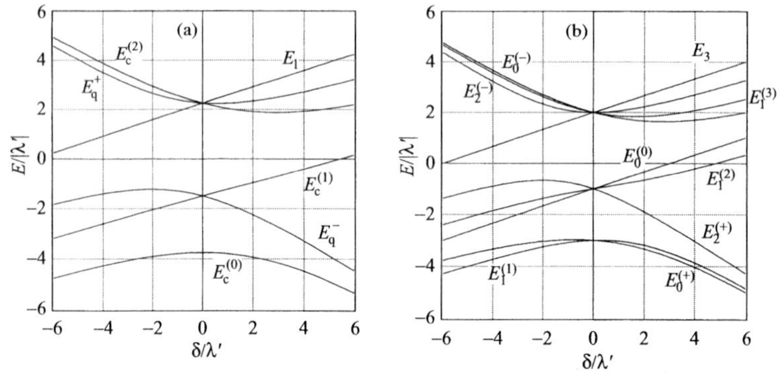

図 2.3 八面体配位のエネルギー準位
(a) は Co^{2+}, (b) は Fe^{2+} の場合.

$$\psi_{\pm}^{(0)} = c_1 \left| \mp 1, \pm \frac{3}{2} \right\rangle + c_2 \left| 0, \pm \frac{1}{2} \right\rangle + c_3 \left| \pm 1, \mp \frac{1}{2} \right\rangle \tag{2.53}$$

のように表すことができる．係数 c_1, c_2, c_3 は δ/λ' の関数で，これらの間には $c_1^2 + c_2^2 + c_3^2 = 1$，および

$$c_1 \,:\, c_2 \,:\, c_3 = \sqrt{6}/x^{(0)} \,:\, -1 \,:\, \sqrt{8}/(x^{(0)} + 2) \tag{2.54}$$

の関係がある．$S = 3/2$ のスピンの S^z と $S^{\pm}$ の行列要素を求めると

$$\langle \psi_{\pm}^{(0)} | S^z | \psi_{\pm}^{(0)} \rangle = \pm \frac{1}{2}(3c_1^2 + c_2^2 - c_3^2) = \pm \frac{1}{2} p, \tag{2.55}$$

$$\langle \psi_{\pm}^{(0)} | S^{\pm} | \psi_{\mp}^{(0)} \rangle = 2(\sqrt{3} c_1 c_3 + c_2^2) = q \tag{2.56}$$

となる．ここで大きさが $1/2$ の擬スピン (fictitious spin) $\boldsymbol{s}$ を導入し，その z 成分 $s^z = \pm 1/2$ を状態 $\psi_{\pm}^{(0)}$ に対応させると，真のスピン $\boldsymbol{S}$ は擬スピン $\boldsymbol{s}$ を用いて

$$S^x = q s^x, \qquad S^y = q s^y, \qquad S^z = p s^z \tag{2.57}$$

のように表すことができる．2 つの磁性イオン 1 と 2 の真のスピン $\boldsymbol{S}_1$ と $\boldsymbol{S}_2$ の間に交換相互作用 $\mathcal{H}_{\rm ex} = -2J\, \boldsymbol{S}_1 \cdot \boldsymbol{S}_2$ が働くとすると，擬スピンで表された有効交換相互作用は

$$\mathcal{H}_{\rm ex} = -2J \left\{ q^2 \left(s_1^x s_2^x + s_1^y s_2^y \right) + p^2 s_1^z s_2^z \right\} \tag{2.58}$$

となる．一般に $p \neq q$ であるから，この有効交換相互作用は異方的になる．p^2 と q^2 の大小関係であるが，$\delta/\lambda' < 0$ の場合には $p^2 > q^2$ (イジング的) となり，$\delta/\lambda' > 0$ の場合には $p^2 < q^2$ (XY 的) となる．また，$\delta/\lambda' = 0$ の場合には $p = q = 5/3$ となって，有効交換相互作用は異方性のないハイゼンベルク模

型になる．図 1.2(b) に示された $CsNiCl_3$ と同じ結晶構造をもつ $CsCoCl_3$ では八面体 $CoCl_6$ は c 軸に沿って三方対称に伸びているために交換相互作用はイジング的になる[16]．一方，図 1.2(c) に示された $CoCl_2$ では八面体は三方対称に縮んでいるために交換相互作用は XY 的である[14]．

次に，磁場中における基底 2 重項状態のエネルギーの分裂を求めよう．磁気モーメントは $-\mu_B\{-(3/2)k\boldsymbol{l}+2\boldsymbol{S}\}$ と書くことができるので，磁場 $\boldsymbol{H}$ の下でのゼーマン相互作用は

$$\mathcal{H}_Z = \mu_B\{-(3/2)k\boldsymbol{l}+2\boldsymbol{S}\}\cdot\boldsymbol{H} \tag{2.59}$$

と表される．磁場が対称軸である z 軸に平行な場合のエネルギーの分裂は

$$\langle\psi_\pm^{(0)}|\{-(3/2)kl^z+2S^z\}|\psi_\pm^{(0)}\rangle\mu_B H \tag{2.60}$$

と表される．これを擬スピンを用いて $g^{\|}\mu_B s^z H$ と書くと，g 値は

$$g^{\|} = (6+3k)c_1^2+2c_2^2-(3k+2)c_3^2 \tag{2.61}$$

と求められる．同様に，磁場が対称軸に垂直の場合の g 値は

$$\begin{aligned} g^{\perp} &= \langle\psi_\pm^{(0)}|\{-(3/2)k(l^+ + l^-)+2(S^+ + S^-)\}|\psi_\mp^{(0)}\rangle \\ &= 4c_2^2+\left(4\sqrt{3}c_1-3\sqrt{2}kc_2\right)c_3 \end{aligned} \tag{2.62}$$

と求められる．図 2.4 に $g^{\|}$ と $g^{\perp}$ の関係を示した．3 方向の g 値の和 $g^{\|}+2g^{\perp}$ は 12 ～ 13 になり，軌道状態に縮退がない場合の $g^{\|}+2g^{\perp}\simeq 6$ とは大きく異なっている．

バン・ブレック常磁性磁化率 χ_{VV} は式 (1.119) を図 2.3(a) に示された 5 つの励起状態について適用すれば計算することができる．Co^{2+} の場合には，励起状態と

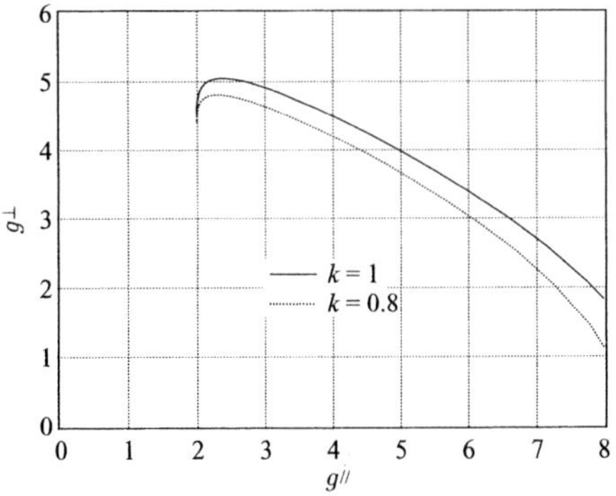

図 2.4 八面体配位の Co^{2+} における $g^{\|}$ と $g^{\perp}$ の関係

のエネルギー差は $2|\lambda'| \sim 300\,\mathrm{cm}^{-1}$ 程度であるので，$\chi_{\mathrm{VV}} \sim 10^{-2}\,\mathrm{emu/mol}$ となり，軌道状態に縮退がない場合の $\chi_{\mathrm{VV}} \sim 10^{-4}\,\mathrm{emu/mol}$ に比べて 10^2 程度大きくなる．したがって，擬スピンによる温度に依存した磁化率を正しく見積もるには χ_{VV} の補正が必要になる．χ_{VV} は飽和磁場以上の磁場で磁化を測定し，磁化曲線の勾配から評価することができる．

次に，八面体配位の Fe^{2+} イオン間に働く有効交換相互作用を簡単に説明しよう[17]．電子配置が d^6 である Fe^{2+} の電子状態は正孔が 4 個ある場合と同じで，最低エネルギーの LS 多重項は $L=2, S=2$ の ${}^5D$ である．図 1.5 に示されたように，Fe^{2+} の電子状態は，立方対称の結晶場中で 3 重縮退した状態と 2 重縮退した状態に分裂する．3 重縮退した基底状態のみを考える場合には，$L=2$ の角運動量 $\boldsymbol{L}$ は $l=1$ の角運動量 $\boldsymbol{l}$ を用いて $\boldsymbol{L}=-\boldsymbol{l}$ のように置き換えることができる．以下は，Co^{2+} の場合と同様に，スピン軌道相互作用と一軸性結晶場を基底状態に対する摂動として扱うと，エネルギー準位の分裂は図 2.3(b) のようになる．Co^{2+} の場合では，ゼロ磁場ですべてのエネルギー準位が 2 重縮退していたが，Fe^{2+} の場合では $m=0$ の準位は縮退していない．図 2.3(b) からわかるように，$m=0$ の $E_0^{(+)}$ と $m=\pm 1$ の $E_1^{(0)}$ が近接した低いエネルギーをもつ．したがって，$|\lambda|/k_{\mathrm{B}} \simeq 140\,\mathrm{K}$ より十分低温ではこの 3 つの状態のみを考えればよい．この 3 つの状態のエネルギーは，大きさ 1 の擬スピン $\boldsymbol{S}$ を用いて $D(S^z)^2$ のように表すことができる．$\delta/\lambda' < 0$ の場合には $D < 0$ となり，$\delta/\lambda' > 0$ の場合には $D > 0$ となる．また，Co^{2+} イオンの場合と同様に，$S=2$ の電子スピン間の交換相互作用は $S=1$ の擬スピンを用いて式 (2.58) と同じ形で表される．したがって，八面体配位の Fe^{2+} イオン間に働く有効交換相互作用は，$S=1$ の擬スピンを用いて

$$\mathcal{H}_{\mathrm{ex}} = D(S^z)^2 - 2J\left[q^2\left(S_1^x S_2^x + S_1^y S_2^y\right) + p^2 S_1^z S_2^z\right] \qquad (2.63)$$

のように書くことができる．

文　　献

1) W. Heisenberg: Z. Phys. **49** (1928) 619.
2) J. Kanamori: J. Phys. Chem. Solids **10** (1959) 87.
3) P. W. Anderson: Phys. Rev. **115** (1959) 2.
4) I. Dzyaloshinsky: J. Phys. Chem. Solids **4** (1958) 241.

5) L. Néel and R. Pauthenet: C. R. Acad. Sci. **234** (1952) 2172.
6) T. Moriya: Phys. Rev. **120** (1960) 91.
7) A. S. Borovik-Romanov and M. P. Orlova: Zh. Eksp. Teor. Fiz. **31** (1956) 579.
8) M. Date: J. Phys. Soc. Jpn. **15** (1960) 2251.
9) K. Adachi, N. Achiwa and M. Mekata: J. Phys. Soc. Jpn. **49** (1980) 545.
10) A. Zheludev, G. Shirane, Y. Sasago, N. Koide and K. Uchinokura: Phys. Rev. B **54** (1996) 15163.
11) B. Kurniawan, H. Tanaka, K. Takatsu, W. Shiramura, T. Fukuda, H. Nojiri and M. Motokawa: Phys. Rev. Lett. **82** (1999) 1281.
12) T. Sakai: J. Phys. Soc. Jpn. **72** (2003) Suppl. B p.53.
13) T. Moriya and K. Yosida: Prog. Theor. Phys. **9** (1953) 663.
14) M. E. Lines: Phys. Rev. **131** (1963) 546.
15) T. Oguchi: J. Phys. Soc. Jpn. **20** (1965) 2236.
16) N. Achiwa: J. Phys. Soc. Jpn. **27** (1969) 561.
17) K. Inomata and T. Oguchi: J. Phys. Soc. Jpn. **23** (1967) 765.

3

磁性体の相転移

第1章および第2章では固体中の局在スピンの成り立ちとそれらの間に働く相互作用について説明したので，本章および以下の章では局在スピンが多数集まった磁性体の性質について説明する．固体の磁性で最も興味深いのは，相転移とそれに伴い実現する強磁性や反強磁性などの秩序状態である．相転移そのものは磁性に限らず物理学のすべての分野と深い関わりをもつ現象であり，物理学の中心問題の1つである．磁性を理解するためには相転移の基礎的な概念を理解しておく必要があるので，本章では相転移をかなり一般的に紹介する．

3.1 相転移とは

巨視的な系が温度や磁場，圧力などの外部パラメタの変化に伴い，異なる性質をもつ相に移ることを**相転移** (phase transition) とよぶ．低温で固体 (氷) である H_2O 分子の集まりが温度の上昇とともに液体 (水)，気体 (水蒸気) へと変化する現象は相転移の身近な例である．ここで相 (phase) というのはある性質をもつ，巨視的に見ると一様な状態のことである．鉄は常温では永久磁石になるが，770°C 以上では永久磁石にならないことが知られている．これは温度の上昇によって強磁性相から常磁性相への相転移が起こるためである．相転移の起こる温度を**臨界温度** (critical temperature), 強磁性と常磁性の間の臨界温度を特に**キュリー温度** (Curie temperature) とよぶ．

相転移には**1次相転移** (first order phase transition) と**2次相転移** (second order phase transition) がある．1次相転移が相 I と相 II の間に起こる場合には，相転移点の近傍で相 I, II はどちらも安定または準安定状態として存在でき，相転移点で各々の自由エネルギー F_{I}, F_{II} の大小が入れ替わる．2つの相のうちで自由エネルギーの低い相が熱平衡状態で実現することにより相転移が起こる．この場合，エネルギー，エントロピー，体積など自由エネルギーの一次微分量が臨界点で不連続に変化する．臨界点では相 I と相 II が共存しており，臨界点の近傍では自由エネルギーが高い相も準安定状態として存在できる．したがってパラメタを変化させた時臨界点を通り過ぎてから相転移が起こることがある．この結果，パラメタ変化の方向により相転移の起こる値が異なる**履歴現象** (hysteresis) が観測される (図 3.13(b) 参照).

2 次相転移では，自由エネルギーもその 1 次微分量も連続的に変化する．相転移の片側では 2 つの相のうち一方の相は不安定化してしまい存在できないので二相共存は起こらない．2 次相転移はもともと自由エネルギーの 2 次微分量である比熱，磁化率などが不連続に変化する相転移を意味していたが，実際にはこれらの量は相転移点で無限大に発散することが多い．また 2 次の微分量が発散せず，より高次の微分量に発散が現れる場合も 2 次相転移とよぶことが多い．したがって，これらの相転移を総称して**連続相転移** (continuous phase transition) とよぶのが適当である．これに対応して 1 次相転移を**不連続相転移** (discontinuous phase transition) とよぶ．理論的には，相転移点は熱力学量がパラメタ (温度，体積，磁場など) の関数として非解析的に振る舞う点として定義される．

磁性体では，臨界温度の低温側でスピン間に働く相互作用エネルギーが低くなるようにスピンが規則正しく配列する**秩序相** (ordered phase) が実現し，高温側ではスピンが乱雑に並んだ**無秩序相** (disordered phase) が実現するのが普通である．強磁性の例では，強磁性相が秩序相，常磁性相が無秩序相である．秩序相にはその秩序を特徴づける量である**秩序変数** (order parameter) が存在する．たとえば，強磁性相では外部から磁場がかかっていなくても磁化 (magnetization)

$$\boldsymbol{M} = -g\mu_{\mathrm{B}} \sum_i \langle \boldsymbol{S}_i \rangle \tag{3.1}$$

が存在する．このときの磁化を**自発磁化** (spontaneous magnetization) とよび，これが強磁性相を特徴づける秩序変数である．ここで $\langle A \rangle$ は物理量 A の熱平均値を表す．相互作用の性質，系の次元性，磁場などの外部パラメタ，量子効果，あるいはそれらの相乗効果により，磁性体において様々な秩序相が実現することが知られており，これらの多彩な秩序相とその相転移現象が磁性研究の中心課題の 1 つとなっている．

3 章以降では理論的説明が多いので，磁化および他の磁気秩序の秩序変数の

定義としてスピンの平均値

$$\boldsymbol{M} = \frac{1}{N}\sum_i \langle \boldsymbol{S}_i \rangle \tag{3.2}$$

を用いる．N は系に含まれるスピンの総数である．また外部磁場 $\boldsymbol{H}$ との相互作用を簡単のために

$$\mathcal{H}_{\mathrm{Z}} = -\boldsymbol{H} \cdot \boldsymbol{S} \tag{3.3}$$

の形に表す．式 (1.2) に示したように，電子スピンと磁気モーメントの向きは反対だから，以下の結果を実験と比較する場合には，磁化は逆向きで $g\mu_{\mathrm{B}}N$ をかける必要があり，磁化率には $(g\mu_{\mathrm{B}})^2$ をかける必要があることに注意されたい．

3.2 磁性体における秩序相

この節ではスピン系において実現する秩序状態 (相) のうち代表的なものを紹介し，それらの性質を簡単に説明する．

3.2.1 強　磁　性

強磁性 (ferromagnetism) とは，図 3.1(a) のようにスピンが同じ方向に整列し自発磁化 (式 (3.2)) を秩序変数とする秩序である．Fe, Co, Ni など $3d$ 遷移金属が強磁性を示すことはよく知られているが，これらの強磁性は伝導電子に

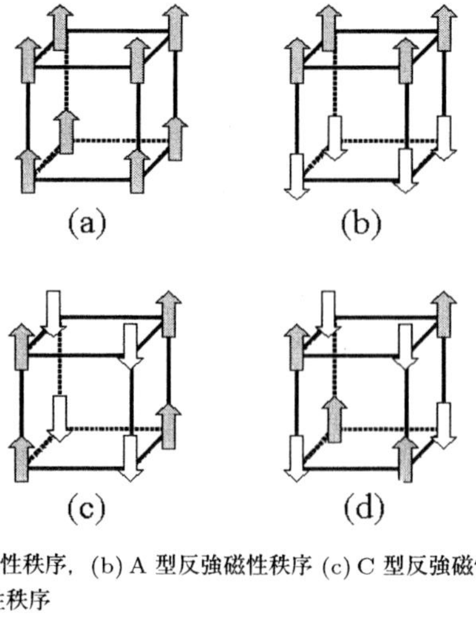

図 3.1　(a) 強磁性秩序，(b) A 型反強磁性秩序 (c) C 型反強磁性秩序 (d) G 型反強磁性秩序

よって引き起こされる．絶縁体では CrO_2，EuO，K_2CuF_4 などの例が知られているが，磁石となる絶縁体には強磁性体は少なく，後に述べるフェリ磁性体が多い．

3.2.2 反 強 磁 性

反強磁性 (antiferromagnetism) とは，図 3.1(b)～(d) のようにスピンが交互に反対方向を向いて整列し，全体として磁化を生じない秩序であり，絶縁体磁性体に多く現われる．反強磁性秩序には結晶構造や相互作用の違いにより，色々なタイプがある．秩序変数はスタッガード磁化 (staggered magnetization)

$$\boldsymbol{M}_{\mathrm{S}} = \frac{1}{N}\sum_i \mathrm{e}^{\mathrm{i}\boldsymbol{Q}\cdot\boldsymbol{r}_i}\langle \boldsymbol{S}_i\rangle \tag{3.4}$$

である．ここで $\boldsymbol{r}_i$ は格子点 i の位置ベクトル，$\boldsymbol{Q}$ はスピンがどのように空間的に整列しているかを表す波数ベクトルである．たとえば，格子間隔 a の単純立方格子上で z 軸に垂直な面内ではスピンが平行に整列し，それらの面のスピンがお互いに反平行の向きに交互に並んでいる A 型反強磁性秩序 (図 3.1(b)) に対応するのは $\boldsymbol{Q} = (0, 0, \pi/a)$ である．図 3.1(c) のように z 軸に平行な直線上のスピンが平行に整列している C 型反強磁性秩序では $\boldsymbol{Q} = (\pi/a, \pi/a, 0)$，すべての最近接スピン同士が反平行に整列している G 型反強磁性秩序 (図 3.1(d)) には $\boldsymbol{Q} = (\pi/a, \pi/a, \pi/a)$ が対応する．A 型，C 型，G 型の例としてそれぞれ $LaMnO_3$，$LaVO_3$，$LaCrO_3$ が知られている．

3.2.3 フ ェ リ 磁 性

フェリ磁性 (ferrimagnetism) とは，自発磁化とスタッガード磁化が同時に存在する秩序のことである．スピネル (spinel) 構造 (AB_2O_4 ; 図 3.2) をもつ物質で多く実現する．$MnFe_2O_4$ では A サイトにある Mn^{2+} のスピンと B サイ

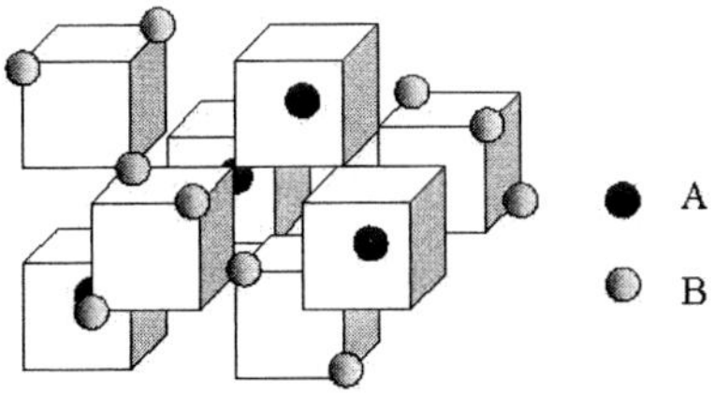

図 3.2 スピネル AB_2O_4 の結晶構造 (O は表示していない)

トの Fe^{3+} のスピンがお互いに反平行に整列する．Mn^{2+} と Fe^{3+} のスピンはともに $S=5/2$ であるが，Fe^{3+} の数は Mn^{2+} の数の 2 倍だから結晶全体として自発磁化が残るのである．

3.2.4 ら せ ん 秩 序

らせん秩序 (spiral, screw or helical order) は，図 3.3 のように $\boldsymbol{Q}$ の方向に進むとらせん状に回転するスピンの配列をもつ．スピンが xy 面内で回転する場合には

$$\langle S_i^x \rangle = S\cos(\boldsymbol{Q}\cdot\boldsymbol{r}_i+\phi),$$
$$\langle S_i^y \rangle = S\sin(\boldsymbol{Q}\cdot\boldsymbol{r}_i+\phi),$$
$$\langle S_i^z \rangle = 0 \tag{3.5}$$

と表される．この相の秩序変数もやはり式 (3.4) で表されるが，らせん秩序の場合の $\boldsymbol{Q}$ は格子定数の 2 倍より長い波長に対応している．らせん秩序が実現する物質として六方晶系の希土類金属 Tb, Dy, Ho や絶縁体 $CsCuCl_3$，Cs_2CuCl_4 が知られている．

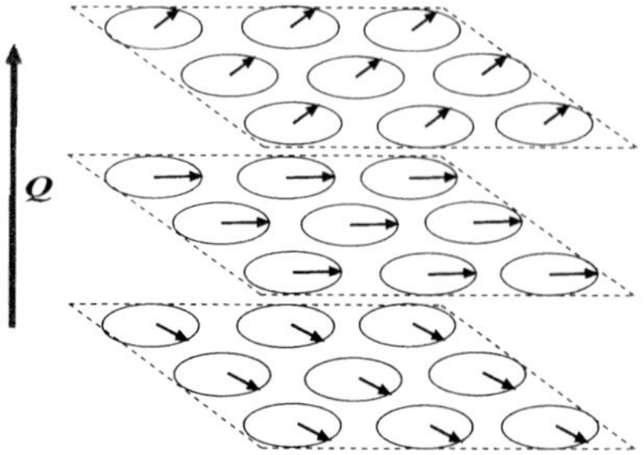

図 3.3 らせん秩序のスピン配列

上にあげた秩序状態は，ある格子点 (たとえば i) のスピンの熱平均値 $\langle \boldsymbol{S}_i \rangle$ が 0 でない値をもつ状態である，以下ではこのような秩序を総称して**磁気秩序**とよぶ．磁気秩序状態は外部磁場に対して敏感に反応する．一方，スピン自由度による秩序であるが，すべての格子点でスピンの平均値が 0 になっている秩序もある．これらを**非磁気的秩序**とよぶことにする．以下でそれらの例を紹介しよう．

3.2.5　ダ イ マ ー 相

ダイマー相 (dimer phase) とは，簡単にいうと図 3.4(a) のようにスピンが 2 個ずつ 1 重項対をつくっている相のことである．完全な 1 重項でなくても反強磁性相関の強い対が規則的に配列し，非磁気的な状態をつくっている相をダイマー相とよぶ．反強磁性相互作用をもつ系に，強い量子効果が働くときに実現する．ダイマー相では基底状態と励起状態との間にエネルギーギャップが存在する．このため，絶対零度では磁場をかけても，磁場がある値を超えるまで磁化が現れない．秩序変数は

$$D_{\boldsymbol{Q}} = \frac{1}{N}\sum_i \mathrm{e}^{\mathrm{i}\boldsymbol{Q}\cdot\boldsymbol{r}_i}\langle \boldsymbol{S}_i \cdot \boldsymbol{S}_{j_i}\rangle \tag{3.6}$$

と表される．ここで j_i は格子点 i と対をつくる格子点を表す．$\boldsymbol{Q}$ は対の配置に対応する波数ベクトルである．お互いに最近接にあるスピン同士が対をつくることが多い．1 次元 (あるいは擬 1 次元) 系でこのような秩序が格子のひずみを誘起して実現する状態をスピン・パイエルス (spin-Peierls) 状態とよび，$CuGeO_3$ が実際の例として知られている．

この種のより一般的な秩序として 3 個以上のスピンが非磁気的なクラスターをつくる秩序も可能である．2 次元的な格子をつくる CaV_4O_9 では図 3.4(b) に示す 4 角形上の 4 スピンが 1 重項クラスターをつくっていると考えられている．このように非磁気的なクラスターが規則的に配列している状態を総称して，**valence bond crystal** (VBC) 状態とよんでいる．

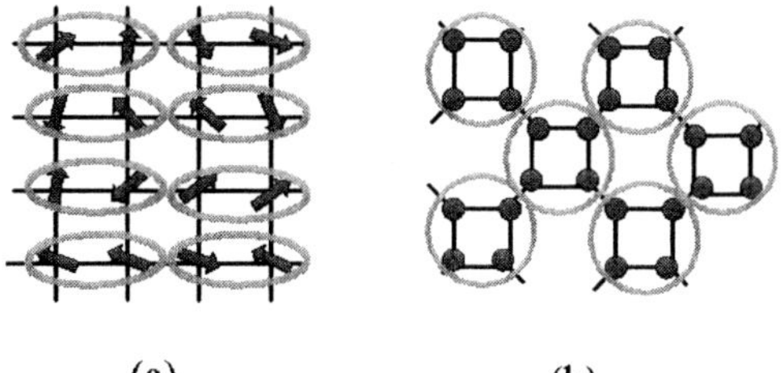

図 3.4　(a) ダイマー秩序，(b)CaV_4O_9 における V^{4+} の配列．楕円あるいは円内部のスピンが 1 重項的に強く結合する．

3.2.6 ハルデイン相

ハルデイン相 (Haldane phase) は，スピンの大きさが整数 (1, 2, ...) の 1 次元反強磁性体において，量子効果により実現する相である．基底状態は非磁気的な 1 重項であり，基底状態と励起状態との間にエネルギーギャップが存在する．ダイマー相と異なり空間的に一様な状態である．この状態は一見何の秩序ももたないように見えるため，量子無秩序状態とよばれることがあるが，ストリング秩序 (string order) とよばれる“隠れた”秩序をもっており，量子秩序状態とよばれるべきである．

3.2.7 カイラル秩序

カイラル秩序 (chiral order) は系が右回り，左回りの対称性 (カイラル対称性) を破るために現れる秩序であり，ベクトル・カイラル秩序とスカラー・カイラル秩序がある．図 3.5(a) に示すように三角形 T の頂点に 3 個のスピン $\boldsymbol{S}_1$, $\boldsymbol{S}_2$，$\boldsymbol{S}_3$ があるとき三角形 T のカイラルベクトル $\boldsymbol{V}_{\mathrm{T}}$ を

$$\boldsymbol{V}_{\mathrm{T}} = \boldsymbol{S}_1 \times \boldsymbol{S}_2 + \boldsymbol{S}_2 \times \boldsymbol{S}_3 + \boldsymbol{S}_3 \times \boldsymbol{S}_1 \tag{3.7}$$

と定義する．このときスピンの位置 1, 2, 3 はたとえば三角形 T を左回りにとるものと決めておく．図 3.5(a) のように三角形上でスピンの向きが回転しているときベクトル・カイラリティが存在する．ベクトル・カイラル秩序相の秩序変数は

$$\boldsymbol{V}_{\boldsymbol{Q}} = \frac{1}{N}\sum_{\mathrm{T}} \mathrm{e}^{\mathrm{i}\boldsymbol{Q}\cdot\boldsymbol{r}_{\mathrm{T}}}\langle \boldsymbol{V}_{\mathrm{T}}\rangle \tag{3.8}$$

である．$\boldsymbol{r}_{\mathrm{T}}$ は三角形の位置ベクトルを表す．図 3.5(b) に示す三角格子反強磁性体では秩序状態は隣り合うスピンがお互いに 120° の角をなす秩序であるが，この状態では磁気秩序とともにベクトル・カイラル秩序が存在している．この

図 3.5　(a) ベクトル・カイラリティ，(b) 三角格子の 120° 状態

秩序が存在する状態では空間反転対称性が破れていることに注意しよう．

三角形 T のスカラー・カイラリティは

$$\chi_{\mathrm{T}} = \boldsymbol{S}_1 \cdot [\boldsymbol{S}_2 \times \boldsymbol{S}_3] \tag{3.9}$$

と定義される[1]．スカラー・カイラリティはベクトル $\boldsymbol{S}_1$，$\boldsymbol{S}_2$，$\boldsymbol{S}_3$ が同一平面内にあるときは 0 になる．スカラー・カイラル秩序相の秩序変数は

$$\chi_{\boldsymbol{Q}} = \frac{1}{N}\sum_{\mathrm{T}} \mathrm{e}^{\mathrm{i}\boldsymbol{Q}\cdot\boldsymbol{r}_{\mathrm{T}}}\langle\chi_{\mathrm{T}}\rangle, \tag{3.10}$$

である．この秩序が存在する系では空間反転と時間反転の対称性がともに破れている．カイラル秩序は磁気的な秩序と共存する場合もあるが，秩序変数はスピンの積の平均値であるから，磁気的な秩序が存在しない場合にも存在できる．

3.2.8　スピン・ネマティック相

スピン・ネマティック相 (spin nematic phase) は，磁気秩序は存在しないがスピン空間における回転対称性が破れている秩序状態である．最も簡単な例は，図 3.6 のように各格子点のスピンが $+z$ 方向かまたは $-z$ 方向を向いているが，S^z の平均値は 0 になっている状態である．この状態の秩序変数は

$$K^{zz} = \frac{1}{N}\sum_{i}\langle (S_i^z)^2 - \frac{1}{3}S(S+1)\rangle \tag{3.11}$$

で与えられる．この状態ではすべての i に対し $\langle \boldsymbol{S}_i \rangle = \boldsymbol{0}$ であるが，K^{zz} が 0 でないので，スピン空間の回転対称性が破れており，液晶のネマティック相と似ている．もちろん，系のハミルトニアンがスピン空間の回転対称性をもっている場合のみを考えている．

スピン空間の回転対称性が破れている状態には，もっと様々な状態がありうる[2]．たとえば秩序変数がスピンの 2 階のテンソルの場合には，秩序変数は

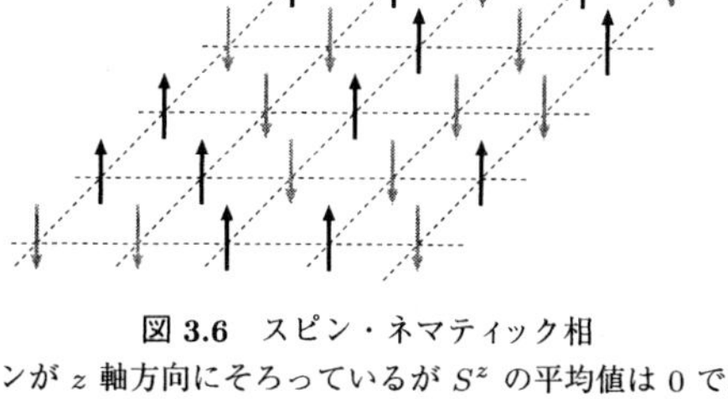

図 3.6　スピン・ネマティック相
スピンが z 軸方向にそろっているが S^z の平均値は 0 である．

$$K_{\boldsymbol{Q}}^{\alpha\beta} = \frac{1}{N}\sum_i \mathrm{e}^{\mathrm{i}\boldsymbol{Q}\cdot\boldsymbol{r}_i} \sum_{j_i} c_{j_i} \left\langle S_i^\alpha S_{j_i}^\beta - \frac{1}{3}\delta_{\alpha\beta}\boldsymbol{S}_i\cdot\boldsymbol{S}_{j_i}\right\rangle \tag{3.12}$$

と表される．ここで j_i に関する和はこの秩序が i サイトのまわりでつくる局所的な構造を表しており，定数 c_{j_i} のとり方により様々な局所的な構造がありうる．$K_{\boldsymbol{Q}}^{\alpha\beta}$ を対称テンソルと反対称テンソルの成分に分けると，一般に反対称テンソルは擬ベクトルを用いて表されるから

$$K_{\boldsymbol{Q}}^{\alpha\beta} = \varepsilon_{\alpha\beta\gamma}\, p_{\boldsymbol{Q}}^\gamma + Q_{\boldsymbol{Q}}^{\alpha\beta} \tag{3.13}$$

となる．ここで $\boldsymbol{p_Q}$ は擬ベクトル，$\boldsymbol{Q_Q}$ は対称テンソルである．$\boldsymbol{p_Q} \neq 0$ の場合の秩序を p 型ネマティック秩序とよぶ．先に紹介したベクトル・カイラル秩序はまさに p 型ネマティック秩序である．この場合は $\boldsymbol{p_Q}$ を $-\boldsymbol{p_Q}$ に変えると異なる状態に移る．

一方，$\boldsymbol{p_Q} = 0$ で 1 軸対称性が存在する場合には，$Q_{\boldsymbol{Q}}^{\alpha\beta}$ は単位ベクトル $\boldsymbol{n}$ とスカラー量 $Q_{\boldsymbol{Q}}$ を用いて

$$Q_{\boldsymbol{Q}}^{\alpha\beta} = Q_{\boldsymbol{Q}}\left(n^\alpha n^\beta - \frac{1}{3}\delta_{\alpha\beta}\right) \tag{3.14}$$

と表される．このような秩序をもつ状態を n 型ネマティック秩序とよぶ．このとき $\boldsymbol{n}$ を $-\boldsymbol{n}$ に変えても同じ状態を表す．2 階のテンソルで表される秩序変数は 4 重極秩序ともよばれる．より高次のテンソルで表される秩序変数をもつ状態も可能である．

3.2.9 軌 道 秩 序

軌道縮退のある系において，異なる軌道にある電子が空間的に規則的に配列する秩序を軌道秩序 (orbital order) とよぶ．これはスピン自由度のつくる秩序ではないが，磁性体においてスピン自由度と密接に結びついている．1 章で述べたように陰イオンの 8 面体配位による立方対称な結晶場中の $3d$ 遷移金属イオンでは，5 個の $3d$ 軌道が分裂し，3 個の t_{2g} 軌道が 2 個の e_g 軌道より低いエネルギーをもつ．フント結合が強いとき 1 イオン中の $3d$ 電子は異なる軌道を占めてスピン最大の状態を実現する．$LaMnO_3$ では Mn^{2+} の 4 個の $3d$ 電子は 3 個の t_{2g} 軌道と 1 個の e_g 軌道に入るが，どの e_g 軌道に電子が入るかによる縮重がある．その結果，z 軸に垂直な面内で図 3.7 に示すように $3x^2 - r^2$ 軌道と $3y^2 - r^2$ 軌道を交互に占める軌道秩序が実現する．この場合軌道の自由度を大きさ 1/2 の擬スピン $\boldsymbol{\tau}$ で表すのが便利である．つまり $3z^2 - r^2$ 軌道が占有

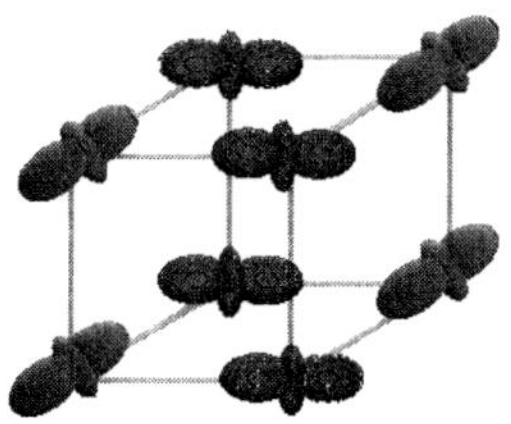

図 3.7 $LaMnO_3$ における軌道秩序
面内で $3x^2-r^2$ 軌道と $3y^2-r^2$ 軌道が交互に並んでいる.

されている状態を $\tau^z=1/2$, x^2-y^2 軌道が占有されている状態を $\tau^z=-1/2$ の状態と考えるのである. こうすれば軌道秩序は擬スピンの秩序状態と考えられ, 秩序変数は

$$\frac{1}{N}\sum_i \mathrm{e}^{\mathrm{i}\boldsymbol{Q}\cdot\boldsymbol{r}_i}\langle\boldsymbol{\tau}_i\rangle \tag{3.15}$$

で表わされる. この場合は $\boldsymbol{Q}=(\pi/a,\pi/a,0)$ である. ヤーン・テラー効果からもわかるように, 軌道自由度は格子およびスピンの自由度と強く結合しており, 軌道秩序は通常格子ひずみおよびスピン秩序を伴って現れる. $LaMnO_3$ で A 型反強磁性が実現するのはこの軌道秩序があるからである.

3.3 磁場中相転移

スピンは磁場と強くカップルするため, 磁性体では磁場の変化によって様々な相転移が起こる. その代表的なものを紹介しよう.

3.3.1 スピンフロップ転移

容易軸の方向にスタッガード磁化のある反強磁性体に, それと平行な方向に磁場をかけてゆくと, ある臨界磁場 H_f で突然スタッガード磁化の方向が磁場

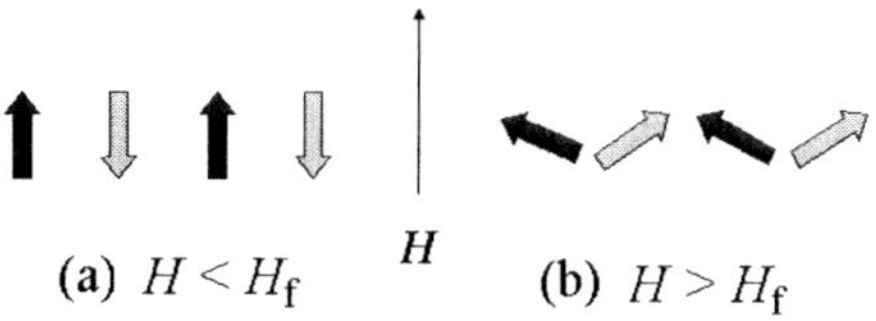

図 3.8 スピンフロップ転移
(a) $H<H_\mathrm{f}$ のときの磁気秩序, (b) $H>H_\mathrm{f}$ のときの磁気秩序.

に垂直な方向に変化する相転移をスピンフロップ転移 (spin flop transition) という (図 3.8). さらに磁場を強くしてゆくとスタッガード磁化は減少し，ある磁場で 0 になるがこれも 1 つの相転移である．スピンフロップ転移については第 4 章で詳しく議論する．

3.3.2 磁化プラトー

磁性体に磁場を加えると，磁化は磁場の増大とともになめらかに増加するのが普通である．磁場の関数として磁化を描いた曲線を**磁化曲線** (magnetization curve) とよぶ．磁化がある磁場の範囲でほぼ一定になり，磁化曲線に平坦な部分が現れることがある．もちろん完全に平坦になるのは $T=0$ の場合で，有限温度ではいくらか傾きがあるが，この現象を磁化プラトー (magnetization plateau) とよぶ．

$T=0$ でこの問題を考えてみよう．どんな磁性体でも磁場を極端に強くすれば，ある強さの磁場でゼーマンエネルギーが他のスピン相互作用に打ち勝ちスピンは完全に磁場方向にそろい，それ以上磁化は増加しなくなる．これも磁化プラトーの一例であるが，普通は非常に強い磁場が必要なので現実的ではない．

$M=0$ の磁化プラトーは，量子効果の強い系でダイマー状態あるいはハルデイン状態のように非磁性的な基底状態が実現している場合に起こる．これらの場合には基底状態と全スピン $S=1$ の励起状態の間にエネルギーギャップ E_{G} が存在する．このため $g\mu_{\mathrm{B}}H < E_{\mathrm{G}}$ が成り立つ弱い磁場に対して磁化が生じず，$M=0$ のプラトーが現れる．

$0 < M < S$ の場合にもいくつかの物質で磁化プラトーが観測されている．ニッケル錯体 $[\{\mathrm{Ni_2(Medpt)_2(\mu\text{-}N_3)(\mu\text{-}ox)}\}_n\{(\mathrm{ClO_4})0.5\mathrm{H_2O}\}_n]$(Medpt $=$ $\mathrm{C_7H_{19}N_3}$, ox $=$ $\mathrm{C_2O_4}$) では図 3.9(a) に示すように $M=0$ と $M=S/2$ に磁化プラトーが現れる．この物質では 1 次元鎖上の $\mathrm{Ni^{2+}}$ のスピン ($S=1$) が反強磁性的な相互作用をしている．鎖上の $\mathrm{Ni^{2+}}$ 間の距離は 2 倍周期で変化しており，ハミルトニアンは

$$H = J\sum_i (\boldsymbol{S}_{2i-1}\cdot\boldsymbol{S}_{2i} + \alpha\boldsymbol{S}_{2i}\cdot\boldsymbol{S}_{2i+1}) \quad (\alpha \simeq 0.5) \tag{3.16}$$

と表される．このような系を **1 次元結合交替鎖** (bond alternating chain) とよぶ．この系の基底状態はスピンが 2 個ずつ強く結合し近似的に 1 重項 ($S=0$) をつくっているダイマー状態である．$M=1/2$ のプラトーは 1 重項状態が磁

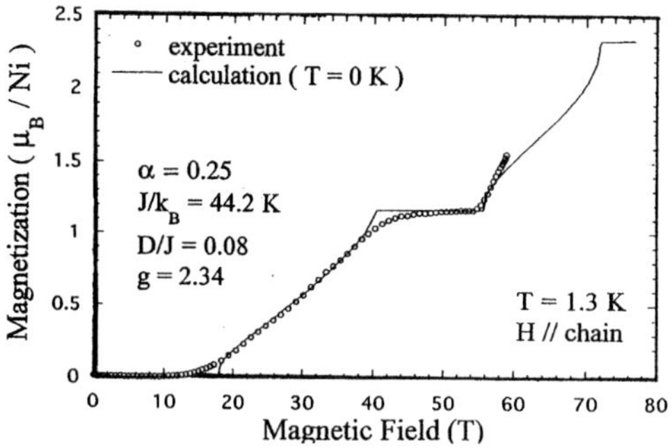

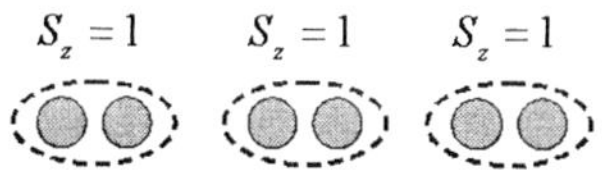

図 3.9 (a) $[\{Ni_2(Medpt)_2(\mu\text{-}N_3)(\mu\text{-}ox)\}_n]\{(ClO_4)0.5H_2O\}_n$ の磁化曲線[3)]
(b) プラトー状態の模式図

場によって壊され図 3.9(b) のように 3 重項状態 ($S=1$) の $S^z=1$ 状態になっていると理解されている．

1 次元系で磁化プラトーが起こる場合には，押川・山中・アフレック (Affleck) の条件

$$\sum_{i\in \mathrm{u.c.}} (S_i - M_i) = \text{整数} \tag{3.17}$$

が成り立つことが知られている[4)]．ここで $\sum_{i\in \mathrm{u.c.}}$ はスピン配置も含めて考えた単位胞の中での和であり，S_i は $\boldsymbol{S}_i$ の大きさ，M_i は $\langle \boldsymbol{S}_i^z \rangle$ を表す (磁場を z 方向にとる)．上の例では単位胞に 2 個の $S=1$ スピンを含んでおり，確かに式 (3.17) が成り立っている．磁化プラトーは Cs_2CuBr_4，$SrCu_2(BO_3)_2$ などの擬 2 次元系や NH_4CuCl_3 などの 3 次元系でも起こることが知られている．

以上に挙げた例からわかるように，磁性体では実に多彩な秩序とそれに伴う相転移が実現する．将来さらに新しい秩序相が発見される可能性がある．これらの中から重要と思われる例をとりあげ，第 4 章以降により詳しく解説する．

3.4 秩序変数の対称性

一般に相転移の性格は，系の空間次元 d，秩序変数の対称性および相互作用の到達距離の 3 要素によって支配される．磁気双極子相互作用および伝導電子を媒介として生じる RKKY 相互作用や 2 重交換相互作用を除いて，絶縁体磁性体におけるスピン間相互作用は波動関数の重なりによって生じるので，距離と

ともに指数関数的に急速に減衰する．距離 r だけ離れたスピン間の相互作用が r^{-d-2} より速く減衰する系では，繰り込み群を用いた研究の結果により，相転移の性格は近接スピン間にのみ相互作用がある系と同じだと考えられている[5]．したがって磁気双極子相互作用が無視できる場合には，絶縁体磁性体では系の空間次元と秩序変数の対称性だけが相転移の性質を決めると考えてよい．

秩序変数の対称性について説明する前に，典型的な磁性の模型を紹介しておこう．式 (2.14) で表される相互作用が格子上のスピン対間に働くとき，全系のハミルトニアンは

$$\mathcal{H} = \sum_{\langle ij \rangle} J_{ij} \boldsymbol{S}_i \cdot \boldsymbol{S}_j \tag{3.18}$$

となり，これをハイゼンベルク模型とよぶ．ここで $\langle ij \rangle$ は格子点 i と格子点 j の対を表す．式 (3.18) および以下では，-2 の因子を J_{ij} に含めて格子点 i と格子点 j にあるスピン間に働く交換相互作用を簡単に $J_{ij}\boldsymbol{S}_i \cdot \boldsymbol{S}_j$ と表すことにする．式 (3.18) はすべてのスピンを任意の軸のまわりに同じ角度回転しても変わらない．この場合，系は $SO(3)$ あるいは $SU(2)$ 対称性をもつという．

スピンに異方性相互作用が強く働くとき，スピンの方向は実質的に制限される．一軸異方性のためにスピンの向きが xy 面内に制限される場合のハミルトニアンは

$$\mathcal{H}_{XY} = \sum_{\langle ij \rangle} J_{ij} (S_i^x S_j^x + S_i^y S_j^y) \tag{3.19}$$

と表され，これを $\boldsymbol{XY}$ **模型**とよぶ*1)．この系では全スピンを z 軸のまわりに同じ角度回転してもハミルトニアンは不変だが，他の軸のまわりの回転に対しては不変でない．この場合，系は $SO(2)$ あるいは $U(1)$ 対称性をもつという．

逆にスピンの向きが z 軸方向に制限され，S^z が正負の 2 個の値だけをとりうる模型をイジング (Ising) 模型とよび，

$$\mathcal{H}_{\mathrm{Ising}} = \sum_{\langle ij \rangle} J_{ij} \sigma_i \sigma_j \tag{3.20}$$

と表す．ここで J_{ij} の値を適当にとりなおせば，σ_i は ± 1 の値をとる古典的な変数と考えてよい．この系のすべての σ_i の符号を同時に変えてもハミルトニアンは不変である．この対称性を Z_2 対称性とよぶ．

ハイゼンベルク模型，XY 模型，イジング模型の順に対称性が低くなってい

---

*1)　XY 面内で等方的であることを表すために XX 模型とよばれることもある．XXZ 模型はこのよび方に従っている．

る．現実の系の相互作用の性質は，これらの中間の場合になっているが，秩序相の基本的な性格は上記の3つの模型のうちのどれかと同じになることが知られている．たとえば上記の3種の模型を特殊な場合として含む ***XXZ*** 模型

$$\mathcal{H}_{XXZ} = \sum_{\langle ij \rangle} J_{ij}(S_i^x S_j^x + S_i^y S_j^y + \Delta S_i^z S_j^z) \tag{3.21}$$

における秩序をとりあげてみよう．イジング的相互作用の強い $|\Delta| > 1$ の系で強磁性秩序が実現する場合には，自発磁化は z 方向か $-z$ 方向を向く．一方 XY 的相互作用の強い $|\Delta| < 1$ の場合には，自発磁化は XY 面内の任意の方向を向く．$\Delta = 1$ の場合はハイゼンベルク模型と同等であるが，この場合は3次元空間の任意の方向が可能である．このように自発磁化のもつ対称性は Z_2, $SO(2)$, $SO(3)/SO(2)$ *2)になってしまう．この事情は他の形の一軸異方性があるときも同じである．また，相転移近傍の性質や，低エネルギー励起状態の性質は，秩序変数の対称性によって非常に強く支配されることが知られている．したがって，これらの典型的な模型の性質を知っておけば，より一般的な場合についても多くのことが予測できるのである．

$SO(3)$, Z_2 などの対称性がある系でも，強磁性や反強磁性の秩序があるときスピンはある特定の方向を向いており，もともとハミルトニアンにあった対称性の破れた状態が実現している．このように，対称性を破る外的な要因が存在しないのに，系に内在する相互作用のために対称性の破れた状態が実現することを**対称性の自発的な破れ** (spontaneous symmetry breaking) という．相転移の秩序状態では対称性が自発的に破れていることが多い．

3.5 マーミン・ワグナーの定理とコステルリッツ・サウレス転移

ハミルトニアンが $SO(3)$ あるいは $SO(2)$ 対称性をもつ場合には，ハミルトニアンを変えない対称操作，すなわち回転の角度を連続的に選べる．このような対称性を**連続対称性** (continuous symmetry) とよぶ．**連続対称性をもつ1次元および2次元の系では，対称性が自発的に破れた秩序状態は有限温度では存在できないことが**，極めて一般的に証明されている．これをマーミン・ワグナー (Mermin-Wagner) の**定理**とよぶ[6]．したがって1次元および2次元のハイゼ

---

*2) ハミルトニアンが $SO(3)$ 対称性をもっていても，秩序変数のもつ対称性は必ずしも $SO(3)$ 対称性ではない．強磁性秩序では秩序変数は自発磁化ベクトル $\boldsymbol{M}_{\mathrm{S}}$ なので，$\boldsymbol{M}_{\mathrm{S}}$ のまわりの回転は意味がない．したがって秩序変数のもつ対称性は $SO(3)/SO(2)$ となる．

ンベルク模型や XY 模型では強磁性状態や反強磁性状態は有限温度では存在しない．このことは系が量子系であるか古典系であるかにかかわらず成り立つ．

低次元系の基底状態では連続対称性の自発的破れは起こるだろうか？　2次元では一般に対称性の破れが起こりうる．1次元では秩序変数の性質により異なることが知られている．強磁性ハイゼンベルク模型の基底状態が強磁性状態であることは容易に示せる．したがって1次元でも連続対称性の破れた強磁性基底状態が存在する．一方，1次元で量子効果が存在する場合に連続対称性の破れた反強磁性基底状態は存在しないと考えられている[8)]．

マーミン・ワグナーの定理は連続対称性をもつ2次元系の相転移を禁止しているわけではない．相転移の低温側でも秩序変数が存在しない特殊な相転移が起こりうる．2次元強磁性 XY 模型では，高温の極限から温度を下げていくと，ある臨界温度で帯磁率が無限大になり相転移が起こる．しかし相転移の低温側でも自発磁化は0のままであり，絶対零度で初めて有限の自発磁化が現れる．低温相ではスピン間の相関が非常に強く，相関関数は距離のべき関数で減衰する．これは3.9節で述べるように臨界温度における相関関数の性質である．したがって低温相では系が常に臨界状態にあると考えられる．このような相転移をベレジンスキー・コステルリッツ・サウレス (Berezinskii-Kosterlitz-Thouless) 転移あるいはコステルリッツ・サウレス転移とよび，2次元で $SO(2)$($U(1)$) 対称性をもつ系に特有の相転移である[7)]．この相転移については3.10節で詳しく説明する．

3.6 正確に解ける模型

相互作用するスピン系の問題を正確に解くことは普通困難である．そこで近似解や数値シミュレーションを用いて系の性質を理解する努力が行われている．しかし例外的に正確解が得られる場合がある．その多くは低次元格子の場合だが，秩序状態について正確な知識が得られ，近似解と正確解を比較することにより近似解の精度および特徴を知ることができる点で有用である．また，最近はほぼ1次元あるいは2次元の系とみなせる磁性体が多く合成されるようになったため，正確解の結果を実験と直接比較できる場合も多くなってきた．

3.6.1 1次元イジング模型

最近接格子点間に相互作用のある1次元イジング模型に外部磁場 H が働いているときのハミルトニアンは

$$\mathcal{H} = \sum_{i=1}^{N} (J\sigma_i\sigma_{i+1} - H\sigma_i) \tag{3.22}$$

と表される．ここでは図3.10(a) のように周期的な境界条件 $(\sigma_{N+1} \equiv \sigma_1)$ を満たす系を考える．この系の分配関数は

$$K \equiv \frac{J}{k_{\mathrm{B}}T}, \qquad L \equiv \frac{H}{k_{\mathrm{B}}T} \tag{3.23}$$

を用いて

$$Z = \sum_{\sigma_1=\pm 1} \sum_{\sigma_2=\pm 1} \cdots \sum_{\sigma_N=\pm 1} \exp\left\{-K\sum_{i=1}^{N}\sigma_i\sigma_{i+1} + \frac{L}{2}\sum_{i=1}^{N}(\sigma_i + \sigma_{i+1})\right\} \tag{3.24}$$

と表される．ここで，$\exp\{-K\sigma_i\sigma_{i+1} + L(\sigma_i + \sigma_{i+1})/2\} \equiv T(\sigma_i, \sigma_{i+1})$ を 2×2 行列

$$T = \begin{pmatrix} \mathrm{e}^{-K+L} & \mathrm{e}^{K} \\ \mathrm{e}^{K} & \mathrm{e}^{-K-L} \end{pmatrix} \tag{3.25}$$

の行列要素とみなすと，上の式は

$$Z = \sum_{\sigma_1=\pm 1} \sum_{\sigma_2=\pm 1} \cdots \sum_{\sigma_N=\pm 1} T(\sigma_1, \sigma_2) T(\sigma_2, \sigma_3) \ldots T(\sigma_N, \sigma_1) = \mathrm{Tr}[T^N] \tag{3.26}$$

と書きなおせる．ここで Tr は行列の対角和 (trace) を表す．行列 T を転送行列 (transfer matrix) とよぶ．T の固有値は

$$\lambda_{\pm} = \mathrm{e}^{-K}\cosh L \pm \sqrt{\mathrm{e}^{-2K}\sinh^2 L + \mathrm{e}^{2K}} \tag{3.27}$$

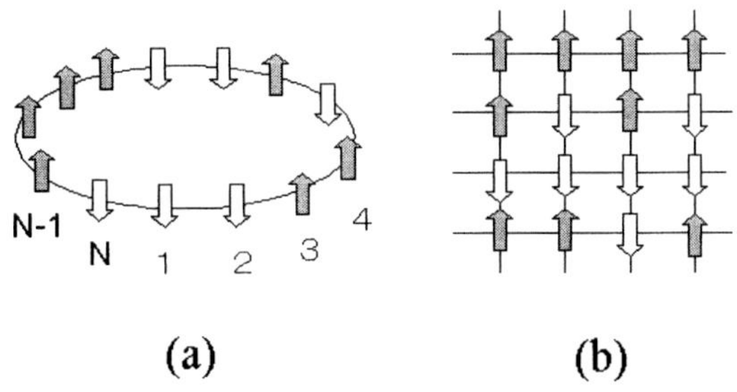

図 3.10 (a)1 次元イジング模型，(b)2 次元イジング模型

である．行列の対角和は固有値の総和に等しいから $Z = \lambda_+^N + \lambda_-^N$ となるが，$N \gg 1$ の極限では，λ_-^N の項は λ_+^N に比べ指数関数的に小さくなるから無視できる．したがって系の自由エネルギーは $F = -Nk_\mathrm{B}T\log\lambda_+$ で与えられる．この自由エネルギーは温度 $T > 0$ のすべての領域で温度と外部磁場の解析的な関数だから，有限温度で相転移は起こらない．磁化は

$$M = -\frac{\partial(F/N)}{\partial H} = \frac{\sinh L}{\sqrt{\mathrm{e}^{4K} + \sinh^2 L}} \tag{3.28}$$

となり $H \to 0$ で常に 0 である．磁化率は

$$\chi = \lim_{H\to 0}\frac{M}{H} = \frac{1}{k_\mathrm{B}T}\exp\frac{-2J}{k_\mathrm{B}T} \tag{3.29}$$

で与えられる．磁化率は高温 ($k_\mathrm{B}T \gg |J|$) でキュリーの法則 (式 (1.41)) に従う．低温 ($k_\mathrm{B}T \ll |J|$) における振る舞いは J の符号によって異なり，強磁性相互作用 ($J < 0$) の場合は $T \to 0$ の極限で無限大に発散する．これは $T = 0$ における強磁性相への相転移を示している．実際この場合の基底状態はスピンがすべて $\sigma = 1$ あるいは $\sigma = -1$ にそろった状態である．一方反強磁性相互作用 ($J > 0$) の場合には χ は低温で減少し，$T = 0$ で 0 になる．この場合は $T = 0$ で反強磁性秩序が生じるので，1 個おきに逆向きに働く仮想的な磁場 (スタッガード磁場) に対するスタッガード磁化の応答を表す**スタッガード磁化率** (staggered susceptibility) が発散する．スタッガード磁化率は式 (3.29) 中の J を $-J$ とおいた式で表される．スピンの相関関数 $g(r) = \langle\sigma_i\sigma_{i+r}\rangle$ は転送行列を用いて

$$\begin{aligned} g(r) &= \frac{1}{Z}\sum_{\sigma_1=\pm1}\sum_{\sigma_2=\pm1}\cdots\sum_{\sigma_N=\pm1} T(\sigma_1,\sigma_2)\ldots T(\sigma_{i-1},\sigma_i)\sigma_i T(\sigma_i,\sigma_{i+1})\ldots \\ &\quad T(\sigma_{i+r-1},\sigma_{i+r})\sigma_{i+r}T(\sigma_{i+r},\sigma_{i+r+1})\ldots T(\sigma_N,\sigma_1) \\ &= \frac{1}{Z}\mathrm{Tr}[ST^rST^{N-r}] \end{aligned} \tag{3.30}$$

と書き表される．ここで S は行列

$$S = \begin{pmatrix} 1 & 0 \\ 0 & -1 \end{pmatrix} \tag{3.31}$$

を表す．これは $H = 0$ かつ $N \gg 1$ のとき

$$g(r) \simeq \left\{|\langle\lambda_+|S|\lambda_+\rangle|^2 + |\langle\lambda_+|S|\lambda_-\rangle|^2\left(\frac{\lambda_-}{\lambda_+}\right)^r\right\} \simeq \left(\frac{\lambda_-}{\lambda_+}\right)^r \tag{3.32}$$

となる．$\langle\lambda_\pm| = (1/\sqrt{2}, \pm1/\sqrt{2})$ は $\lambda_\pm$ に対応する T の固有ベクトルを表す．相関関数は r とともに指数関数的に減衰する．すなわち

$$g(r) = \mathrm{e}^{-r/\xi}, \qquad \xi = \frac{1}{\log \frac{\lambda_+}{\lambda_-}} \tag{3.33}$$

と表される．一般に相関関数 $g(r)$ が遠方で距離 r の指数関数となるとき式 (3.33) の ξ をその相関の**相関長** (correlation length) とよぶ．この場合の ξ は温度の低下とともに増大し，温度ゼロの極限で発散するが，これは絶対零度では秩序が存在することに対応している．

2 次元イジング模型　図 3.10(b) に示す 2 次元正方格子上のイジング模型は転送行列の方法を用いてオンサーガー (Onsager)[9] によって正確解が求められた．その結果によれば，臨界温度 $T_\mathrm{C} = 2|J|/\{k_\mathrm{B}\log(1+\sqrt{2})\}$ で相転移が起こり，比熱 C は臨界温度の近傍で $C \sim A\log|T-T_\mathrm{C}|$ のように対数的に発散する．臨界点近傍の振る舞いはさらに詳しく調べられ，正確な結果が多く知られており，この模型は相転移の研究を進める上で重要な役割を果たしている．しかしその解法は数学的にやや難しいので他の参考書に譲り，ここでは紹介しない．

3.6.2 1 次元古典ハイゼンベルク模型

N 個の大きさ S の古典的ベクトルが 1 次元格子上に並んだ模型

$$\mathcal{H} = J\sum_{i=1}^{N-1} \boldsymbol{S}_i \cdot \boldsymbol{S}_{i+1} \tag{3.34}$$

を考える．系の両端は切り離されているとする (開放端境界条件)．分配関数は式 (3.23) の K を用いて

$$Z = \int \mathrm{d}\Omega_1 \int \mathrm{d}\Omega_2 \ldots \int \mathrm{d}\Omega_N \exp\left(-K\sum_{i=1}^{N-1} \boldsymbol{S}_i \cdot \boldsymbol{S}_{i+1}\right) \tag{3.35}$$

と表される．$\mathrm{d}\Omega_i = \sin\theta_i \mathrm{d}\theta_i \mathrm{d}\phi_i$ は i 番目のスピンの方向に関する積分を表す．この積分は以下の手順で実行できる[10]．最初に N 番目のスピンの方向に関する積分を行うとき，角度変数の基準軸を $N-1$ 番目のスピンの方向に選ぶことにより，他の変数に関係なく積分を独立に行うことができる．1 つ手前のスピンを角度変数の基準軸とすることにより，式 (3.35) の積分は次々に実行できて

$$Z = 4\pi\left\{2\pi\int_0^\pi \sin\theta \mathrm{d}\theta \exp(-KS^2\cos\theta)\right\}^{N-1} = (4\pi)^N\left(\frac{\sinh KS^2}{KS^2}\right)^{N-1} \tag{3.36}$$

が得られる．自由エネルギーは温度の解析的な関数となり，有限温度で相転移は起こらない．

上の2つの例で示されたように，短距離相互作用をしている1次元古典系が有限温度で相転移を起こさないことは，van Hove[11]によって一般的に証明された．ここではその理由を強磁性イジング模型 ($J<0$) を例にとって直感的に説明しよう．左端のスピンを上向きに固定し，右端はどちらを向いてもよいという境界条件のもとで考えると，基底状態は $\uparrow\uparrow\uparrow\uparrow\ldots\uparrow\uparrow$ のようにすべてのスピンが上向きの状態である．最低励起状態は $\uparrow\uparrow\uparrow\ldots\uparrow\downarrow\downarrow\ldots\downarrow$ のように逆向きの磁化をもつ2個の強磁性領域の間に1個の境界 (磁壁) の入った状態である．磁壁が1個入るごとにエネルギーは $2|J|$ 上昇する．このように磁壁を1個つくるエネルギー $E_{\rm DW}$ が有限である場合には，磁壁が n 個できたときのエネルギーの増加は $nE_{\rm DW}$ で与えられる．一方 $n \ll N$ の場合，N 個のスピンの間に n 個の磁壁を入れる場合の数はほぼ ${}_NC_n$ だけあるから，磁壁によるエントロピーの増加は，$n/N \ll 1$ のとき $k_{\rm B}n(1-\log(n/N))$ である．エネルギーとエントロピーの寄与を加えると，磁壁による自由エネルギーの増加は

$$\Delta F \simeq n(E_{\rm DW} - k_{\rm B}T + k_{\rm B}T\log(n/N)) \tag{3.37}$$

で与えられる．有限温度では，対数項のために $n>0$ の状態の自由エネルギーが $n=0$ の状態より必ず低くなり，一定密度の磁壁が熱的に励起されることがわかる．磁壁は勝手な場所にできるので，たとえ端のスピンを特定の方向に向けておいても $N\to\infty$ の極限では平均すると自発磁化が0になることが直感的に理解できる．これに対し，2次元あるいは3次元の系で秩序を壊すためには系の端から端にわたる大きさの磁壁をつくらねばならない．このような磁壁をつくることによるエネルギーの上昇は2次元，3次元系の場合，磁壁の長さ，あるいは面積に比例し，N 個のスピンを含む系では $N^{1/2}$，$N^{2/3}$ に比例して増大するため，磁壁の存在確率は低温かつ $N\to\infty$ の極限で0になり，強磁性秩序が実現するのである．1次元の強磁性イジング模型でも相互作用が長距離に及ぶ場合には，磁壁のエネルギーが有限でなくなる．相互作用が $J(r)\sim r^{-2}$ かそれよりゆっくり減衰する場合には，強磁性相転移が有限の温度で起こることが証明されている[12]．

量子力学的な系では，正確に解ける模型として1次元 $S=1/2$ XXZ 模型があり，詳しい解析が行われている．本書ではこの解法については説明しないが，得られた結果については第6章で簡単に紹介する．

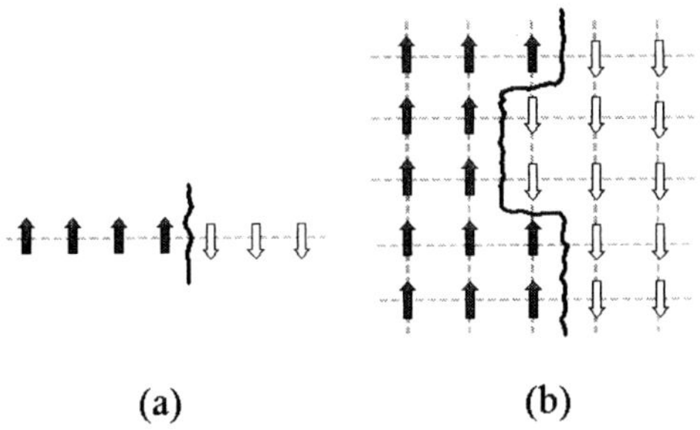

図 3.11 (a) 1 次元イジング模型, (b) 2 次元イジング模型における磁壁

3.7 相転移の現象論

相互作用するスピン系の相転移を議論するためには, 通常近似理論に頼らねばならない. 簡単で有用な近似理論として分子場理論があるが, その説明は次章に譲り, ここでは相転移現象を一般的に議論するランダウ (Landau) 理論を紹介する. ランダウ理論は相転移近傍の性質については分子場理論と同じ結果を与える. 分子場理論では具体的な系を考え, 系に特徴的な秩序変数を構築するが, ここでは具体的な模型を考えず, 秩序変数を一般的に m と表す. 系の自由エネルギー F を秩序変数 m の関数と考える. m は外部変数ではないから, 温度, 磁場等の外部変数が与えられたとき, その外部条件のもとで F を最小にする m の値が熱平衡状態で実現し, そのときの F の値がその条件下の自由エネルギーの値を与えると考えるのである. F は $m=0$ のまわりでべき展開が可能であると仮定する. 相転移の低温相では秩序変数が有限な値をもつが, 臨界点の近傍ではその大きさは小さいと考え, F のべき展開の低次の項だけを用いて議論を進める. F に m の 1 次の項があると常に $m \neq 0$ の状態が実現してしまうから, 外場が存在しない場合には m の 1 次の項は存在せず, 展開は 2 次の項から始まる. 秩序変数が 1 成分の場合に展開を一般的に書き下すと

$$F(T,m,h) = F_0(T) + c_2(T)m^2 + c_3(T)m^3 + c_4(T)m^4 + \cdots - hm \quad (3.38)$$

となる. ここで h は秩序変数に対応する外場 (強磁性の場合は外部磁場) である. XY 模型やハイゼンベルク模型のように秩序変数がベクトルの場合には, 式 (3.38) の m^2 を $\boldsymbol{m}\cdot\boldsymbol{m}$, hm を $\boldsymbol{h}\cdot\boldsymbol{m}$ に置き換えればよい.

3.7.1 連続相転移

m が磁気秩序を表す場合には，時間反転不変性により m の奇数次の項は現れないので $c_3(T) \equiv 0$ である．連続相転移が起こる時臨界温度 $T_{\rm C}$ の近傍で $c_2(T)$，$c_4(T)$ の温度依存性を

$$c_2(T) \simeq a(T - T_{\rm C}) \quad (a > 0), \qquad c_4(T) = \text{一定}\,(> 0) \tag{3.39}$$

と仮定する．このとき，F の m 依存性は図 3.12(a) のように変化する．F を最小にする m の値で

$$\frac{\partial F}{\partial m} = 2a(T - T_{\rm C})m + 4c_4 m^3 - h = 0 \tag{3.40}$$

が成り立つから，$h = 0$ のとき

$$m = \begin{cases} 0 & (T > T_{\rm C}) \\ \sqrt{\frac{a(T_{\rm C} - T)}{2c_4}} & (T < T_{\rm C}) \end{cases} \tag{3.41}$$

となり，$T = T_{\rm C}$ で相転移が起こる．自発磁化は図 3.12(b) に示すように，$T = T_{\rm C}$ では 0 であるが温度の低下とともに連続的に増加するので，この相転移は連続相転移である．$T < T_{\rm C}$ での自由エネルギーは，式 (3.41) の m を代入して計算すると $F(T) = F_0(T) - a^2/(4c_4) \cdot (T_{\rm C} - T)^2$ となるので，比熱は $T_{\rm C}$ で不連続に変化し，$C(T_{\rm C} - 0) - C(T_{\rm C} + 0) = a^2 T_{\rm C}/2c_4$ となる．外場 h に対する感受率は式 (3.40) より

$$\frac{{\rm d}m}{{\rm d}h} = \frac{1}{2a(T - T_{\rm C}) + 12c_4 m^2} \tag{3.42}$$

となるから，式 (3.41) を代入すると

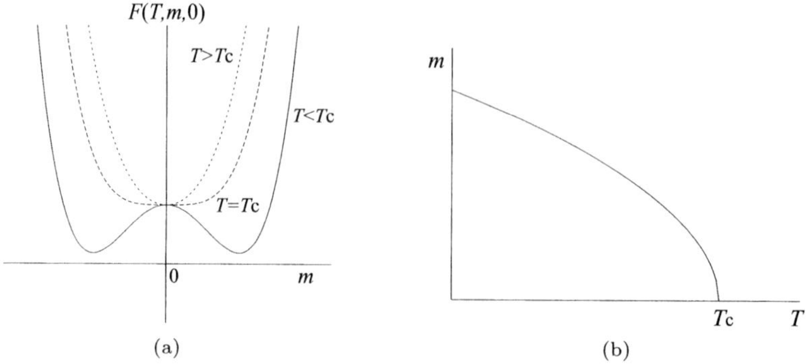

図 3.12 (a) ランダウ理論の自由エネルギー ($c_3 = 0$ の場合) と (b) 秩序変数の温度変化

$$\chi = \begin{cases} \{2a(T-T_C)\}^{-1} & (T > T_C) \\ \{4a(T_C-T)\}^{-1} & (T < T_C) \end{cases} \tag{3.43}$$

となり，$|T-T_C|^{-1}$ に比例して発散する．また $T=T_C$ で外場 h があるときは，$m=[h/(4c_4)]^{1/3}$ となり m の大きさは $h^{1/3}$ に比例することがわかる．

3.7.2 不連続相転移

$c_4<0$ と仮定すれば，ランダウ理論を用いて不連続 (1 次) 相転移を議論できる．相転移点の近傍で $c_2(T)=a(T-T_0)$，$c_4(T)$ および $c_6(T)$ は温度によらず一定と仮定する．$T=T_0$ のとき $c_2(T)$ の符号が変わるが，この温度で相転移が起こるわけではない．図 3.13(a) を見ると，T_0 より高い温度ですでに $m\neq 0$ の状態が F の最小値を与えていることがわかる．相転移は $F(m=0)$ と $m\neq 0$ での F の極小値が等しくなる温度 T_C で起こる．T_C における m の値を m_C とおくと

$$\frac{\partial F(m)}{\partial m}\Big|_{m=m_C} = 2a(T_C-T_0)m_C + 4c_4 m_C^3 + 6c_6 m_C^5 = 0, \tag{3.44}$$

$$F(m_C) - F(0) = a(T_C-T_0)m_C^2 + c_4 m_C^4 + c_6 m_C^6 = 0 \tag{3.45}$$

が成り立つ．これらを解くと，

$$T_C - T_0 = \frac{c_4^2}{4ac_6}, \qquad m_C^2 = -\frac{c_4}{2c_6} \tag{3.46}$$

が得られる．$T=T_C$ では $m=0$ と $m=\pm m_C$ の 3 相が共存する．このように転移温度の近傍では自由エネルギーの極小値を与える m の値が 3 個存在

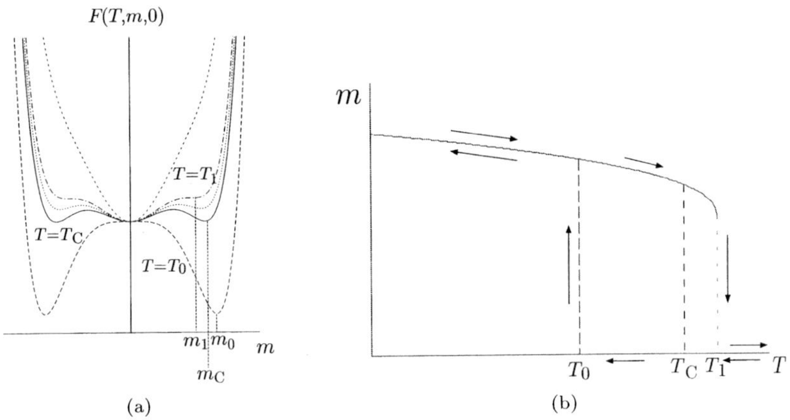

図 3.13 ランダウ理論の (a) 自由エネルギー ($c_4<0$ の場合) と (b) 秩序変数の温度変化

する．このうちで自由エネルギーの高い状態は真の熱平衡状態ではないが，準安定状態として実現しうる．すなわち，高温からゆっくり温度を下げていくと $m=0$ の状態が T_C を過ぎても準安定状態として保たれ，$m=0$ の状態が不安定になる温度 T_0 で $m=m_0$ の状態に移る．逆に低温から温度を上げて行くと，$T_1(>T_C)$ で $m=\pm m_1\,(\neq 0)$ から $m=0$ の状態に移る履歴現象が起こる．この様子を図 3.13(b) に示す．T_1 は

$$T_1 - T_0 = \frac{c_4^2}{3ac_6} \tag{3.47}$$

により与えられる．

m の 3 次の項が存在する場合にも不連続相転移が起こるが，これは磁気相転移では起こらない．

3.7.3 多重臨界点

もっと複雑な相転移点も存在する．Z_2 対称性があり，温度とは別のパラメタにより c_4 の符号が変化する場合を考えてみよう．c_2 は $T=T_0$ で符号を変えるものとする．上に述べたように $c_4>0$ ならば連続相転移が起こり，$c_4<0$ ならば不連続相転移が起こる．したがって，温度と c_4 の符号を決めるパラメタ (たとえば磁場) を縦軸，横軸とする相図の上で，$T=T_0$，$c_4=0$ の点は不連続相転移の共存曲線が終わり，連続相転移が始まる点になっている．この点は不連続転移点で共存する 3 相が同一の相になる点なので **3 重臨界点** (tricritical point) とよばれる．強い異方性をもつ反強磁性体 $FeCl_2$ は強磁場下で 3 重臨界点を示すことが知られている．

2 種類の Z_2 対称性をもつ秩序変数 m_1 と m_2 がある場合の相転移では **2 重臨界点** (bicritical point) あるいは **4 重臨界点** (tetracritical point) が現れることがある．自由エネルギーは外場のない場合に

$$F(T,m_1,m_2) \simeq F_0 + c_2^{(1)}m_1^2 + c_4^{(1)}m_1^4 + c_2^{(2)}m_2^2 + c_4^{(2)}m_2^4 + 2c_{22}m_1^2m_2^2 \tag{3.48}$$

と表される．ここで係数の温度依存性を露わに示していないが，考えているパラメタの領域で $c_2^{(1)}$ および $c_2^{(2)}$ がともに符号を変えるものとする．ただし，$c_4^{(1)}(>0)$，$c_4^{(2)}(>0)$ および c_{22} の符号は変わらないとする．$c_2^{(1)}>0$ かつ $c_2^{(2)}>0$ のときは相 I ($m_1=0$，$m_2=0$) が安定だが，$c_2^{(1)}$ あるいは $c_2^{(2)}$ が符号を変えると相 II ($m_1\neq 0$，$m_2=0$)，相 III ($m_2\neq 0$，$m_1=0$)，相 IV

$(m_2 \neq 0,\ m_1 \neq 0)$ のうちどれかが安定になる．式を簡単にするために

$$g_i \equiv \frac{c_2^{(i)}}{\sqrt{c_4^{(i)}}} \quad (i = 1, 2), \qquad \delta \equiv \frac{c_{22}}{\sqrt{c_4^{(1)} c_4^{(2)}}} \tag{3.49}$$

とおくと，相 II および相 III が安定になる条件は，それぞれ $g_1 < 0$ および $g_2 < 0$ であり，相 IV が安定なためには

$$\frac{g_1 - \delta g_2}{1 - \delta^2} < 0 \quad \text{かつ} \quad \frac{g_2 - \delta g_1}{1 - \delta^2} < 0$$

でなければならない．各相の自由エネルギーを求めると

$$F_{\mathrm{II}} = F_0 - \frac{g_1^2}{4},$$

$$F_{\mathrm{III}} = F_0 - \frac{g_2^2}{4},$$

$$F_{\mathrm{IV}} = F_0 - \frac{g_1^2 + g_2^2 - 2\delta g_1 g_2}{4(1 - \delta^2)} \tag{3.50}$$

となる．自由エネルギーを比較すると，$\delta^2 > 1$ のとき相 IV は実現しないことがわかる．この場合に g_1 と g_2 をパラメタとして相図を描くと図 3.14(a) に表すように $g_1 = g_2 = 0$ の点は相 II と相 III を隔てる共存曲線が終わり，2 本の連続相転移の臨界線が始まる点となっている．このような点を 2 重臨界点とよぶ．一方 $\delta^2 < 1$ のときは，図 3.14(b) に表すように相 IV も実現するので，$g_1 = g_2 = 0$ の点は 4 本の連続相転移の臨界線が交わる点となる．このような点を 4 重臨界点とよぶ．後に述べるように，弱い異方性をもつ反強磁性体に強い磁場をかけたとき 2 重臨界点が現れる．

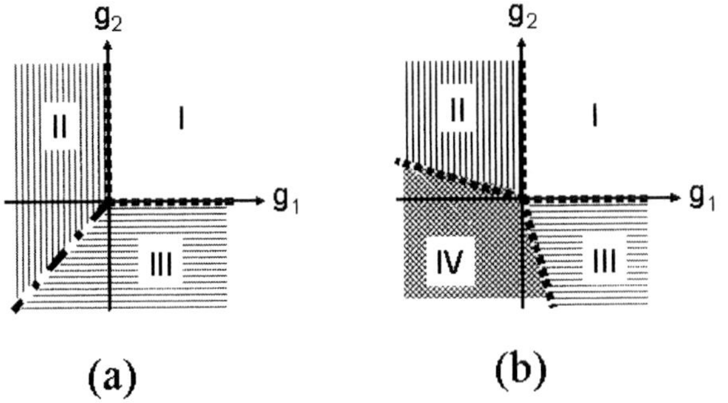

図 3.14 (a) $\delta^2 > 1$ の場合の相図，(b) $\delta^2 < 1$ の場合の相図 ($\delta < 0$ を仮定)
一点鎖線上で不連続相転移，破線上で連続相転移が起こる．

3.7.4 相 関 関 数

これまで秩序変数は系全体で一様であると考えてきたが，本項では秩序変数の空間的な揺らぎを考えに入れる．相転移の高温側では秩序変数の平均値は0であるが，秩序変数の熱的な揺らぎ (fluctuation) が存在している．強磁性を例にとると，あるスピンが揺らぎによって z 方向を向いていれば，強磁性相互作用のためにその近くにあるスピンは z 方向を向く確率が高くなる．このように無秩序状態でも近くのスピン同士は強磁性的な相関をもって揺らいでいる．揺らぎは臨界点に近づくと増加し，スピンが局所的に整列したクラスター (cluster) が成長してくる．このような相関は**短距離秩序** (short-range order) とよばれる．相転移に近づくにつれクラスターのサイズは大きくなり，臨界点の近傍ではクラスターの緩やかな変化を表す長波長の揺らぎが重要になってくる．そこで，位置 $\boldsymbol{r}$ のまわりで短波長の揺らぎについて何らかの方法で平均をとったあとの緩やかな揺らぎを表す局所的な秩序変数の値を $m(\boldsymbol{r})$ とおき

$$F[m(\mathbf{r})] = \int \mathrm{d}\boldsymbol{x} f(m(\boldsymbol{x}), \nabla m(\boldsymbol{x})), \tag{3.51}$$

$$f(m(\boldsymbol{x}), \nabla m(\boldsymbol{x})) = f_0 + c_2 m(\boldsymbol{x})^2 + c_4 m(\boldsymbol{x})^4 + d\,|\nabla m(\boldsymbol{x})|^2 - hm(\boldsymbol{x}) \tag{3.52}$$

で定義される自由エネルギー $F[m(\boldsymbol{r})]$ を考える．$F[m(\boldsymbol{r})]$ は秩序変数の空間的揺らぎを表す $\boldsymbol{r}$ の関数 $m(\boldsymbol{r})$ を決めると値が1つ決まる汎関数 (functional) である．系の分配関数 Z は $F[m(\boldsymbol{r})]$ を用いて

$$Z = \int \mathcal{D}m(\boldsymbol{r}) \exp\left(-\frac{F[m(\boldsymbol{r})]}{k_{\mathrm{B}}T}\right) \tag{3.53}$$

と表され，この Z から熱平衡状態の自由エネルギーが定まる．上式の積分 $\mathcal{D}m(\boldsymbol{r})$ は汎関数積分とよばれるもので，関数 $m(\boldsymbol{r})$ のあらゆる変化に関する和ををとることを意味している．揺らぎの空間配置 $m(\boldsymbol{r})$ が実現する確率密度は $Z^{-1}\exp\left(-\dfrac{F[m(\boldsymbol{r})]}{k_{\mathrm{B}}T}\right)$ であるから，物理量 A の熱平均は

$$\langle A \rangle = Z^{-1} \int \mathcal{D}m(\boldsymbol{r}) A \exp\left(-\frac{F[m(\boldsymbol{r})]}{k_{\mathrm{B}}T}\right) \tag{3.54}$$

により与えられる．$f(m(\boldsymbol{r}), \nabla m(\boldsymbol{r}))$ は位置 $\boldsymbol{r}$ における自由エネルギー密度である．$d\,|\nabla m(\boldsymbol{r})|^2$ の項は秩序変数の空間的な変化による自由エネルギー密度の増加を表しているが，微分の2次の項だけで表されるのは $m(\boldsymbol{r})$ の空間変化が緩やかだと仮定したからである．式 (3.51) はギンツブルク・ランダウ (Ginzburg-

Landau) の自由エネルギーとよばれている．式 (3.52) では簡単のために秩序変数の Z_2 対称性を仮定した．また，空間的に一様な外場 h を仮定したが，空間的に変化する外場があるときも同様に扱える．$c_2(T)$，$c_4(T)$ の温度依存性は式 (3.39) と同じにとり，$d(>0)$ は一定と仮定する．

式 (3.51) を用いて秩序変数のゆらぎの相関関数

$$g(\boldsymbol{r}) = \langle m(\boldsymbol{r}')m(\boldsymbol{r}'+\boldsymbol{r})\rangle - \langle m(\boldsymbol{r}')\rangle\langle m(\boldsymbol{r}'+\boldsymbol{r})\rangle \tag{3.55}$$

を求めよう．系の体積を V とすると $m(\boldsymbol{r})$ のフーリエ変換は

$$m(\boldsymbol{r}) = \frac{1}{\sqrt{V}}\sum_{\boldsymbol{k}} m_{\boldsymbol{k}} \mathrm{e}^{\mathrm{i}\boldsymbol{k}\cdot\boldsymbol{r}} \tag{3.56}$$

となる．$m(\boldsymbol{r})$ は実数だから，$m_{\boldsymbol{k}} = m^*_{-\boldsymbol{k}}$ となることに注意すると，並進対称性により $g(\boldsymbol{r})$ は

$$g(\boldsymbol{r}) = \frac{1}{V}\sum_{\boldsymbol{k}}\langle|m_{\boldsymbol{k}}|^2\rangle \mathrm{e}^{-\mathrm{i}\boldsymbol{k}\cdot\boldsymbol{r}} \tag{3.57}$$

となる．$h=0$ の場合に自由エネルギーは $m_{\boldsymbol{k}}$ を用いて

$$F = Vf_0 + \sum_{\boldsymbol{k}}|m_{\boldsymbol{k}}|^2(c_2+dk^2) + \frac{c_4}{V}\sum_{\boldsymbol{k}_1+\boldsymbol{k}_2+\boldsymbol{k}_3+\boldsymbol{k}_4=\boldsymbol{0}} m_{\boldsymbol{k}_1}m_{\boldsymbol{k}_2}m_{\boldsymbol{k}_3}m_{\boldsymbol{k}_4} \tag{3.58}$$

と表される．$T > T_\mathrm{C}$ の場合は $m_{\boldsymbol{k}}$ の 4 次の項を無視できるので，$m_{\boldsymbol{k}}$ を実数部分 $m'_{\boldsymbol{k}}$ と虚数部分 $m''_{\boldsymbol{k}}$ を用いて表すと平均操作 (3.54) はガウス分布

$$\frac{1}{Z}\exp\left(-2\beta{\sum_{\boldsymbol{k}}}'\{(c_2+dk^2)(m'^2_{\boldsymbol{k}}+m''^2_{\boldsymbol{k}})\}\right) \tag{3.59}$$

による平均となる．ここで $\boldsymbol{k}$ の和に $'$ がついているのは，独立な $m'_{\boldsymbol{k}}$ および $m''_{\boldsymbol{k}}$ を与えるのは $\boldsymbol{k}$ 空間の半分の $\boldsymbol{k}$ だけなので，その範囲で和をとるためである．したがって

$$\langle|m_{\boldsymbol{k}}|^2\rangle \quad = \frac{k_\mathrm{B}T}{2(c_2+dk^2)} \tag{3.60}$$

が得られる．ここで式 (3.60) を式 (3.57) に代入し，和を積分に置き換えて計算を実行すると，3 次元では

$$g(\boldsymbol{r}) = \frac{k_\mathrm{B}T}{8\pi d}\frac{\mathrm{e}^{-r/\xi}}{r}, \qquad \xi = \sqrt{\frac{d}{c_2}} \tag{3.61}$$

となる．この結果は $T > T_\mathrm{C}$ の時相関が遠方で距離とともに指数関数的に減衰することを示している．指数関数の肩に現れる ξ は相関長であり，揺らぎの空間変化の特徴的な長さを表している．式 (3.61) の形の相関関数をオルンシュタイン・ゼルニケ (Ornstein-Zernike) 型の相関関数とよぶ．系が臨界点から十分離

れている時相関関数は一般にこの形で表されることが知られている．$T < T_C$ の場合にも，平均値からの揺らぎの相関を求めると，この形に表される．式 (3.61) の結果では相関距離 ξ は T_C の近傍で $(T - T_C)^{-1/2}$ に比例して無限大になり，$T = T_C$ のとき $g(r)$ は r^{-1} に比例して減衰する．しかし，以下の項で述べるように臨界点のごく近傍ではこれらの量の真の振る舞いはこの結果とは異なる．

3.8 長距離秩序

前項で述べたように $T > T_C$ では，秩序変数の相関関数 (式 (3.55)) は無限遠方で減衰し 0 に近づく．$T > T_C$ においては 式 (3.55) の右辺第 2 項は実際には 0 であるから相関関数は第 1 項だけで定義した

$$\tilde{g}(\boldsymbol{r}) = \langle m(0)m(\boldsymbol{r})\rangle \tag{3.62}$$

と同等である．しかし秩序状態においては $g(\boldsymbol{r})$ と $\tilde{g}(\boldsymbol{r})$ は異なっており，$|\boldsymbol{r}| \to \infty$ の極限で $\tilde{g}(\boldsymbol{r})$ が有限の値に収束する．このことを指して系に $m(\boldsymbol{r})$ に関する**長距離秩序** (long-range order) が存在するという．秩序変数が 0 でないことと長距離秩序が存在することは，数学的には別のことのように思われるが，長距離秩序が存在するときには秩序変数が有限に現れることが高麗・田崎[13)] によって極めて一般的に証明されているので，長距離秩序が存在することが，秩序状態の本質であると考えられる．

一方，秩序状態か無秩序状態かにかかわらず，揺らぎの相関関数 $g(\boldsymbol{r})$ は $|\boldsymbol{r}| \to \infty$ の極限で減衰し 0 になると考えられている．この性質を**クラスター性** (clustering property) とよび，ある場所での揺らぎの影響が無限遠方まで及ばないことを意味する．クラスター性は物理的に安定な系が満たすべき基本的な性質であると考えられる．

3.9 臨界現象

Landau の現象論で見られたように，連続相転移の臨界点では物理量が無限大に発散したり，温度や外部パラメタの分数べきの関数になるなどの異常な振る舞いがある．この現象を相転移の**臨界現象** (critical phenomena) とよぶ．臨界点近傍における比熱 C，感受率 χ，秩序変数 m，相関長 ξ の振る舞いは，$t \equiv (T - T_C)/T_C$ と外場 h を用いて，それぞれ

$$C \sim |t|^{-\alpha}, \qquad \chi \sim |t|^{-\gamma}, \qquad m \sim |t|^{\beta} \quad (t < 0),$$
$$m \sim h^{1/\delta} \quad (t = 0), \qquad \xi \sim |t|^{-\nu} \tag{3.63}$$

と表され，$\alpha, \beta, \ldots$ などの指数を**臨界指数** (critical index または critical exponent) とよぶ．このような異常な振る舞いの原因は，臨界点に近づくにつれて短距離秩序のクラスターがどんどん大きくなり秩序変数の揺らぎが大きくなることにある．揺らぎの相関を表す相関関数は T_{C} の近傍では遠方で一般に

$$g(\boldsymbol{r}_{ij}) \sim \frac{\exp(-r/\xi)}{r^{d-2+\eta}} \quad (r = |\boldsymbol{r}_{ij}|) \tag{3.64}$$

の形で距離とともに減衰する．ここで d は空間次元を表す．$T = T_{\mathrm{C}}$ のとき相関関数は $g(\boldsymbol{r}) \sim r^{-(d-2+\eta)}$ となり，距離のべき関数で減衰するが，この η も臨界指数の 1 つである．ランダウ理論では $\alpha = 0$，$\beta = 1/2$，$\gamma = 1, \delta = 3$，ギンツブルク・ランダウ理論では $\nu = 1/2$，$\eta = 0$ である．α，β，γ, δ に関するこれらの結果は任意の模型に対し分子場理論 (第 4 章参照) を適用した結果と一致する．分子場理論では空間的な相関がまったく取り入れられていないが，有限距離の相関を取り入れる近似理論を用いても，臨界指数に関しては常にランダウ理論の結果と一致する臨界指数が得られる．しかし，2 次元イジング模型の正確解からも判るように，ランダウ理論から得られる臨界指数は一般には正確でない．これらの事実は自由エネルギーが m^2 で展開できるとした仮定 (3.38) が正しくないこと，そして臨界現象を正しく記述するためには無限遠方のスピン同士の相関を取り入れた理論が必要であることを示している．しかし，臨界点の極く近傍 (臨界領域) を除けば，ランダウ理論は相転移現象について定性的に正しい結果を与えることが多く，様々な問題を考える出発点として有用である．

3.9.1 スケーリング関係式

臨界指数は実はすべて独立な量ではなく，それらの間に

$$\gamma = (2 - \eta)\nu, \tag{3.65}$$

$$\alpha + 2\beta + \gamma = 2, \tag{3.66}$$

$$\beta + \gamma = \beta\delta \tag{3.67}$$

の関係があることが知られている．

まず式 (3.65) を導こう．式 (3.51)〜(3.53) を用いると磁化は

$$m = \frac{1}{V}\int \mathrm{d}\boldsymbol{r}\langle m(\boldsymbol{r})\rangle = -\frac{1}{V}\frac{\partial F}{\partial h} \tag{3.68}$$

感受率 χ は式 (3.54) と系の並進対称性を用いて

$$\chi = \frac{\partial m}{\partial h} = \frac{1}{k_{\mathrm{B}}T}\int \mathrm{d}\boldsymbol{r} g(\boldsymbol{r}) \tag{3.69}$$

と書き表される．$g(\boldsymbol{r})$ に式 (3.64) の形を代入し，d 次元の積分であることに注意すると

$$\chi \sim \int \frac{\mathrm{e}^{-r/\xi}\ r^{d-1}\mathrm{d}r}{r^{d-2+\eta}} \sim \xi^{2-\eta} \sim |t|^{-\gamma} \tag{3.70}$$

となり，関係式 (3.65) が得られる．

関係式 (3.66) と (3.67) はスケーリング関係式 (scaling relation) とよばれ，臨界点近傍での系の振る舞いが，温度と外場を含んだ唯一つのパラメタ $h/|t|^{\Delta}$ によって支配されると仮定するスケーリング仮説に基づいて導くことができる．具体的には，自由エネルギー密度のうち，臨界現象に関係する部分 f_{a} が適当な関数 $p(x)$ を用いて

$$f_{\mathrm{a}} \sim |t|^{2-\alpha}p(h/|t|^{\Delta}) \tag{3.71}$$

の形に表されると仮定する．比熱の臨界指数が α に一致するように，$|t|^{2-\alpha}$ の因子が加えてある．このとき

$$m(h=0) \sim -\frac{\partial f_{\mathrm{a}}}{\partial h} \sim |t|^{2-\alpha-\Delta}p'(0) \sim |t|^{\beta} \qquad (t<0) \tag{3.72}$$

$$\chi \sim -\frac{\partial^2 f_{\mathrm{a}}}{\partial h^2} \sim |t|^{2-\alpha-2\Delta}p''(0) \sim |t|^{-\gamma} \tag{3.73}$$

が成り立つ．この導出では発散の最も強い項以外は無視した．これらから式 (3.66) が導かれる．また $h \neq 0$ の場合に

$$m \sim |t|^{2-\alpha-\Delta}p'(h/|t|^{\Delta}) \tag{3.74}$$

が $t=0$ のとき有限であるためには, $x \gg 1$ のときの $p'(x)$ の振る舞いは,

$$p'(x) \propto x^{\lambda} \qquad \text{かつ} \qquad \lambda = (2-\alpha-\Delta)/\Delta \tag{3.75}$$

でなくてはならない．このとき $m \sim h^{\lambda} \sim h^{1/\delta}$ であるから関係式 (3.67) が得られる．

式 (3.65)〜(3.67) に加えて，臨界指数の間に関係式

$$2-\alpha = d\nu \tag{3.76}$$

が通常成り立つ．d は空間次元である．この関係式はハイパースケーリング関係式 (hyperscaling relation) とよばれている．スケーリングの仮定 (3.71) およびハイパースケーリング関係式は繰り込み群の方法によって導ける．スケーリ

ング関係式およびハイパースケーリング関係式が成り立つとき，α，β，γ，δ，η，ν のうちの 2 個の値から他の臨界指数の値が求められる．

3.9.2 繰り込み群

繰り込み群は物理学における重要な考え方の 1 つなので，ここで簡単に考え方だけを紹介しておきたい．

連続相転移の臨界点に近づくにつれ，秩序変数の揺らぎの相関長 ξ は非常に大きくなる．このような系では b $(1 < b \ll \xi)$ より短い距離では変化が小さいので物理量を距離 b の範囲で平均し，b を距離の新しい単位として選ぶ．この変換後の系の相関長は ξ/b になり，もとの系より相関長が短くなる．したがって，変換された系の状態は，変換前の状態に比べて温度や外場の値が臨界点からより離れた値をもっているように見える．しかし事情はそれほど簡単ではなく，短距離での揺らぎについて平均を行うとき，系のサイズや温度，外場ばかりでなく，系の他の様々なパラメタも変更を受ける．このような操作をスケール因子 b の**繰り込み** (renormalization) **変換**とよぶ．この変換によって系のハミルトニアン (正確にはハミルトニアンを $k_{\mathrm{B}}T$ で割った量) が $\mathcal{H}$ から $\mathcal{H}'$ に変換されることを $\mathcal{H}' = R(b)\mathcal{H}$ と表せば，スケール因子 b と b' の変換を続けて行うことはスケール因子 bb' の変換を行うことだから

$$R(b')R(b) = R(bb') \tag{3.77}$$

が成り立つ．このためこれらの変換は繰り込み「群」と呼ばれるが，$R(b)$ の逆変換は一般に存在しないから $R(b)$ の集合が数学的な群をつくる訳ではない．

たとえば図 3.15(a) に示す 2 次元正方格子上のイジング模型にたいして，新しい格子点 x のスピン σ'_x をそのまわりの 4 個のスピンの平均値

$$\sigma'_x \quad = \frac{1}{4}\sum_i^{(x)} \sigma_i \tag{3.78}$$

と表し，その他の自由度についてすべて平均をとるというスケール因子 2 の繰り込み変換を行うと，変換後の系ではスピン変数は ± 1 の値をとるイジングスピンではないし，消去された自由度を通じて遠方のスピンとの相互作用やさらに 4 個以上のスピンの積で表されるような相互作用も含んでしまう．このように，繰り込み変換によって系は無限個のパラメタを含むかなり一般的な 1 つの系空間 $\mathcal{R}$ の中を移り変わってゆく．しかし，繰り込み変換を行っても秩序変数のもつ対称性と空間の次元は変わらないから，空間 $\mathcal{R}$ は秩序変数の対称性と空

間次元によって特徴づけられることになる．b を連続変数と考えたとき，繰り込みによる系の変換は $\mathcal{R}$ における連続的な点の移動を表す．これを繰り込みの流れ (flow) とよんでいる．図 3.15(b) に流れの様子を模式的に表した．

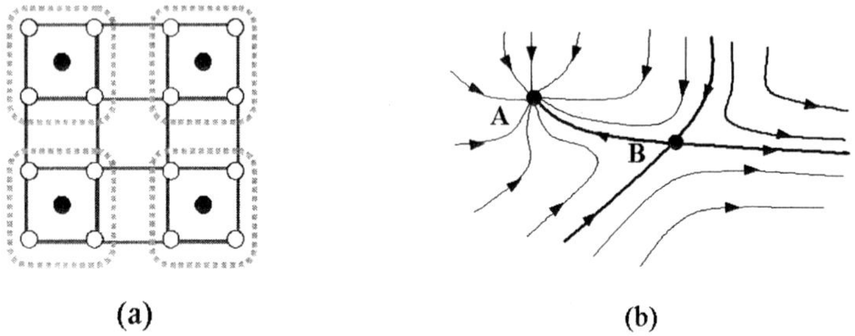

図 3.15 (a) イジング模型における $b=2$ の繰りこみ (4 個のスピンの平均値を新しいスピンの値とする)，(b) 繰りこみの流れ (A は安定固定点，B は不安定固定点である)

繰り込み変換を繰り返してゆくと，変換後の系では系を大きな尺度で眺めることにより揺らぎの相関は短距離になってゆく．最終的には臨界点よりも高温側にあった系は完全に無秩序な系に移り，逆に低温側にあった系は完全な秩序のある系に変換されるであろう．完全な秩序系 (相互作用無限大の系といってもよい) や完全無秩序系 (相互作用のない系) に繰り込み変換を行っても系は変化しない．このように繰り込み変換に対して不変な点を繰り込みの固定点 (fixed point) とよぶ．完全に無秩序な系や，完全秩序系は，その近傍で繰り込み変換を行うとすべてのパラメタが固定点の値に近づいてゆく安定固定点になっている．一方臨界点の状態は，繰り込み変換を繰り返し行うと，やはりある固定点に収束する．これを臨界固定点とよぶ．しかしこの場合は，温度が臨界温度から少しでもずれている点は繰り込み変換により固定点からさらに遠ざかるので，不安定固定点になっている．このように臨界固定点では，そこから遠ざかろうとするパラメタ (relevant parameter) が存在する．そして次節で述べるように，臨界点近傍の系の性質は臨界固定点のまわりの relevant parameter の振る舞いにより決まっている．したがって $\mathcal{R}$ に含まれる系のうち，ある 1 つの臨界固定点に流れてゆく臨界点をもつ系はすべて同じ臨界現象を示すことになる．このように，繰り込み群の考えに従えば，相転移の臨界現象には系の詳細によらない普遍的な性質が存在することが自然に理解できるのである．

スケーリング仮説の導出 ここでは繰り込み群の考え方から，スケーリング仮説 (式 (3.71)) を導く．簡単な例としてイジング模型の相転移を考える．臨界固定点のまわりで無次元化された温度 t および磁場 h が relevant parameter であるとしよう．スケール因子 b の繰り込み変換は

$$t' = g_1^{(b)}(t, h), \tag{3.79}$$

$$h' = g_2^{(b)}(t, h) \tag{3.80}$$

と表される．固定点 $t = h = 0$ のごく近傍では，式 (3.79) および式 (3.80) を固定点のまわりで展開して，

$$t' \simeq \Lambda_{11}(b)t + \Lambda_{12}(b)h, \tag{3.81}$$

$$h' \simeq \Lambda_{21}(b)t + \Lambda_{22}(b)h \tag{3.82}$$

と表すことができるとしよう．パラメタ t は秩序変数の反転に対し符号を変えないが，h は符号を変える．このため t と h は線形の範囲では結合せず，$\Lambda_{12}(b) = \Lambda_{21}(b) = 0$ が成り立つ．スケール因子 b の変換を n 回繰り返すこととスケール因子 b^n の変換を行うことは同等だから

$$(\Lambda_{11}(b))^n = \Lambda_{11}(b^n), \qquad (\Lambda_{22}(b))^n = \Lambda_{22}(b^n). \tag{3.83}$$

これが任意の $b\ (> 1)$ と n (自然数) に対して成り立つから，$\Lambda_{11}(b)$，$\Lambda_{22}(b)$ は b のべき関数でなくてはならない．したがって適当な定数 λ_1，λ_2 を用いて

$$\Lambda_{11}(b) = b^{\lambda_1}, \qquad \Lambda_{22}(b) = b^{\lambda_2} \tag{3.84}$$

と表される．温度 t，磁場 h にある系にスケール因子 b の繰り込みを n 回行って臨界点から十分離れた温度 t_0 になるとすると，$t_0 = b^{\lambda_1 n}t$ だから相関長 ξ は

$$\frac{\xi(t)}{\xi(t_0)} = b^n = \left(\frac{t}{t_0}\right)^{-\frac{1}{\lambda_1}} \tag{3.85}$$

の関係を満たす．これから $\nu = \lambda_1^{-1}$ であることがわかる．また d 次元では自由エネルギー密度 $f(t, h)$ は繰り込みにより b^d 倍になるから，n 回繰り込むと

$$b^{nd} f(t, h) = f(b^{n\lambda_1}t, b^{n\lambda_2}h) = f\left(t_0, \left(\frac{t}{t_0}\right)^{-\frac{\lambda_2}{\lambda_1}} h\right) \tag{3.86}$$

となる．t_0 を定数とおけば適当な関数 $p(x)$ を用いて

$$f(t, h) = t^{\frac{d}{\lambda_1}} p(t^{-\frac{\lambda_2}{\lambda_1}} h) = t^{d\nu} p(t^{-\Delta}h) \qquad \left(\Delta \equiv \frac{\lambda_2}{\lambda_1}\right) \tag{3.87}$$

と表されるが，これはまさに式 (3.71) の形をしており，スケーリングの仮定が

導かれたことになる．また $p(x)$ の前の因子からハイパースケーリング関係式 (3.76) が導かれる．以上の議論から，臨界指数は繰り込み変換の臨界固定点のまわりの展開係数によって決まることがわかる．繰り込み群の具体的な計算方法や結果については，多くの専門書があるのでそれらを参照されたい[14)]．

3.9.3 臨界指数の普遍性

臨界指数は秩序変数のもつ対称性と，系の空間次元だけで決まり，系のその他の詳細にはよらないことが経験的に知られてきた．2 次元イジング模型を例にとると，格子構造 (正方格子か三角格子かなど) や次近接格子点間の相互作用を含むかどうか，などの模型の詳細によらず臨界指数は一定の値をとる．もっと一般的に，イジング模型の相転移，液体気体相転移，2 元合金の秩序無秩序転移はすべて同じ臨界現象を示すことが知られている．これらの系は適当に変数変換を行えば，すべて Z_2 対称性をもつランダウ自由エネルギーで記述されるからである．このように臨界指数が系の詳細によらず決まることを臨界指数の**普遍性** (universality) とよぶ．そして同じ臨界指数をもつ系は同じ**普遍性類** (universality class) に属するという．普遍性が繰り込み群の考え方から自然に導かれることは上に述べた．代表的な模型の臨界指数を表 3.1 に示す．

表 3.1 代表的な模型の臨界指数

	α	β	γ	δ	η	ν
ランダウ理論	0(不連続)	1/2	1	3	0	1/2
2 次元イジング *	0(log)	1/8	7/4	15	1/4	1
2 次元 3 状態ポッツ	1/3	1/9	13/9	14	4/15	5/6
2 次元 4 状態ポッツ	2/3	1/12	7/6	15	1/2	2/3
3 次元イジング	~0.12	~0.33	~1.24	~4.80	~0.02	~0.63
3 次元 XY			~1.32			~0.67
3 次元ハイゼンベルク	~-0.1	~0.36	~1.39	~4.8		~0.71

* 正確解

ある格子の格子点 i に q 個の値をとりうる変数 n_i があり，ハミルトニアンが

$$\mathcal{H} = J \sum_{\langle ij \rangle} \delta_{n_i, n_j} \quad (J < 0) \tag{3.88}$$

と表されるものを q 状態強磁性ポッツ (Potts) 模型とよぶ．この系の基底状態は，すべての格子点の n_i が同じ値である状態であるが，その値は q 個の値のどれでもよいから，Z_q 対称性をもつ．2 次元正方格子では $q \leq 4$ のとき連続相転

移, $q > 4$ では不連続相転移をすることが知られている．表にあげてある臨界指数は，正確だと考えられている[15]．表にあげた数値のうち，ランダウ理論，2 次元イジング模型，ポッツ模型以外の値は数値計算の結果による[16]．表で抜けている値は指数の関係式を用いて推定できる．この表には 2 次元の XY 模型，ハイゼンベルク模型が含まれていない．2 次元ハイゼンベルク模型は $T > 0$ で相転移を起こさないと考えられている．2 次元 XY 模型は 3.5 節で述べたように相転移を起こすが，この相転移は臨界温度以下でも秩序変数が存在しないコステルリッツ・サウレス転移である．この相転移点近傍では物理量の t 依存性が通常の相転移点と異なっており，一般に式 (3.63) の形には表せない．

3.10 トポロジカル相転移

3.5 節で低温相でも長距離秩序が存在しないコステルリッツ・サウレス (KT) 転移を紹介したが，KT 転移は**トポロジカル相転移**とよばれる相転移の一種である．トポロジカル相転移とはトポロジカル欠陥の結合あるいは解離が引き金となって起こる相転移のことである．2 次元 XY 模型における KT 転移を例にとって，トポロジカル相転移について簡単に説明しよう．

3.10.1 2 次元平面回転子模型

スピンを平面内のベクトルと考え，それらが相互作用する強磁性平面回転子 (plane-rotator) 模型を考える．この系の低温における熱的性質は強磁性 XY 模型と同じだと考えてよい．サイト i のスピンを $S(\cos\theta_i, \sin\theta_i)$ とおくと，系のハミルトニアンは

$$\mathcal{H} = -JS^2 \sum_{<i,j>} \cos(\theta_i - \theta_j) \tag{3.89}$$

と表される．格子点 i は 2 次元の格子上にあるとするが，議論の大筋は格子の形状 (正方格子，三角格子など) にはよらない．強磁性相互作用 ($J > 0$) を仮定すると，すべてのスピンが平行な状態 ($\theta_i =$ 一定) がこの系の基底状態になるが，マーミン・ワグナーの定理によりこの系は有限温度では秩序をもたない．有限の温度では θ の揺らぎが起こるが，θ が空間的に激しく変化する状態はエネルギーが高いから，低温では θ は位置 $\boldsymbol{r} = (x, y)$ により緩やかに変化する滑らかな関数であるとする．このときハミルトニアンは基底エネルギーを E_0 として

$$\mathcal{H} \simeq -JS^2 \sum_{<i,j>} \left\{ 1 - \frac{1}{2}(\theta_i - \theta_j)^2 \right\} \simeq E_0 + \frac{\rho_s}{2} \int |\nabla\theta(\boldsymbol{r})|^2 \mathrm{d}\boldsymbol{r} \tag{3.90}$$

と近似される．上式の ρ_s はスピンのねじれに対する剛性を表すので剛性係数とよぶ．その値は格子構造に依存し，正方格子では $\rho_s = JS^2$ である．ハミルトニアン (式 (3.90)) のもとで安定なスピン配置 $\theta(\boldsymbol{r})$ はラプラス方程式 $\Delta\theta = 0$ を満たす調和関数である．$\theta(\boldsymbol{r})$ のフーリエ成分 $\theta_{\boldsymbol{q}}$ を用いて式 (3.90) を表すと

$$\mathcal{H} \simeq E_0 + \frac{\rho_s}{2} \sum_{\boldsymbol{q}} q^2 \theta_{\boldsymbol{q}} \theta_{-\boldsymbol{q}} \tag{3.91}$$

となるから，3.7.4 項と同様な計算を行って $\langle\theta_{\boldsymbol{q}}\theta_{-\boldsymbol{q}}\rangle = k_B T/\rho_s q^2$ が得られる．$\theta(\boldsymbol{r})$ の相関関数は

$$\begin{aligned}\langle(\theta(\boldsymbol{r}) - \theta(\boldsymbol{0}))^2\rangle &= \frac{k_B T}{(2\pi)^2 \rho_s} \int \frac{|e^{i\boldsymbol{q}\cdot\boldsymbol{r}} - 1|^2}{q^2} \mathrm{d}\boldsymbol{q} \\ &= \frac{k_B T}{\pi \rho_s} \int_0^{a^{-1}} \frac{1 - J_0(qr)}{q} \mathrm{d}q \sim \frac{k_B T}{\pi \rho_s} \log\left(\frac{r}{a}\right)\end{aligned} \tag{3.92}$$

となる．ここで $r = |\boldsymbol{r}|$，$J_0(x)$ は第 1 種ベッセル関数である．また，波数積分の上限を a^{-1} とおいたが a は格子定数程度の長さである．式 (3.92) を用いるとスピンの相関関数は，付録 A にあるガウス分布の性質を用いて

$$\begin{aligned}\langle \boldsymbol{S}(\boldsymbol{r}) \cdot \boldsymbol{S}(\boldsymbol{0}) \rangle &= S^2 \langle \cos(\theta(\boldsymbol{r}) - \theta(\boldsymbol{0})) \rangle \\ &= S^2 \exp\left\{ -\frac{1}{2} \langle(\theta(\boldsymbol{r}) - \theta(\boldsymbol{0}))^2\rangle \right\} \sim \left(\frac{a}{r}\right)^{\frac{k_B T}{2\pi\rho_s}}\end{aligned} \tag{3.93}$$

と表される．この結果は式 (3.90) によって記述される緩やかな揺らぎだけが存在するという仮定に基づいている．

3.10.2　トポロジカル欠陥

式 (3.93) によれば，有限温度でスピンの揺らぎがあっても，スピンの相関は距離のベキ関数でゆっくり減衰する．しかし，温度がある程度高くなると，空間的に急激な変化を伴う激しい乱れも生ずるはずである．そのような揺らぎのエネルギーは式 (3.90) では取り扱えない．このような揺らぎの中の重要なものに渦 (vortex) がある．原点にある 1 個の渦のつくるスピン配置を図 3.16 に示す．これらのスピン配置では，原点から十分離れた点 $\boldsymbol{r} = (x, y)$ で θ は

$$\theta(\boldsymbol{r}) = \theta_0 + k \tan^{-1} \frac{y}{x} \tag{3.94}$$

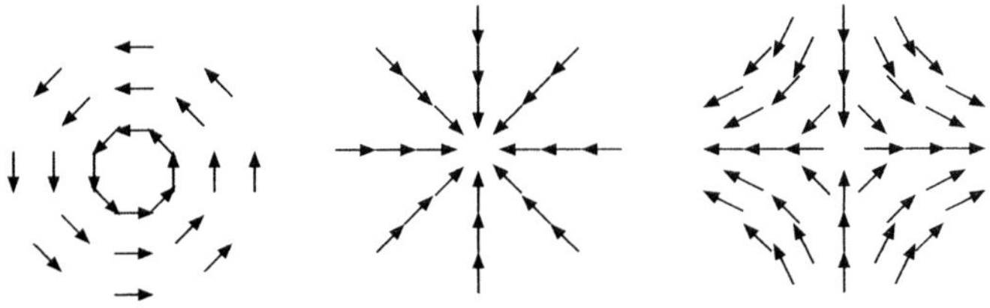

図 3.16 2 次元平面回転子模型における渦
(a) $k=1$, $\theta_0=\pi/2$ の渦, (b) $k=1$, $\theta_0=\pi$ の渦, (c) $k=-1$, $\theta_0=0$ の渦

と表される．原点のまわりを一周すると θ は 2π の整数倍変化するから，k の値は整数に限られる．図 3.16(b) および (c) のスピン配置は必ずしも渦に見えないが，十分大きい xy 平面上の円周上で，原点のまわりを左回りに 1 周するとき

$$\oint \nabla\theta \cdot \mathrm{d}\boldsymbol{r} = 2\pi k \tag{3.95}$$

が成り立つから，これらが渦を表すことが納得できるだろう．正の k は左巻きの渦，負の k は右巻きの渦を表している．図には示してないが，$|k|>1$ の渦も存在する．図 3.16 からもわかるように，渦による揺らぎは原点から離れた点では緩やかな揺らぎとなり，そのエネルギーは式 (3.90) で記述される．原点から離れた点で渦を表す式 (3.94) は調和関数なので，このスピン配置は安定だが，原点は式 (3.94) の特異点である．渦によるスピンの変化は原点近傍で急激になり，滑らかな関数では表せない．この部分を渦芯 (vortex core) とよぶ．渦芯から十分離れた位置のスピンの配置を連続的に変化させたり，積分経路を円周から連続的に変形したりしても，式 (3.95) の積分結果は離散的なので変わらない．すなわち，k はトポロジー的に不変な量である．

このように，乱れがトポロジー的に不変な量を伴うとき，このような乱れを**トポロジカル欠陥** (topological defect) とよぶ．また，付随するトポロジー不変量 k をトポロジカルチャージ (topological charge) とよぶことがある．トポロジカル欠陥は 2 次元 XY 模型における渦のほかに，様々な系において存在することが知られている．たとえば，3 次元 XY 模型においては，曲線状の渦糸がトポロジカル欠陥である．一般に，系にどのようなトポロジカル欠陥が存在するかは，秩序変数がつくる空間 W と系の座標空間 V によって完全に決まる．たとえば 2 次元 XY 模型では，W は単位円周 S_1 であり，V は 2 次元平

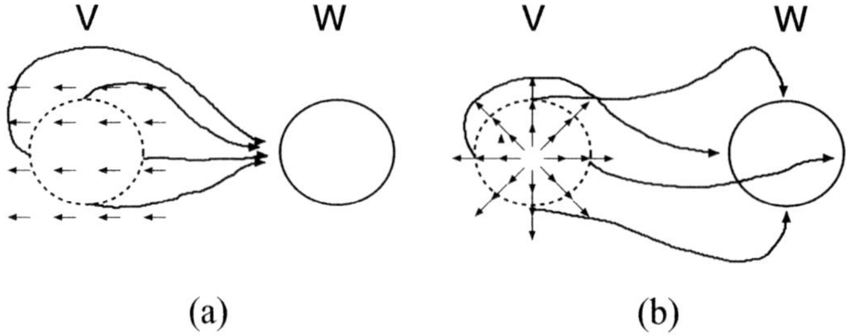

図 3.17 2 次元平面回転子模型における座標空間の円周上から秩序変数空間 (単位円) への写像
(a) 一様な秩序状態, (b) 渦がある場合.

面である. 座標空間のある領域 D 内で緩やかに変化している秩序状態は, 系の座標 $\boldsymbol{r}$ を変数とする秩序変数 $o(\boldsymbol{r})$ で表される. つまり, 秩序状態は D から W への 1 つの連続写像と考えることができる. 連続的な秩序変数の変化 (つまり連続的な写像の変形) により移り変われる状態を同一視して同じクラス (これをホモトピークラスとよぶ) に分類することにより, 秩序状態を分類することができる. このように考えると, 異なるホモトピークラスを結ぶものがトポロジカル欠陥であることがわかる. 図 3.17 のように, D として 2 次元平面上の円周をとると, スピンがすべてそろった状態は, D から S_1 上の 1 点への写像を表すのに対して, 円の中心に渦度 1 の渦がある状態は座標空間で D を 1 周すると秩序変数は S_1 を 1 周する. この 2 つの写像は連続変形では移り変われない. V と W を決めると, 可能なホモトピークラスが決まるので, どのようなトポロジカル欠陥が存在可能かが決まってしまう[17].

3.10.3 トポロジカル相転移

2 次元平面回転子模型で, 渦のもつエネルギーを計算してみよう. 渦芯のスピン配置は格子構造など模型の詳細により異なるので, 渦芯のエネルギーを $E_{\mathrm{c}}\ (>0)$ と仮定する. 一方芯から離れた部分は模型の詳細によらず, ラプラス方程式に従い式 (3.94) で記述される. これを用いると

$$\frac{\partial \theta}{\partial x} = -k\frac{y}{r^2}, \qquad \frac{\partial \theta}{\partial y} = k\frac{x}{r^2} \tag{3.96}$$

となり, $|\nabla\theta(\boldsymbol{r})| = 1/r$ であるから, 式 (3.90) を渦芯の外側で積分すると渦のエネルギーは,

$$E_{\rm V} = E_{\rm c} + \frac{2\pi k \rho_{\rm s}}{2} \int_{a_{\rm c}}^{R} \frac{{\rm d}r}{r} = E_{\rm c} + \pi k \rho_{\rm s} \log\left(\frac{R}{a_{\rm c}}\right) \tag{3.97}$$

となる．ここで $a_{\rm c}$ は芯のサイズで，$r \lesssim a_c$ では連続近似が使えない．R は系のサイズである．このように渦 1 個のエネルギーは系のサイズとともに無限大になってしまう．渦芯のとりうる位置の数は，ほぼ $(R/a_{\rm c})^2$ だけあると考えられるから，1 個の渦のもつエントロピーは $k_{\rm B}\log(R/a_{\rm c})^2$ となり，渦の相互作用を考えなければ，$N_{\rm V}$ 個の渦による自由エネルギーの増加 $F_{\rm V}$ は

$$F_{\rm V} = N_{\rm V}\left\{E_{\rm c} + (\pi\rho_{\rm s} - 2k_{\rm B}T)\log\left(\frac{R}{a_{\rm c}}\right)\right\} \tag{3.98}$$

となる．R が十分大きいとき $E_{\rm c}$ の項は無視できるから

$$T_{\rm KT} = \frac{\pi\rho_{\rm s}}{2k_{\rm B}} \tag{3.99}$$

を境として，高温側では渦が熱的に生成されることがわかる．低温側ではスピンの相関関数は式 (3.93) のように，距離のべき関数に比例して減衰するが，高温側では，指数関数的に減衰する．このように考えると，渦の熱的な励起が起こるか，起こらないかの境目が KT 転移の転移温度であるということになる．

しかし，上の議論には渦同士の相互作用が取り入れられていない．より正確に KT 転移を議論するためには相互作用を取り入れなければならない．相互作用を考えに入れると，KT 転移の意味は少し違うものになる．

そのために少し準備をしておこう．安定な $\theta(\boldsymbol{r})$ は 2 次元の調和関数で表されるから，2 次元完全流体や 2 次元静電場の問題と数学的に同等である．$\nabla\theta(\boldsymbol{r}) = \boldsymbol{v}(\boldsymbol{r})$ とおくと，$\boldsymbol{v}(\boldsymbol{r})$ は 2 次元完全流体における流れとも考えられる．そこで 2 次元完全流体における Stokes の流れ関数 $\psi(\boldsymbol{r})$ を用いると，$\boldsymbol{v}(\boldsymbol{r})$ は

$$v_x = \frac{\partial\psi}{\partial y}, \quad v_y = -\frac{\partial\psi}{\partial x} \tag{3.100}$$

と表される．位置 $\boldsymbol{r}_0$ にある強さ k の渦に対する流れ関数は

$$\psi(\boldsymbol{r}) = -k\log\frac{|\boldsymbol{r} - \boldsymbol{r}_0|}{a_{\rm c}} \tag{3.101}$$

であり，

$$({\rm rot}\ \boldsymbol{v}(\boldsymbol{r}))_z = -\Delta\psi(\boldsymbol{r}) = 2\pi k\delta(\boldsymbol{r} - \boldsymbol{r}_0) \tag{3.102}$$

が成り立つ．この関係から $\psi(\boldsymbol{r})$ を 2 次元静電場の静電ポテンシャル，k を 2 次元静電場における電荷とみなすこともできる．したがって，KT 転移は 2 次元クーロン気体の相転移でもある．

ここで，強さ k_1 の渦芯が $\boldsymbol{r}_1$，強さ k_2 の渦芯が $\boldsymbol{r}_2$ にある場合を考えよう．渦

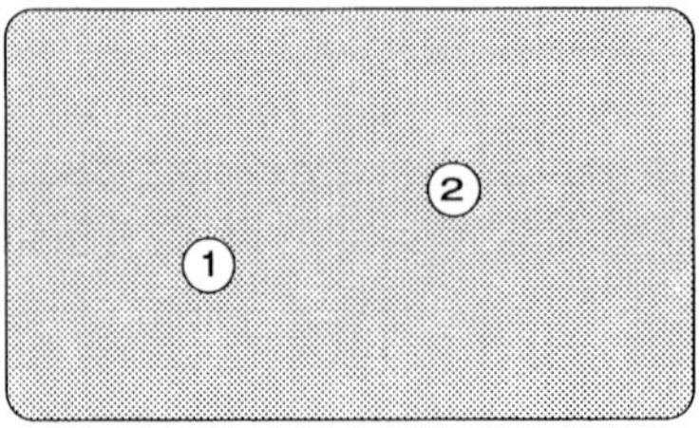

図 **3.18** 式 (3.103) の積分領域
渦 1 および 2 の渦芯を除いた塗りつぶしてある領域で積分する．境界 Σ は 2 個の渦芯を囲む閉曲線と全領域を囲む閉曲線からなる．

芯から離れた位置の $\theta(\boldsymbol{r})$ は 2 個の渦による揺らぎの和で表されるから，$\boldsymbol{v}_{1,2}(\boldsymbol{r})$ を渦 1, 2 による流れとすると，$\boldsymbol{v} = \boldsymbol{v}_1(\boldsymbol{r}) + \boldsymbol{v}_2(\boldsymbol{r})$ となり，系のエネルギーは

$$E_{\rm pair} = 2E_{\rm c} + \frac{\rho_{\rm s}}{2}\int_{\rm S} {\rm d}\boldsymbol{r}|\boldsymbol{v}|^2 \tag{3.103}$$

と表される．積分領域 S は図 3.18 に示すように，2 個の渦芯を除いた領域である．$|\boldsymbol{v}|^2 = |\nabla\psi|^2$ だから式 (3.103) の積分は，部分積分を用いて

$$\frac{\rho_{\rm s}}{2}\int_{\rm S} {\rm d}\boldsymbol{r}\ |\nabla\psi|^2 = \frac{\rho_{\rm s}}{2}\left\{\int_{\Sigma} \psi\nabla\psi\cdot\boldsymbol{n}\ {\rm d}l - \int_{\rm S} {\rm d}\boldsymbol{r}\ \psi\Delta\psi\right\} \tag{3.104}$$

となる．右辺第 1 項は，図 3.18 の積分領域の境界 Σ 上での線積分である．$\boldsymbol{n}$ は境界に垂直外向きの単位ベクトルを表す．右辺第 2 項の積分は $\Delta\psi = 0$ だから寄与を与えない．Σ 上での被積分関数の値は，系全体を囲む境界上では

$$\psi \simeq -(k_1 + k_2)\log\frac{R}{a_{\rm c}}, \qquad \nabla\psi \simeq -(k_1 + k_2)\frac{\boldsymbol{r}}{r^2}, \tag{3.105}$$

渦 1 の渦芯のまわりでは

$$\psi \simeq -k_2\log\frac{|\boldsymbol{r}_1 - \boldsymbol{r}_2|}{a_{\rm c}}, \qquad \nabla\psi \simeq -k_1\frac{\boldsymbol{r} - \boldsymbol{r}_1}{|\boldsymbol{r} - \boldsymbol{r}_1|^2} \tag{3.106}$$

であり，渦 2 の渦芯のまわりでは式 (3.106) において 1 と 2 を取り替えたものになる．したがって，エネルギーは

$$E_{\rm pair} = 2E_{\rm c} + \pi\rho_{\rm s}\left\{(k_1 + k_2)^2\log\frac{R}{a_{\rm c}} - 2k_1k_2\log\frac{|\boldsymbol{r}_1 - \boldsymbol{r}_2|}{a_{\rm c}}\right\} \tag{3.107}$$

となる．この結果から，$k_1 + k_2 = 0$ のときには，渦対のエネルギーは $R \to \infty$ としても発散しないことがわかる．これは，正負の渦の影響が打ち消しあって，単一の渦よりも揺らぎが遠方で早く減衰するためである．また，エネルギーは渦間の距離とともに増加するので，符合の異なる渦の間には引力が働くことがわかる．したがって，強さ k と $-k$ の 2 個の渦は束縛状態をつくる．

渦対がある状態は，渦のない状態とトポロジー的に同等であり，そのエネル

ギーも有限だから，$T_{\rm KT}$ 以下の温度でも，渦対が熱的に励起される．しかし，$T < T_{\rm KT}$ のとき渦対は結合した状態で存在する．一方，$T_{\rm KT}$ 以上の温度では渦対が解離し，独立した渦が多数励起されるようになる．しかし渦の強さの総和がゼロである限り，系のエネルギー密度は有限になる．有限密度の渦が励起されていると，渦間の相互作用のために剛性定数 $\rho_{\rm s}$ が減少する．この効果は繰り込み群を用いて調べられており，その結果によれば，$T_{\rm KT}$ は繰り込まれた $\rho_{\rm s}$ を用いて，やはり式 (3.99) で表される[18)]．この結果は，剛性定数 $\rho_{\rm s}$ と転移温度 $T_{\rm KT}$ の間に普遍的な関係があることを示している．さらに，式 (3.93) を用いると，スピンの相関関数は温度 $T_{\rm KT}$ で距離の 1/4 乗に逆比例して減衰することが導かれる．その他の物理量の臨界的な性質も導かれているが，その結果は対称性の破れを伴う相転移の性質とは非常に異なる．高温側から $T_{\rm KT}$ に近づくとき，相関長 ξ は

$$\xi \sim \exp\left(\frac{b}{\sqrt{T - T_{\rm KT}}}\right) \tag{3.108}$$

のように，指数関数的に発散し，それに応じて磁化率も同様な発散を示す．ここで b はモデルの詳細によって決まる定数である．一方比熱は $T_{\rm KT}$ の高温側に渦対の解離に伴う大きなピークをもつが，$T \simeq T_{\rm KT}$ における臨界現象は非常に弱く，ほとんど観測不可能である．

以上の結果から，KT 転移は渦対の結合および解離によって引き起こされる相転移であることがわかる．このように，トポロジカル欠陥の結合および解離に伴う相転移を，一般に**トポロジカル相転移**とよんでいる．また，トポロジカル相転移一般を KT 転移とよぶこともある．

文　献

1) X. G. Wen, F. Wilczek and A. Zee : Phys. Rev. B **39** (1989) 11413.
2) A. F. Andreev and I. A. Grishchuk : Sov. Phys. JETP **60** (1984) 267.
3) Y. Narumi, M. Hagiwara, R. Sato, K. Kindo, H. Nakano, M. Takahashi : Physica B **246-247** (1998) 509.
4) M. Oshikawa, M. Yamanaka and I. Affleck : Phys. Rev. Lett **78** (1997) 1984.
5) M. E. Fisher, S. K. Ma and B. G. Nickel : Physw. Rev. Lett. **29** (1972) 917.
6) N. D. Mermin and H. Wagner : Phys. Rev. Lett. **17** (1966) 1133; P.C. Hohenberg : Phys. Rev. **158** (1967) 383; N.D. Mermin : J. Math. Phys. **8** (1967) 1061.
7) V. L. Berezinskii : Sov. Phys. JETP **32** (1970) 211: ibid, **34** (1971) 493.
J. M. Kosterlitz and D.J. Thouless : J. Phys. C **6** (1973) 1181.

8) T. Momoi : J. Stat. Phys. **85** (1996) 193.
9) L. Onsager : Phys. Rev. **65** (1944) 117.
10) M. E. Fisher : Am. J. Phys. **32** (1964) 343.
11) L. van Hove : Physica **16** (1950) 137.
12) J. Fröhlich and T. Spencer : Commun. math. Phys. **84** (1982) 87.
13) T. Koma and H. Tasaki : J.Stat. Phys. **76** (1994) 745.
14) 江沢 洋，渡辺敬二，鈴木増雄，田崎晴明：くりこみ群の方法，岩波書店 (1993); S.K. Ma : *Modern Theory of Critical Phenomena* (The Benjamin/Cummings, 1974); D.J. Amit : *Field Theory, the Renormalization Group, and Critical Phenomena*, 2nd Ed. (World Scientific, 1984).
15) F. Y. Wu : Rev. Mod. Phys. **54** (1982) 235.
16) W. Janke :*Computational Physics*, eds. K. H. Hoffman and M. Schreiber (Springer,Berlin, 1996) p10. 各種の数値計算結果をまとめてある．表 3.9.3 には異なる結果の間でほぼ一致している数字のみを挙げた．
17) 中原幹夫：理論物理学者のための幾何学とトポロジー I, II，ピアソン・エデュケーション (2000).
18) J. M. Kosterlitz : J. Phys. C **7** (1974) 1046.

4 分子場理論

相互作用しているスピン系の問題は一般には正確に解くことができないので，さまざまな近似法を用いてその性質が調べられている．本章ではその中で最も簡単で，広く用いられている分子場理論 (molecular field theory) について説明する．分子場理論はスピン同士の相互作用のうち，平均的な効果だけをとり入れるので平均場理論 (mean field theory) ともよばれる．この方法は多くの場合に定性的に正しい結果を与えるので非常に有用である．しかし，実際には相転移の起こらない 1 次元および 2 次元系でも相転移が起こる結果を与え，また，通常正しい臨界指数を与えないので，それらの点には注意が必要である．

4.1 分子場理論の導出

まず分子場理論の一般的な導出を行う．一般に温度 T の熱平衡状態における物理量 A の平均値 $\langle A\rangle$ はカノニカル分布を用いて

$$\langle A\rangle = \frac{1}{Z}\sum_n \mathrm{e}^{-\frac{E_n}{k_\mathrm{B}T}}\langle n|A|n\rangle = \mathrm{Tr}[\rho_\mathrm{C}A] \tag{4.1}$$

と表される．ここで $|n\rangle$ は系の n 番目のエネルギー固有状態，E_n はそのエネルギー固有値である．$Z = \mathrm{Tr}[\mathrm{e}^{-\frac{\mathcal{H}}{k_\mathrm{B}T}}]$ はこの系の分配関数，$\rho_\mathrm{C} \equiv Z^{-1}\mathrm{e}^{-\frac{\mathcal{H}}{k_\mathrm{B}T}}$ は熱平衡状態におけるカノニカル分布を表す密度行列 (density matrix) である．スピン同士が相互作用をしている場合には，平均値を正確に求めることは困難なので，異なる格子点の間に相互作用のない系の密度行列

$$\rho_\mathrm{MF} = \Pi_i\tilde{\rho}_i \tag{4.2}$$

によって ρ_C を近似する．ここで $\tilde{\rho}_i$ は格子点 i のスピン $\boldsymbol{S}_i$ に対する近似的な密度行列で，変数としては $\boldsymbol{S}_i$ しか含まないと仮定する．こうすると式 (4.1) の平均操作は各スピンごとに独立に行え，簡単に計算できる．$\tilde{\rho}_i$ は以下に述べる

ように自由エネルギーに対する変分原理を用いて定められる.

一般にエルミート行列 ρ が式 (4.1) の $\rho_{\rm C}$ のように確率分布の役割を果たす密度行列であるためには固有値 ω_α が,

1) すべての α に対し $0 \le \omega_\alpha \le 1$

2) $\sum_\alpha \omega_\alpha = 1$ (全確率=1)

の 2 つの性質を満たしていればよい. 密度行列 ρ によって表される状態分布に対するエネルギーの平均値は $\langle \mathcal{H} \rangle_\rho = {\rm Tr}[\rho \mathcal{H}]$, エントロピーは $-k_{\rm B}{\rm Tr}[\rho \log \rho]$ である. したがって ρ に対するヘルムホルツの自由エネルギーは

$$F[\rho] = \langle \mathcal{H} \rangle_\rho + k_{\rm B}T{\rm Tr}[\rho \log \rho] \tag{4.3}$$

で与えられる. $F[\rho]$ は ρ がカノニカル分布の密度行列 $\rho_{\rm C}$ の時最小値をとり, その値が平衡状態における正確な自由エネルギーに等しいことが知られている (付録 B 参照). そこで式 (4.2) の形に書ける密度行列のうちで $F[\rho]$ が最小になるものを分子場近似の密度行列 $\rho_{\rm MF}$ と定めるのである. 以上が分子場 (平均場) 近似の基本的な考え方で, 上の例では格子点ごとの自由度で密度行列を分割し近似したが, 問題に応じて分割する自由度を適当に選ぶことができる. 以下ではハイゼンベルク模型 (3.18) に対して分子場近似を適用しよう.

$$F[\rho_{\rm MF}] = \sum_{<ij>} J_{ij} \langle \boldsymbol{S}_i \rangle_{\rm MF} \cdot \langle \boldsymbol{S}_j \rangle_{\rm MF} + k_{\rm B}T \sum_i {\rm Tr}_i[\tilde{\rho}_i \log \tilde{\rho}_i] \tag{4.4}$$

だから, $\tilde{\rho}_i$ を $\tilde{\rho}_i + \delta\tilde{\rho}_i$ とおいて変分をとると,

$$\delta F = \sum_i {\rm Tr}_i[\{\sum_j J_{ij} \langle \boldsymbol{S}_j \rangle_{\rm MF} \cdot \boldsymbol{S}_i + k_{\rm B}T(\log \tilde{\rho}_i + 1) - \lambda_i\}\delta\tilde{\rho}_i] = 0 \tag{4.5}$$

導かれる. ここで, $J_{ij} = J_{ji}$ および ${\rm Tr}_i[\tilde{\rho}_i] = 1$ の条件を用いた. ただし, ${\rm Tr}_i$ は $\boldsymbol{S}_i$ の自由度に関するトレースである. また $\langle \boldsymbol{S}_j \rangle_{\rm MF}$ は $\tilde{\rho}_j$ による平均値, λ_i は ${\rm Tr}_i\,[\tilde{\rho}_i] = 1$ の条件に伴うラグランジュの未定係数である. $\delta\tilde{\rho}_i$ の係数を 0 として

$$\tilde{\rho}_i = \tilde{Z}_i^{-1} {\rm e}^{-\frac{\tilde{\mathcal{H}}_i}{k_{\rm B}T}}, \tag{4.6}$$

$$\tilde{\mathcal{H}}_i = \sum_j J_{ij} \langle \boldsymbol{S}_j \rangle_{\rm MF} \cdot \boldsymbol{S}_i \tag{4.7}$$

が得られる ($\tilde{Z}_i = {\rm Tr}_i[{\rm e}^{-\frac{\tilde{\mathcal{H}}_i}{k_{\rm B}T}}]$). スピン $\boldsymbol{S}_i$ に対する有効ハミルトニアン $\tilde{\mathcal{H}}_i$ は,

$$\boldsymbol{H}_i^{\rm (MF)} \equiv -\sum_j J_{ij} \langle \boldsymbol{S}_j \rangle_{\rm MF} \tag{4.8}$$

を他のスピンとの相互作用によって生じる仮想的な磁場と考えれば, 磁場 $\boldsymbol{H}_i^{\rm (MF)}$

とスピン $\boldsymbol{S}_i$ との相互作用

$$\tilde{\mathcal{H}}_i = -\boldsymbol{H}_i^{(\mathrm{MF})} \cdot \boldsymbol{S}_i \tag{4.9}$$

と考えることができる．$\boldsymbol{H}_i^{(\mathrm{MF})}$ を $\boldsymbol{S}_i$ に働く**分子場**あるいは**平均場**とよぶ．

式 (4.7) に現われる平均値 $\langle \boldsymbol{S}_j \rangle_{\mathrm{MF}}$ は分子場 $\boldsymbol{H}_j^{(\mathbf{MF})}$ が働いているときの $\boldsymbol{S}_j$ の熱平均値である．分子場 $\boldsymbol{H}_j^{(\mathbf{MF})}$ は $\langle \boldsymbol{S}_i \rangle_{\mathrm{MF}}$ を通して他の位置の分子場 $\boldsymbol{H}_i^{(\mathbf{MF})}$ の関数になっているが，この分子場 $\boldsymbol{H}_i^{(\mathbf{MF})}$ はまた $\langle \boldsymbol{S}_j \rangle_{\mathrm{MF}}$ に依存している．このように分子場理論ではお互いに絡みあった方程式 (自己無撞着方程式) を解いて分子場を求め，系の熱力学量を定めなくてはならない．分子場理論の自己無撞着方程式 (4.8)，(4.9) は，上に述べた方法を用いず，格子点 i のスピンと相互作用しているスピンの揺らぎを無視し，その熱平均値のみが格子点 i のスピンに影響を与えるという直感的な考えから導くこともできる．しかし，分子場近似には上に述べた変分法による基礎づけが有るので，方程式 (4.6)〜(4.8) が複数の解をもつときは，自由エネルギーの最低値を与える解を最適解として選ばねばならない．

式 (4.3) に式 (4.6) 〜 (4.8) を代入すると，自由エネルギーは

$$F_{\mathrm{MF}} = -k_{\mathrm{B}}T \sum_i \log \tilde{Z}_i - \sum_{\langle ij \rangle} J_{ij} \langle \boldsymbol{S}_i \rangle_{\mathrm{MF}} \cdot \langle \boldsymbol{S}_j \rangle_{\mathrm{MF}} \tag{4.10}$$

と表される．式 (4.10) には分配関数と自由エネルギーの関係を与える通常の式に第 2 項が余分に付け加わっていることに注意して欲しい．この第 2 項は，有効ハミルトニアン (式 (4.7)) を i について加え合わせると相互作用を重複して数えてしまうことに対する補正になっている．

4.2　古典的基底状態

絶対零度 ($T = 0$) における分子場近似では，i 格子点のスピンは有効ハミルトニアン $\tilde{\mathcal{H}}_i$ の基底状態にある．このとき，$\langle \boldsymbol{S}_i \rangle_{\mathrm{MF}}$ は $\boldsymbol{H}_i^{(\mathbf{MF})}$ と平行な大きさ S のベクトルになる．言い換えると，分子場理論におけるハイゼンベルク模型の基底状態は，スピンの交換関係を無視し，スピンを大きさ S の古典的なベクトルとした模型のエネルギー最小の状態と等しい．この状態は古典的基底状態とも呼ばれる．典型的ないくつかの場合に古典的基底状態を調べてみよう．

本節の以下の議論では $\langle \boldsymbol{S}_i \rangle_{\mathrm{MF}}$ を単に $\boldsymbol{S}_i$ と表す．J_{ij} は格子点 i と j の相対位置ベクトル $\boldsymbol{r}_i - \boldsymbol{r}_j$ にのみによると仮定する．フーリエ変換を用いて式 (3.18) を

$$\mathcal{H} = \frac{1}{2}\sum_{\boldsymbol{q}} J(\boldsymbol{q})\boldsymbol{S}_{\boldsymbol{q}} \cdot \boldsymbol{S}_{-\boldsymbol{q}} \tag{4.11}$$

と書き直すと問題を考えやすい．$\boldsymbol{q}$ は第 1 ブリユアンゾーンに属する波数ベクトルである．全スピン数を N とおくと $\boldsymbol{S}_{\boldsymbol{q}}$, $J(\boldsymbol{q})$ は

$$\boldsymbol{S}_{\boldsymbol{q}} = \frac{1}{\sqrt{N}}\sum_{i} \mathrm{e}^{-\mathrm{i}\boldsymbol{q}\cdot\boldsymbol{r}_i}\boldsymbol{S}_i \qquad (\boldsymbol{S}_{\boldsymbol{q}} = \boldsymbol{S}^*_{-\boldsymbol{q}}), \tag{4.12}$$

$$J(\boldsymbol{q}) = \sum_{j} \mathrm{e}^{-\mathrm{i}\boldsymbol{q}\cdot(\boldsymbol{r}_i-\boldsymbol{r}_j)} J_{ij} \tag{4.13}$$

と表される．スピンの大きさは S だから，条件

$$\boldsymbol{S}_i^2 = \frac{1}{N}\sum_{\boldsymbol{q}\boldsymbol{q}'} \mathrm{e}^{\mathrm{i}(\boldsymbol{q}-\boldsymbol{q}')\cdot\boldsymbol{r}_i}\boldsymbol{S}_{\boldsymbol{q}} \cdot \boldsymbol{S}_{-\boldsymbol{q}'} \quad = S^2 \tag{4.14}$$

がすべての i で成り立つ．これらの N 個の条件を同時に取り扱うことは難しいので，ただ 1 個の条件 $\sum_i \boldsymbol{S}_i^2 = NS^2$ のみを考慮することにする．未定係数 λ を導入し $\mathcal{H} - \lambda\sum_i S_i^2$ が最小になる条件を求めると，$\sum_i S_i^2 = \sum_{\boldsymbol{q}} \boldsymbol{S}_{\boldsymbol{q}} \cdot \boldsymbol{S}_{-\boldsymbol{q}}$ より

$$(J(\boldsymbol{q}) - 2\lambda)\boldsymbol{S}_{-\boldsymbol{q}} = \boldsymbol{0} \tag{4.15}$$

がすべての $\boldsymbol{q}$ で成り立たねばならないことがわかる．この条件を満たすのは，$J(\boldsymbol{q}) = 2\lambda$ を満たす $\boldsymbol{q}$ に対してのみ $\boldsymbol{S}_{\boldsymbol{q}} \neq 0$ で，その他の $\boldsymbol{q}$ に対して $\boldsymbol{S}_{\boldsymbol{q}} = 0$ の場合であり，このとき系の全エネルギーは λNS^2 となる．したがって $J(\boldsymbol{q})$ の最小値を与える波数成分のみをもつ状態をつくればエネルギー最小値を与えるが，条件 (4.14) を緩めて解いたので，この状態がすべての i で条件 (4.14) を満たしているとは限らない．もしこの状態が条件 (4.14) を満たしていれば，その状態が基底状態である．いつでもこのような状態が見つかる訳ではないが，以下に述べる場合にはこの方法で容易に基底状態を求めることができる．

4.2.1 強磁性模型

すべての J_{ij} が負のときは $\boldsymbol{q} = \boldsymbol{0}$ が $J(\boldsymbol{q})$ の最小値を与えるので，スピンが波数 $\boldsymbol{0}$ のフーリエ成分のみをもつ状態，つまりすべてのスピンが同じ方向に向く強磁性状態が基底状態となる．

4.2.2 反強磁性模型

格子間隔 a の d 次元立方格子で最近接格子点間にのみ交換相互作用 $J(>0)$ が働く場合を例にとってみよう．この場合は

$$J(\boldsymbol{q}) = 2J \sum_{m=1}^{d} \cos q_m a \tag{4.16}$$

だから $\boldsymbol{q} = (\pi/a, \ldots, \pi/a)$ のときに $J(\boldsymbol{q})$ が最小になる．この結果最近接格子点対のスピンがお互いに反平行に向く G 型反強磁性状態 (図 3.1(d)) が基底状態になる．一般に格子点の部分集合を**副格子**あるいは**部分格子** (sublattice) とよぶが，d 次元立方格子のように，一方の副格子に属する格子点の最近接格子点がすべて他の副格子に属するように全格子を 2 個の副格子に分けられるとき，この格子は **2 部** (bipartite) 格子であるという．2 部格子に限らず，全格子が 2 個の副格子に分かれ，各副格子上ではスピンが平行だが，異なる副格子ではお互いに反平行である状態をネール (Néel) 状態とよぶ．このとき 2 個の副格子に含まれるスピンの大きさの総和が等しければ，反強磁性状態となり，異なればフェリ磁性状態となる．

4.2.3 らせん秩序

図 4.1(a) に示した 1 次元 J_1-J_2 模型

$$\mathcal{H} = \sum_i (J_1 \boldsymbol{S}_i \cdot \boldsymbol{S}_{i+1} + J_2 \boldsymbol{S}_i \cdot \boldsymbol{S}_{i+2}) \tag{4.17}$$

を考えてみよう．J_1 と J_2 がともに正の場合，J_2 は次近接格子点上のスピン対を互いに反平行にそろえようとするが，これは最近接スピン対を反平行にしようとする J_1 の作用と矛盾する．このようにハミルトニアンに含まれる相互作用が互いに競合し，それぞれのエネルギーを同時に最小化できないときフラストレーション (frustration) が存在するという．これに対し，強磁性模型や最近接格子点間にのみ相互作用のある 2 部格子上の反強磁性模型にはフラストレーションは存在しない．実際の 1 次元系では第 6 章で述べるように量子的基底状態が実現するので以下の議論で得られる古典的基底状態は実現しないことを注意しておく．以下の議論は，たとえば ab 面内では強磁性交換相互作用が働いている 3 次元格子系で，スピン配列の c 軸方向の空間変化を議論するために c 軸方向の相互作用のみを取り出した模型だと考えればよい[1]．この模型では格子間隔を 1 とおくと

$$J(q) = 2J_1 \cos q + 2J_2 \cos 2q \tag{4.18}$$

となる．$J(q)$ の最小値を与える q の値は $\lambda = J_2/J_1$ の値により変化する．図 4.1 (b) に示すように $\lambda \leq 1/4$ の場合は $q = \pi$ が $J(q)$ の最小値を与えるが，

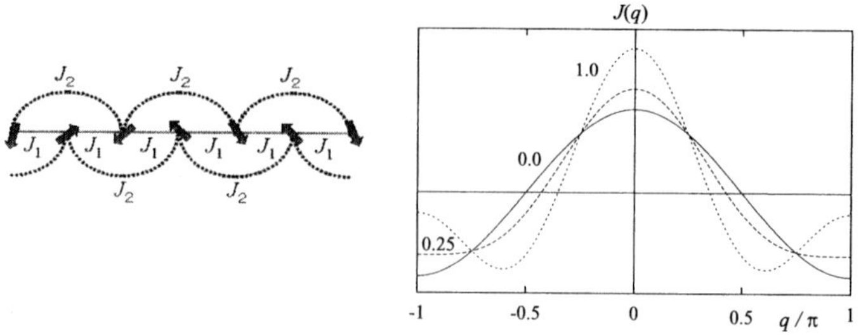

(a) (b)

図 **4.1** (a) 1 次元 J_1-J_2 模型と (b) その $J(q)$
$\lambda = 0, 0.25, 1$ の場合を示す.

$\lambda > 1/4$ の場合は $q = \pm\cos^{-1}(-4\lambda)^{-1}$ で $J(q)$ が最小値をとる. 後者の場合に $Q = \cos^{-1}(-4\lambda)^{-1}$ として

$$\boldsymbol{S}_Q = \frac{1}{2}\sqrt{N}S(\boldsymbol{e}_1 + \mathrm{i}\boldsymbol{e}_2) = \boldsymbol{S}^*_{-Q}, \tag{4.19}$$

$$|\boldsymbol{e}_1| = |\boldsymbol{e}_2| = 1, \qquad \boldsymbol{e}_1 \perp \boldsymbol{e}_2 \tag{4.20}$$

それ以外の q に対して $\boldsymbol{S}_q = 0$ とおくと, 条件 (4.14) がすべてのスピンに対して満たされている. したがってこの状態が基底状態のスピン配置を与えている. $\boldsymbol{Q}\|x$ 軸のとき具体的にスピンベクトルを書き表せば

$$\boldsymbol{S}_i = S(\boldsymbol{e}_1 \cos Q\,x_i - \boldsymbol{e}_2 \sin Q\,x_i) \tag{4.21}$$

であり, 距離 x だけ進むと $\boldsymbol{e}_1$ と $\boldsymbol{e}_2$ のつくる平面内でスピンが角度 Qx だけ回転する. これは図 3.3 に示したらせん秩序をもつ状態である. このように, 3 次元系で $J(\boldsymbol{q})$ を最小にする波数ベクトルが第 1 ブリユアンゾーンの内部に $\mathbf{Q}$ と $-\mathbf{Q}$ という形でちょうど 2 個存在するときにはらせん秩序が実現する. これはフラストレーションによって引き起こされる秩序である. この秩序の空間的な周期 $2\pi/Q$ は $\lambda = J_2/J_1$ によって決まり, 格子の周期とは関係がない. またハイゼンベルク模型では全スピンを同じ角度だけ回転してもエネルギーは変わらないので, スピンの回転面 ($\boldsymbol{e}_1$, $\boldsymbol{e}_2$ で決まる面) はどう選んでもよい.

格子の対称性が高い場合, $J(\boldsymbol{q})$ の最小値は $\pm\boldsymbol{Q}$ という 2 個の波数のみで実現することはない. このような場合にも, 上に述べた方法で基底状態を探すことができるが, 基底状態のスピン秩序は一般に分子場理論の範囲内では全スピンの一様回転を除いても一意的に決まらず, 任意性が残る. この例として, 最近接格子点間に J_1, 次近接格子点間に J_2 の交換相互作用が働く面心立方格子

(格子定数を 1 とする) がある．このとき $J(\boldsymbol{q})$ は

$$J(\boldsymbol{q}) = 4J_1\left(\cos\frac{q_x}{2}\cos\frac{q_y}{2} + \cos\frac{q_y}{2}\cos\frac{q_z}{2} + \cos\frac{q_z}{2}\cos\frac{q_x}{2}\right) + 2J_2(\cos q_x + \cos q_y + \cos q_z) \tag{4.22}$$

となる．$J_1 > 0$, $J_2 = 0$ のとき $J(\boldsymbol{q})$ の最小値はブリユアンゾーン中の有限個の点ではなく，曲線 ($q_x = \pm 2\pi$ かつ $q_y = 0$) およびこれと同等な曲線上の任意の点で実現する．これは極端な場合だが，$J_1 > 0$ かつ $J_2 < 0$ のときには，

$$\boldsymbol{Q}_1 = \left(\frac{2\pi}{a}, 0, 0\right), \qquad \boldsymbol{Q}_2 = \left(0, \frac{2\pi}{a}, 0\right), \qquad \boldsymbol{Q}_3 = \left(0, 0, \frac{2\pi}{a}\right)$$

の 3 個の波数で $J(\boldsymbol{q})$ が最小値をとる．このとき，位置 $\boldsymbol{R}_i$ におけるスピン $\boldsymbol{S}_i$ は

$$\boldsymbol{S}_i = \boldsymbol{A}\,\mathrm{e}^{\mathrm{i}\boldsymbol{Q}_1\cdot\boldsymbol{R}_i} + \boldsymbol{B}\,\mathrm{e}^{\mathrm{i}\boldsymbol{Q}_2\cdot\boldsymbol{R}_i} + \boldsymbol{C}\,\mathrm{e}^{\mathrm{i}\boldsymbol{Q}_3\cdot\boldsymbol{R}_i} \tag{4.23}$$

と表される．ここで，$\boldsymbol{A}, \boldsymbol{B}, \boldsymbol{C}$ は互いに直交し，$|\boldsymbol{A}|^2 + |\boldsymbol{B}|^2 + |\boldsymbol{C}|^2 = S^2$ を満たすベクトルならよいので，スピン秩序に任意性が残る．面心立方格子では分子場近似の秩序に任意性が残る場合がこれ以外にも知られている[2)]．

4.3　有限温度の分子場理論

本節では分子場理論による A の平均値を単に $\langle A\rangle$ と表す．ハイゼンベルク模型に外部磁場 $\boldsymbol{H}$ が働いている場合を考えよう．このとき分子場は

$$\boldsymbol{H}_i^{(\mathrm{MF})} = -\sum_j J_{ij}\langle\boldsymbol{S}_j\rangle + \boldsymbol{H} \tag{4.24}$$

と表される．$\langle\boldsymbol{S}_i\rangle$ は $\boldsymbol{H}_i^{(\mathrm{MF})}$ と平行だが，その大きさ M_i は熱揺らぎのためにスピンの大きさ S より小さい．分子場の大きさを $H_i \equiv |\boldsymbol{H}_i^{(\mathrm{MF})}|$ とおくと M_i は

$$M_i = \frac{1}{\tilde{Z}_i}\sum_{m=-S}^{S} m\exp\left(\frac{H_i m}{k_{\mathrm{B}}T}\right) = SB_S\left(\frac{H_i S}{k_{\mathrm{B}}T}\right) \tag{4.25}$$

となる．ここで $B_S(x)$ は式 (1.39) で定義されたブリユアン関数である．すべての格子点について式 (4.24), (4.25) を同時に解けば，分子場理論におけるスピンの平均値が求まる．一般的な条件のもとでこの解を求めることは難しいので，強磁性，反強磁性などの秩序状態をあらかじめ仮定して式 (4.24), (4.25) を解くことが多い．フラストレーションのない系では有限温度でも古典的基底状態と同じ秩序状態が実現すると考えてよいが，フラストレーションがある系で

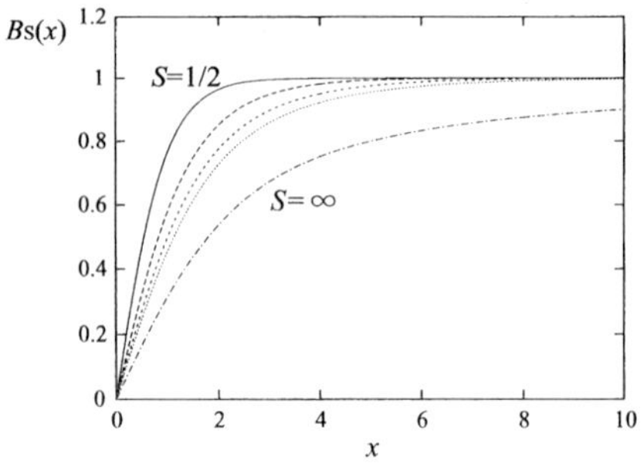

図 **4.2** ブリユアン関数 (S が 1/2, 1, 3/2, 2 および無限大の場合)

は有限温度で基底状態と異なる秩序が実現する可能性があるので注意する必要がある.

4.3.1 強 磁 性 状 態

強磁性の場合は, i によらず $\langle \boldsymbol{S}_i \rangle = \boldsymbol{M}$ であり, 異方性相互作用が存在しないとき, その方向は $\boldsymbol{H}$ と平行である. そこで外部磁場および $\boldsymbol{M}$ の大きさをそれぞれ H, M とおくと, $H_i = H - J(\mathbf{0})M$ となり,

$$M = SB_S\left(\frac{S(H - J(\mathbf{0})M)}{k_{\rm B}T}\right) \tag{4.26}$$

が成り立つ ($J(\mathbf{0}) < 0$ であることに注意). この方程式を解けば M が求まる. 方程式 (4.26) の解は図 4.3 に示すように $y = B_S(x)$ と $y = k_{\rm B}T(|J(\mathbf{0})|S^2)^{-1}[x - HS/(k_{\rm B}T)]$ との交点によって与えられる. まず $H = 0$ の場合を考えよう. ブリユアン関数 $B_S(x)$ の性質 (式 (1.40)) を用いると, 温度

$$T_{\rm C} = \frac{|J(\mathbf{0})|S(S+1)}{3k_{\rm B}} \tag{4.27}$$

を境に状況が変わり, $T > T_{\rm C}$ の場合は $M = 0$ の解しか存在しないが, $T < T_{\rm C}$ の場合は $M = 0$ のほかに $M \neq 0$ の解が 2 個存在することがわかる. $T = 0$ では $M = \pm S$ の解が基底状態だから, $T < T_{\rm C}$ では $M \neq 0$ の解が実現すると予想されるが, 実際に $M = 0$ と $M \neq 0$ の状態の自由エネルギーを式 (4.10) を用いて計算すればそれが確かめられる. また, M が任意の値をとりうると考えて, 式 (4.6), (4.7), (4.10) から自由エネルギーを M の関数として求めると, 式 (4.26) は自由エネルギーが停留値をとる条件になっており, $T < T_{\rm C}$ では 3 個の解のうち $M = 0$ の解は極大値, $M \neq 0$ の解が最小値を与える. 以上の結

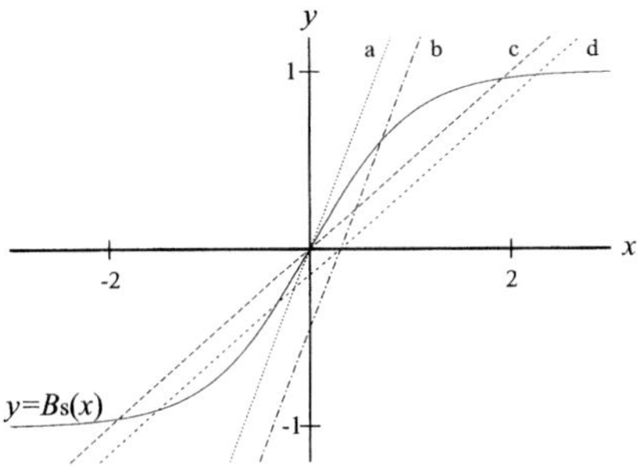

図 **4.3** 分子場の方程式 (4.26) のグラフによる解法
直線 $y = \frac{k_{\rm B}T}{|J(\mathbf{0})|S^2}[x - HS/(k_{\rm B}T)]$ のグラフは，それぞれ a: $T > T_{\rm C}$ かつ $H = 0$, b: $T > T_{\rm C}$ かつ $H > 0$, c: $T < T_{\rm C}$ かつ $H = 0$, d: $T < T_{\rm C}$ かつ $H > 0$ の場合を表す．

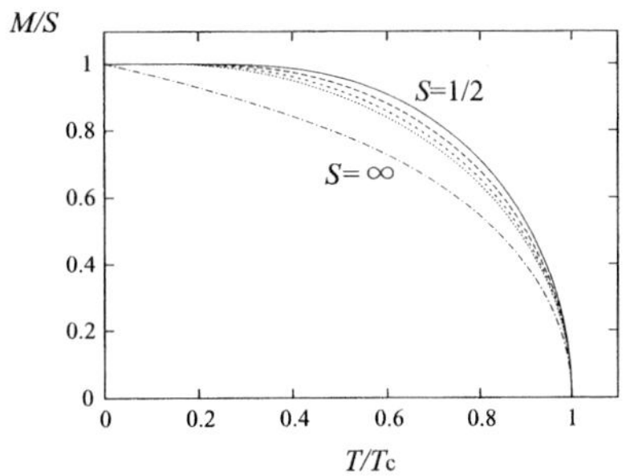

図 **4.4** 分子場理論による強磁性体の自発磁化の温度変化
$S = 1/2, 1, 3/2, 2$ および無限大の場合が示してある．

果から，分子場理論では式 (4.27) で与えられるキュリー温度以下で強磁性秩序が安定な熱平衡状態であることがわかる．$T < T_{\rm C}$ での自発磁化の温度変化を図 4.4 に示す．ただし，1 次元および 2 次元のハイゼンベルク模型では，有限温度で自発磁化が存在しないので，この結果は正しくない．

弱い外部磁場が存在するときの磁化を式 (4.26) と $B_S(x)$ の展開式 (1.40) を用いて求めると，$T > T_{\rm C}$ のとき

$$M \simeq \frac{S(S+1)}{3k_{\rm B}(T - T_C)}H \tag{4.28}$$

となる．したがって磁化率 χ は相転移のランダウ理論で得られたものと同じ温度変化をするが，この温度依存性はキュリー・ワイス則 (Curie-Weiss law) として実験的によく観測される形である．磁化率のキュリー・ワイス則は一般に

$$\chi = \frac{C}{T - T_\theta} \tag{4.29}$$

の形に表され，式 (4.29) の C, T_θ をそれぞれキュリー定数，ワイス温度とよぶ．実験的に測定される磁化は，N をスピン数とすると $-Ng\mu_{\rm B}M$ で与えられるから, 対応する磁化率は

$$C = \frac{N(g\mu_{\rm B})^2 S(S+1)}{3k_{\rm B}} \tag{4.30}$$

となる．分子場理論では T_θ は $T_{\rm C}$ と等しい．

分子場理論には入っていない相互作用の揺らぎの効果を考慮に入れる理論的な方法として，物理量の熱平均値を T^{-1} のべき級数で表す高温展開 (high-temperature expansion) の方法がある．この方法をハイゼンベルク模型に適用して磁化率を求めると

$$\chi \simeq g\mu_{\mathrm{B}}\left(\frac{S(S+1)}{3k_{\mathrm{B}}T}-\frac{J(\mathbf{0})[S(S+1)]^2}{9k_{\mathrm{B}}^2T^2}+\text{高次の項}\right) \tag{4.31}$$

となる．式 (4.29) を T^{-1} について展開した結果と式 (4.31) の最初の 2 項が一致すると考えれば，高温の磁化率から得られるワイス温度は

$$T_\theta = -\frac{J(\mathbf{0})S(S+1)}{3k_{\mathrm{B}}} \tag{4.32}$$

となる．強磁性体に限らず多くの絶縁体磁性体で，高温の磁化率の実験結果がキュリー・ワイス則によく従うことが知られており，ワイス温度の測定から $J(\mathbf{0})$ を見積もることができる．

分子場理論は異なるスピン間の相関効果を無視しており，無秩序状態における自由エネルギーを秩序状態に較べ相対的に高く近似している．したがって分子場理論の T_{C} の値は真の T_{C} の値より高い．このため，現実の強磁性体では $T_{\mathrm{C}} < T_\theta$ が成り立っている．帯磁率以外の量についても式 (1.40) を利用して T_{C} 近傍での振る舞いが求められるが，分子場理論から得られる臨界指数はランダウ理論の結果と一致する．

4.3.2 反強磁性状態

格子全体が互いに同等な 2 つの副格子 A，B に分かれ，異なる副格子上のスピンがお互いに反平行に整列する反強磁性状態を考えよう．格子点 i が A 副格子上にあるとき $\langle \boldsymbol{S}_i \rangle = \boldsymbol{M}_{\mathrm{A}}$，格子点 j が B 副格子上のとき $\langle \boldsymbol{S}_j \rangle = \boldsymbol{M}_{\mathrm{B}}$ とおく．$\boldsymbol{M}_{\mathrm{A}}$，$\boldsymbol{M}_{\mathrm{B}}$ を**副格子磁化**とよぶ．各副格子上の分子場は

$$\begin{aligned}\boldsymbol{H}_{\mathrm{A}}^{(\mathrm{MF})} &= -\alpha\boldsymbol{M}_{\mathrm{A}} - \beta\boldsymbol{M}_{\mathrm{B}} + \boldsymbol{H},\\ \boldsymbol{H}_{\mathrm{B}}^{(\mathrm{MF})} &= -\beta\boldsymbol{M}_{\mathrm{A}} - \alpha\boldsymbol{M}_{\mathrm{B}} + \boldsymbol{H}\end{aligned} \tag{4.33}$$

となる．ここで α および β はそれぞれ同一副格子に属するスピン間および異なる副格子に属するスピン間の相互作用を表す係数で，i が A 副格子上にあるとき

$$\begin{aligned}\alpha &= \sum_{j\in\mathrm{A}} J_{ij} = \frac{1}{2}[J(\mathbf{0}) + J(\boldsymbol{Q})],\\ \beta &= \sum_{j\in\mathrm{B}} J_{ij} = \frac{1}{2}[J(\mathbf{0}) - J(\boldsymbol{Q})]\end{aligned} \tag{4.34}$$

と表される．$\boldsymbol{Q}$ はこの反強磁性秩序のもつ波数である．反強磁性相互作用が強い場合には，$J(\boldsymbol{Q})<0$ であり，$\alpha<\beta$ かつ $\beta>0$ が成り立っている．外部磁場が存在しない場合には

$$\boldsymbol{M}_{\mathrm{A}}=-\boldsymbol{M}_{\mathrm{B}}=\boldsymbol{M}_{\mathrm{S}}$$

が成り立ち，副格子磁化の大きさ $|\boldsymbol{M}_{\mathrm{A}}|=M_{\mathrm{S}}$ は

$$M_{\mathrm{S}}=SB_S\left(\frac{|J(\boldsymbol{Q})|SM_{\mathrm{S}}}{k_{\mathrm{B}}T}\right) \tag{4.35}$$

を満たす．この式は強磁性の場合の式 (4.26) で $|J(\mathbf{0})|$ を $|J(\boldsymbol{Q})|$ に置き換えたものである．したがって臨界温度

$$T_{\mathrm{N}}=\frac{|J(\boldsymbol{Q})|S(S+1)}{3k_{\mathrm{B}}} \tag{4.36}$$

の低温側では $M_{\mathrm{S}}\neq 0$ となり反強磁性秩序を示す．反強磁性の臨界温度 T_{N} を特にネール温度とよぶ．$T>T_{\mathrm{N}}$ での磁化率は強磁性の場合と同様にキュリーワイス則 (式 (4.29), (4.30), (4.32)) に従うが，$T=T_{\mathrm{N}}$ でも磁化率は発散せず有限にとどまる．d 次元立方格子上で最近接反強磁性相互作用をもつ ($J(\boldsymbol{q})$ が式 (4.16) で与えられる) 場合には，$T_\theta=-T_{\mathrm{N}}<0$ である．実際に多くの反強磁性体で $T_\theta<0$ であることが知られているが，T_θ は $-J(\mathbf{0})$ に比例しているので，反強磁性体でも必ずしも負である必要はない．

外部磁場を加えた場合，その影響が磁場の方向に強く依存するのが反強磁性体の特徴である．このとき磁気異方性が重要な働きをするが，まず異方性エネルギーを考えに入れずにハイゼンベルク模型に対する磁場の影響を調べてみよう．

平行磁化率　$\boldsymbol{H}$ が $\boldsymbol{M}_{\mathrm{S}}$ に平行であると仮定して帯磁率を求めよう．各副格子磁化の方向は $\boldsymbol{H}=\mathbf{0}$ の場合と変わらないと考え，磁場方向の成分を $M_{\mathrm{A}}=M_{\mathrm{S}}+\delta M_{\mathrm{A}}$，$M_{\mathrm{B}}=-M_{\mathrm{S}}+\delta M_{\mathrm{B}}$ とおく．これらを式 (4.25)，(4.33)，(4.35) に代入し δM_{A}，δM_{B} および H について 1 次の項まで展開して解く．このとき $\delta M_{\mathrm{A}}=\delta M_{\mathrm{B}}$ が成り立ち，平行磁化率 $\chi_{\parallel}=\delta M_{\mathrm{A}}/H$ は

$$\chi_{\parallel}=\frac{S^2B_S'(\frac{|J(\boldsymbol{Q})|SM_{\mathrm{S}}}{k_{\mathrm{B}}T})}{k_{\mathrm{B}}T+J(\mathbf{0})S^2B_S'(\frac{|J(\boldsymbol{Q})|SM_{\mathrm{S}}}{k_{\mathrm{B}}T})} \tag{4.37}$$

となる．$\chi_{\parallel}$ は図 4.6 に示すように $T\to 0$ のとき指数関数的に減少し 0 に近づく．

垂直磁化率　次に $\boldsymbol{H}$ が $\boldsymbol{M}_{\mathrm{S}}$ に垂直な場合を考えてみよう[3]．この場合図 4.5 のように A，B 副格子の磁化はそれぞれ外部磁場の方向にやや傾いてつり

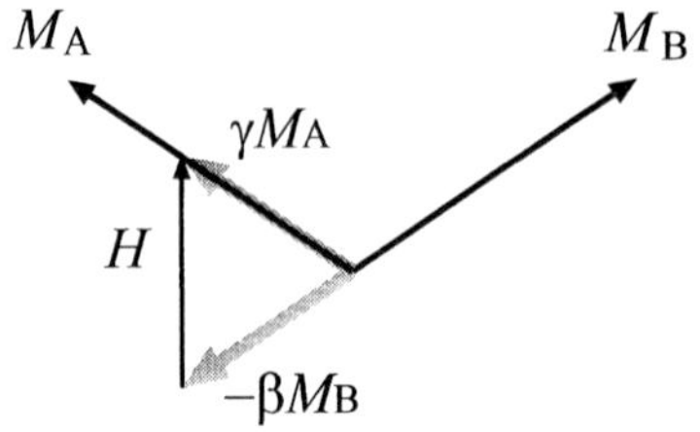

図 4.5　磁場が $\boldsymbol{M}_{\rm S}$ に垂直な場合の分子場

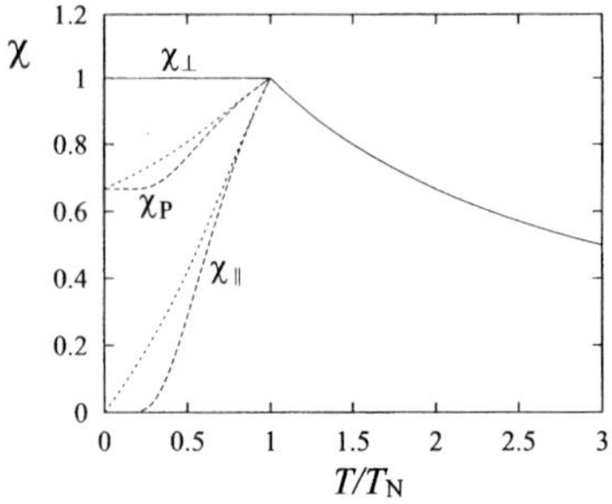

図 4.6　分子場理論による反強磁性体の磁化率 ($T = T_{\rm N}$ のときの値で規格化してある) の温度変化 $T < T_{\rm N}$ では $S = 1/2$(破線) および $S = \infty$(点線) の場合の $\chi_{\parallel}$ と $\chi_{\rm P}$ および $\chi_{\perp}$(実線，S によらない) が示してある．

あいを保つ．各副格子磁化がその副格子における分子場 (式 (4.33)) に平行であることを考慮すると，適当な数 γ に対して

$$-\beta\boldsymbol{M}_{\rm B} + \boldsymbol{H} = \gamma\boldsymbol{M}_{\rm A}, \qquad -\beta\boldsymbol{M}_{\rm A} + \boldsymbol{H} = \gamma\boldsymbol{M}_{\rm B} \tag{4.38}$$

が成り立たねばならない．ここで A，B 副格子が同等なので右辺の係数を等しくおいた．これから直ちに $\gamma = \beta$ が得られ，分子場は $\boldsymbol{H}_{\rm A(B)} = (\beta - \alpha)\boldsymbol{M}_{\rm A(B)}$ で与えられる．これは外部磁場がないときの分子場の式と同じだから，副格子磁化の大きさは磁場によって変化しない．磁化 $\boldsymbol{M}$ は磁場に比例して増加し，垂直磁化率 $\chi_{\perp}$ は温度によらず一定値

$$\chi_{\perp} = \frac{1}{2\beta} = \frac{1}{J(\boldsymbol{0}) - J(\boldsymbol{Q})} \tag{4.39}$$

となる．結果を図 4.6 に示す．反強磁性体の磁化率は $T > T_{\rm N}$ では温度の減少とともに増大するが，$T_{\rm N}$ 以下の温度では平行磁化率は急激に 0 に向かって減少し，垂直磁化率は温度によらず $T = T_{\rm N}$ における値に亭まる．

実験では多結晶試料で磁化率を測定することも多い．この場合は試料に含まれる結晶のスタッガード磁化の向きがランダムなので，この方向について平均された磁化が観測される．スタッガード磁化と外部磁場のなす角を Θ とすると，スタッガード磁化に平行な外部磁場の成分 $H_{\parallel} = H\cos\Theta$ によるスタッガード磁化に平行な磁化と，垂直成分 $H_{\perp} = H\sin\Theta$ によるスタッガード磁化に垂直な磁化が生じる．外部磁場に垂直な磁化の成分は平均により消え，磁化率は

$$\chi_{\rm P} = \langle\cos^2\Theta\rangle\chi_{\parallel} + \langle\sin^2\Theta\rangle\chi_{\perp} = \frac{1}{3}(\chi_{\parallel} + 2\chi_{\perp}) \tag{4.40}$$

となる．上式で結晶の向きによる平均を $\langle\cos^2\Theta\rangle$，$\langle\sin^2\Theta\rangle$ と表した．χ_{p} は $T=T_{\mathrm{N}}$ で最大値をとり，温度変化に折れ曲がりが現れる．

4.3.3 スピンフロップ転移

磁場による自由エネルギーの変化は H が小さいとき

$$\Delta F=-\frac{N\chi}{2}H^2 \tag{4.41}$$

と表されることが熱力学から一般的に導かれる．反強磁性体では $T<T_{\mathrm{N}}$ で $\chi_{\parallel}<\chi_{\perp}$ だから，スタッガード磁化が磁場に対して垂直な状態が，平行な状態より熱力学的に安定である．磁気異方性がなければ，磁場をかけると直ちに副格子磁化は磁場に垂直な方向を向くはずである．しかし，現実の系には異方性エネルギーが存在し，外部磁場のないときには $\boldsymbol{M}_{\mathrm{S}}$ は異方性エネルギーを最小にする方向 (容易軸方向) を向いている．そのため磁場を $\boldsymbol{M}_{\mathrm{S}}$ に平行に加えても，磁場が弱い間は $\boldsymbol{M}_{\mathrm{S}}$ はその向きを変えない．外部磁場が強くなり，その効果が異方性エネルギーに打ち勝つと，$\boldsymbol{M}_{\mathrm{S}}$ の方向が容易軸に垂直な方向に変化する．外部磁場によるこの相転移をスピンフロップ転移とよぶ．

この現象を議論するためにはハミルトニアンに異方性エネルギーの項をとり入れる必要がある．異方性ハミルトニアンはその起源により形が異なるが，ここでは話を具体的にするために z 軸を容易軸とする 1 イオン異方性の項

$$\mathcal{H}_{\mathrm{A}}=D\sum_i(S_i^z)^2 \quad (D<0) \tag{4.42}$$

がハミルトニアンに含まれているとする．分子場理論を適用するとスピン $\boldsymbol{S}_i$ に対する有効ハミルトニアンは

$$\tilde{\mathcal{H}}_i=(\sum_j J_{ij}\langle\boldsymbol{S}_j\rangle-\boldsymbol{H})\cdot\boldsymbol{S}_i+D(S_i^z)^2 \tag{4.43}$$

となる．$\tilde{\mathcal{H}}_i$ に $(S_i^z)^2$ の項が存在するため，一般の D の値に対しスピンの平均値を式 (4.25) のように簡単に表すことができない．ここでは異方性が非常に小さい場合に議論を限り，外部磁場を容易軸方向にかけたときの自由エネルギーを求めよう．$\langle\boldsymbol{S}_i\rangle$ が自由エネルギーの変分原理から決まっているため，D による $\langle\boldsymbol{S}_i\rangle$ の変化は自由エネルギーの 1 次の補正に寄与しない．したがって，異方性の 1 次の補正を取り込んだ自由エネルギーは外部磁場とスタッガード磁化が角度 Θ をなしているとき，

$$F(H,\Theta)=F_0(H,\Theta)+D\sum_i\langle(S_i^z)^2\rangle_0, \tag{4.44}$$

$$F_0(H,\Theta) \simeq F_{00} - \frac{N}{2}(\chi_\parallel \cos^2\Theta + \chi_\perp \sin^2\Theta)H^2 \tag{4.45}$$

と表される．$F_0(0,\Theta)$ は Θ によらないので F_{00} と表した．$F_0(H,\Theta)$ および $\langle(S_i^z)^2\rangle_0$ は，$D=0$ としたときの自由エネルギーおよび $(S_i^z)^2$ の平均値である．異方性がないとき $\boldsymbol{S}_i$ の揺らぎは分子場のまわりで対称だから，格子点 i における分子場の方向と z 軸との間の角 θ_i と分子場に平行なスピンの成分 S_i^ζ を用いて

$$\langle(S_i^z)^2\rangle_0 = \langle(S_i^\zeta)^2\rangle_0 - \frac{1}{2}[3\langle(S_i^\zeta)^2\rangle_0 - S(S+1)]\sin^2\theta_i \tag{4.46}$$

と表される．異方性が弱い場合には弱い磁場でスピンフロップ転移が起こるので，$\langle(S_i^\zeta)^2\rangle_0$ には外部磁場がないときの値を用いる．これは温度のみに依存する．$\Theta=0$ の場合は $\sin\theta_i = 0$ であり

$$F(H,0) \simeq F_{00} + ND\langle(S_i^\zeta)^2\rangle_0 - \frac{N}{2}\chi_\parallel H^2 \tag{4.47}$$

となり，$\Theta=\pi/2$ の場合は $\sin^2\theta_i \simeq 1$ と考えてよいから，

$$F\left(H,\frac{\pi}{2}\right) \simeq F_{00} + \frac{ND}{2}(S(S+1) - \langle(S_i^\zeta)^2\rangle_0) - \frac{N}{2}\chi_\perp H^2 \tag{4.48}$$

となる．したがって磁場が弱いときは $\Theta=0$ の状態が安定であるが，磁場が強くなり，H が

$$H_{\mathrm{f}} = \sqrt{\frac{K}{\chi_\perp - \chi_\parallel}} \tag{4.49}$$

を超えるとスピンフロップ転移が起き，$\Theta=\pi/2$ の状態が安定になる．

$$K = |D|[3\langle(S_i^\zeta)^2\rangle_0 - S(S+1)] \tag{4.50}$$

は異方性の強さを表すパラメタ (>0) で，温度のみに依存する．磁場を H_{f} よりさらに強くしてゆくと，副格子磁化はしだいに磁場の方向に傾き，$H = M_{\mathrm{S}}/\chi_\perp = (J(\mathbf{0}) - J(\boldsymbol{Q}))M_{\mathrm{S}}$ の時磁場に平行にそろって，新しい相に相転移する．この状態は磁場によって磁化が生じているが，図 4.7(a) に示すように磁場のない高温の状態とつながっているので，常磁性状態とよばれる．

$|D|$ が大きくなると上に述べた取扱いは不正確になるので，式 (4.43) を用いて分子場の方程式を数値的に解く必要がある．$S=1$ の場合には，3 次元の行列を対角化して自由エネルギーを求める．このような計算を実行して得られた相図を図 4.7(a) に示す．最近接格子点間にのみ交換相互作用 J (>0) をもつ単純立方格子で $D=-0.8J$ の場合の結果を図に示す．図から 3 個の相が存在することがわかる．$\boldsymbol{M}_{\mathrm{S}}$ が磁場に平行な相 (up-down) と $\boldsymbol{M}_{\mathrm{S}}$ が磁場に垂直な

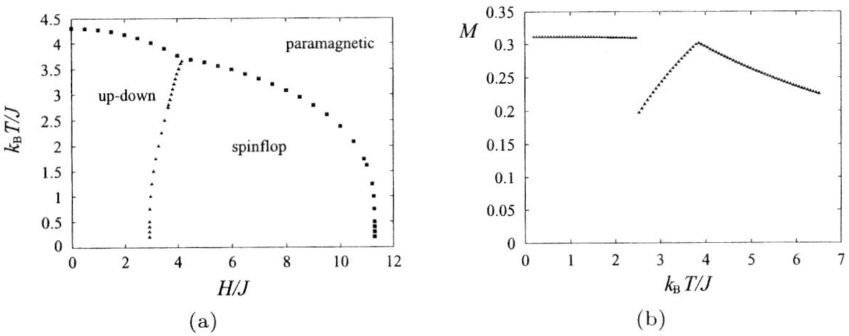

図 4.7 (a) 1 軸異方性をもつ反強磁性体の相図 ($S=1$, $D/J=-0.8$ の場合), (b) 磁場を $H=3.5J$ に固定した場合の磁化の温度変化

相 (spin flop) との間の相転移は不連続相転移である．一方 up-down 相および spin flop 相は温度が上昇するとともに連続相転移により常磁性 (paramagnetic) 相に移る．相図上でこれらの相境界が交わる点は 3.7.3 項で説明した 2 重臨界点である．磁場の強さを $H=3.5J$ に固定して磁化の温度変化を示したものが図 4.7(b) である．$k_BT=2.52J$ で spin flop 相から up-down 相に移る際に磁化が不連続に変化している．

文　献

1) T. A. Kaplan: Phys. Rev. **116** (1959) 888; A. Yoshimori: J. Phys. Soc. Jpn. **14** (1959) 807; J. Villain: J. Phys. Chem. Solids **11** (1959) 303; T. A. Kaplan and N. Menyuk: Phil. Mag. **87** (2007) 3711; ibid **88** (2008) 279.
2) Y. Yamamoto and T. Nagamiya: J. Phys. Soc. Jpn. **32** (1972) 1248.
3) L. Néel: Ann. de Physique **5** (1936) 232.

5

磁性体の励起状態

強磁性，反強磁性，らせん秩序など，スピンの平均値が有限に存在する磁気秩序状態における低エネルギー励起は，秩序状態からのスピンの小さな揺らぎが波として伝わる状態である．この波をスピン波 (spin wave)，それを量子化した粒子をマグノン (magnon) とよぶ[1)]．

5.1　ホルシュタイン・プリマコフ変換

マグノンはボース粒子なので，スピン演算子をあらかじめボース演算子で書き表す変換を用いると，スピン波を議論するときには便利である．以下では，広く用いられているホルシュタイン・プリマコフ変換を用いる．

ボース粒子の生成演算子および消滅演算子をそれぞれ $a^\dagger$ および a と表す．またボース粒子の個数を表す粒子数演算子を $\hat{n} \equiv a^\dagger a$ とする．これらの間には交換関係

$$[a, a^\dagger] = 1, \qquad [\hat{n}, a^\dagger] = a^\dagger, \qquad [\hat{n}, a] = -a \tag{5.1}$$

が成り立つ．式 (5.1) を用いると $\hat{n}$ で表される演算子 $f(\hat{n})$ に対して

$$a\, f(\hat{n}) = f(\hat{n}+1)\, a, \qquad a^\dagger\, f(\hat{n}+1) = f(\hat{n})\, a^\dagger \tag{5.2}$$

が成り立つことがわかる．ボース粒子系の基底として粒子数演算子の固有状態を

$$\hat{n}|n\rangle = n|n\rangle \quad (n = 0, 1, 2, \cdots) \tag{5.3}$$

のように選べる．a，$a^\dagger$ を用いて演算子 S^z，S^- および S^+ を

$$S^z = S - \hat{n}, \tag{5.4}$$

$$S^- = \sqrt{2S}a^\dagger \left(1 - \frac{\hat{n}}{2S}\right)^{\frac{1}{2}} \tag{5.5}$$

$$S^+ = (S^-)^\dagger = \sqrt{2S}\left(1 - \frac{\hat{n}}{2S}\right)^{\frac{1}{2}} a \tag{5.6}$$

と定義する[2)]．ここで S は 1/2, 1, 3/2, $\cdots$ のようにスピンの大きさを表す数である．これらの演算子の間の交換関係を式 (5.1) および式 (5.2) を用いて計算すると

$$[S^z,\, S^-] = \sqrt{2S}[S - \hat{n}, a^\dagger]\left(1 - \frac{\hat{n}}{2S}\right)^{\frac{1}{2}} = -S^-, \tag{5.7}$$

$$[S^z,\, S^+] = \sqrt{2S}\left(1 - \frac{\hat{n}}{2S}\right)^{\frac{1}{2}}[S - \hat{n}, a] = S^+, \tag{5.8}$$

$$\begin{aligned}[S^-,\, S^+] &= 2S\left\{a^\dagger\left(1 - \frac{\hat{n}}{2S}\right)a - \left(1 - \frac{\hat{n}}{2S}\right)^{\frac{1}{2}} aa^\dagger \left(1 - \frac{\hat{n}}{2S}\right)^{\frac{1}{2}}\right\} \\ &= -2(S - \hat{n}) = -2S^z \end{aligned} \tag{5.9}$$

となる．さらに $S^x = (S^+ + S^-)/2$, $S^y = (S^+ - S^-)/2\mathrm{i}$ とおくと

$$\begin{aligned}[S^z,\, S^x] &= \frac{1}{2}[S^z, S^+ + S^-] = \mathrm{i}S^y \\ [S^y,\, S^z] &= \frac{1}{2\mathrm{i}}[S^z, -S^+ + S^-] = \mathrm{i}S^x \\ [S^x,\, S^y] &= \frac{1}{4\mathrm{i}}[S^+ + S^-, S^+ - S^-] = \mathrm{i}S^z \end{aligned} \tag{5.10}$$

となる．したがって，$a^\dagger$ および a で表された演算子 S^x, S^y, S^z は角運動量の交換関係を満たす．さらに

$$(S^x)^2 + (S^y)^2 + (S^z)^2 = S(S+1) \tag{5.11}$$

が成り立つので，大きさ S のスピンがボース演算子により表されたことになる．この変換を**ホルシュタイン・プリマコフ (Holstein-Primakoff) 変換**とよぶ．

スピンの z 成分 S^z の固有状態は粒子数演算子 $\hat{n}$ の固有状態である．S^z の固有値は $-S$ から S まで $2S+1$ 個の値しかとらないのに，$\hat{n}$ は 0 から無限大まで無限個の固有値をとりうる．つまり，$2S$ より大きい $\hat{n}$ の固有値に対応する状態は，スピンの状態には対応しない状態である．このように，スピンをボース演算子で表すと非物理的な状態が現れることに注意しなければならない．しかし，$(1 - \hat{n}/2S)^{\frac{1}{2}}$ の因子があるために

$$S^-|2S\rangle = \sqrt{2S}a^\dagger\left(1 - \frac{\hat{n}}{2S}\right)^{\frac{1}{2}}|2S\rangle = 0$$

$$S^+|2S+1\rangle = \sqrt{2S}\left(1-\frac{\hat{n}}{2S}\right)^{\frac{1}{2}} a|2S+1\rangle = 0 \qquad (5.12)$$

となり，スピン演算子では $0 \le n \le 2S$ の状態空間と $2S+1 \le n$ の状態空間は完全に分離している．

5.2 強磁性スピン波

スピンがすべて z 方向を向いている強磁性状態を考えよう．このときすべてのスピンが $S^z = S$ の状態にあり，系全体の状態はハイゼンベルク模型 (式 (3.18)) の正確な基底状態である．この状態から出発し，格子点 i のスピンを少し傾けて $S_i^z = S-1$ の状態をつくってみる．この状態に $\boldsymbol{S}_i \cdot \boldsymbol{S}_j$ を作用させると S_i^z が S にもどり S_j^z が $S-1$ となった状態が混ざる．この結果，全スピンの z 成分の値が $NS-1$ であるハイゼンベルク模型 (式 (3.18)) の固有状態は，どこか一格子点で $S^z = S-1$ である系の状態をすべて重ね合わせた状態になる．波数がよい量子数となるので，これはスピンの揺らぎが波として伝わる状態である．この波を強磁性スピン波とよぶ．

5.2.1 スピン波の導出

ここではホルシュタイン・プリマコフ変換を用いるが，スピン演算子をボース演算子を用いて表す他の変換を用いても，以下で用いる最低次の近似 (線形スピン波近似) の範囲では，同じ結果を与える．

出発点として全格子点で $S^z = S$ の状態を選び，格子点 i のスピン演算子 $\boldsymbol{S}_i$ がボース演算子 a_i，$a_i^\dagger$ を用いて式 (5.4)～(5.6) のように表されているとする．$S_i^z = S - n_i$ の状態は格子点 i にボース粒子が n_i 個存在する状態であり，S_i^-，S_i^+ は格子点 i でボース粒子を生成あるいは消滅させる．ハイゼンベルク模型 (3.18) にホルシュタイン・プリマコフ変換を用い，因子 $(1 - a_i^\dagger a_i/2S)^{\frac{1}{2}}$ を $a_i^\dagger a_i/2S$ について展開すると，ハミルトニアンの S^{-1} に関する展開が得られる．S に比例する項まで取り込むと，式 (3.18) は

$$\mathcal{H} = \frac{1}{2}\sum_{i,j} J_{ij}(S^2 - 2Sa_i^\dagger a_i + 2Sa_i^\dagger a_j) \qquad (5.13)$$

となる．ここから先は粒子数に対する制限を取り外し，ボース粒子は各格子点に何個でも存在できるとして議論を進める．a_i，$a_i^\dagger$ のフーリエ変換

$$a_{\boldsymbol{q}} = \frac{1}{\sqrt{N}} \sum_i \mathrm{e}^{-\mathrm{i}\boldsymbol{q}\cdot\boldsymbol{r}_i} a_i, \tag{5.14}$$

$$a_{\boldsymbol{q}}^\dagger = \frac{1}{\sqrt{N}} \sum_i \mathrm{e}^{\mathrm{i}\boldsymbol{q}\cdot\boldsymbol{r}_i} a_i^\dagger \tag{5.15}$$

を用いると式 (5.13) は対角化されて

$$\mathcal{H} = E_0 + \sum_{\boldsymbol{q}} \hbar\omega_{\boldsymbol{q}} a_{\boldsymbol{q}}^\dagger a_{\boldsymbol{q}}, \tag{5.16}$$

$$\omega_{\boldsymbol{q}} = S[J(\boldsymbol{q}) - J(\boldsymbol{0})]/\hbar \tag{5.17}$$

となる．$E_0 = NJ(\boldsymbol{0})S^2/2$ は基底状態のエネルギー，$\omega_{\boldsymbol{q}}$ は波数 $\boldsymbol{q}$ をもつスピン波の振動数，$a_{\boldsymbol{q}}^\dagger$，$a_{\boldsymbol{q}}$ はそれぞれ対応するマグノンの生成，消滅演算子である．系の基底状態はマグノンが 1 個もいない状態であり，励起状態はマグノンが励起された状態であることをハミルトニアン (式 (5.16)) は示している．励起エネルギーは励起されたマグノンのエネルギー $\hbar\omega_{\boldsymbol{q}}$ の和となる．以下の議論では，簡単のために格子定数を 1 とおく．

スピン波の波長が大きい $q = |\boldsymbol{q}| \ll 1$ の場合に $\omega_{\boldsymbol{q}}$ を $\boldsymbol{q}$ について展開すると，$J_{ij} = J_{ji}$ より $\boldsymbol{q}$ の 1 次の項は消えて

$$S[J(\boldsymbol{q}) - J(\boldsymbol{0})] \simeq -\frac{S}{2} \sum_j J_{ij} (\boldsymbol{r}_{ij} \cdot \boldsymbol{q})^2 \quad (\boldsymbol{r}_{ij} = \boldsymbol{r}_i - \boldsymbol{r}_j) \tag{5.18}$$

となる．d 次元の立方対称性をもつ系では振動数は長波長の領域で

$$\omega_{\boldsymbol{q}} \simeq D_{\mathrm{S}} q^2, \qquad D_{\mathrm{S}} = -\frac{S}{2d\hbar} \sum_j J_{ij} |\boldsymbol{r}_{ij}|^2 \tag{5.19}$$

と近似できる．

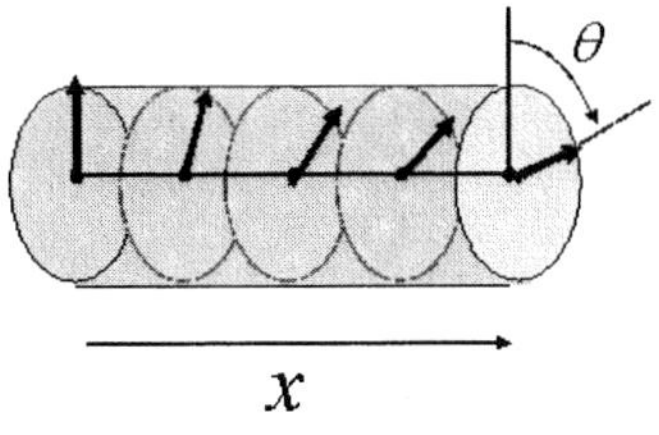

図 5.1　空間的にねじれた磁化をもつ強磁性体

ここで，図 5.1 のようにハイゼンベルク強磁性体の磁化の向きが x 座標とともに緩やかに回転している場合を考える．スピンの回転角を $\theta(x)$ と表し，式 (3.18) のスピンを古典的に扱って計算すると，強磁性体のエネルギーは磁化が

一様な場合に較べ 1 スピンあたり $\frac{SD_S\hbar}{2}(\frac{d\theta}{dx})^2$ だけ増加している．このように D_S は強磁性体の磁化のねじれに対する剛性を示す量なので，**スピン剛性定数** (spin stiffness constant) とよばれる．

式 (5.19) で表されるように，$q \to 0$ の極限で $\omega_{\boldsymbol{q}} \to 0$ となるのは，ハイゼンベルク模型が回転対称性をもっているためである．イジング的異方性 (4.42) によって z 方向に磁化が向いている場合には，$q = 0$ における振動数が有限の値 $2|D|S/\hbar$ になることが容易に導ける．

上に述べたスピン波の導出は S^{-1} 展開の最低次の近似なので，マグノン間には相互作用が存在しない．実際には，マグノンが 2 個以上励起されると S^{-1} 展開の高次の項からマグノン間の相互作用が生じる．しかし，マグノンが 1 個励起された状態は強磁性ハイゼンベルク模型の正確な固有状態であり，式 (5.17) はマグノンの正確な振動数を与えている．励起されたマグノンの数が少ない低温では，マグノン間相互作用の影響を無視する近似がよい近似になると考えられる．

5.2.2 自発磁化の温度変化

マグノンが励起されると系の全スピンの z 成分は励起されたマグノンの数だけ減少する．相互作用を無視すればマグノンの数はボース分布関数

$$n_B(\hbar\omega_{\boldsymbol{q}}) = \frac{1}{\exp\left(\frac{\hbar\omega_{\boldsymbol{q}}}{k_B T}\right) - 1} \tag{5.20}$$

で与えられるので，温度 T における自発磁化は

$$M = S - \frac{1}{N}\sum_{\boldsymbol{q}}\left\{\exp\left(\frac{\hbar\omega_{\boldsymbol{q}}}{k_B T}\right) - 1\right\}^{-1} \tag{5.21}$$

となる．低温における磁化の減少を議論する場合には，長波長部分の寄与が重要なので $\boldsymbol{q}$ に関する和を積分に置き換え，$q \lesssim q_0(\sim \pi)$ のとき $\omega_{\boldsymbol{q}} \simeq D_S q^2$ が成り立つと考える (**長波長近似**) と，d 次元格子における磁化の温度変化は

$$\Delta M \simeq -C_d \int_0^{q_0} \frac{q^{d-1}dq}{\exp(\frac{\hbar D_S q^2}{k_B T}) - 1}, \quad C_d = \frac{1}{2\pi^{d-1}}\ (d = 2, 3), \quad C_1 = \pi^{-1} \tag{5.22}$$

と表せる．低温では $q \to \infty$ で被積分関数が急速に減少するので，積分の上限を無限大に置き換えてもよい．

3 次元格子の場合 変数変換 $x = \hbar D_{\mathrm{S}} q^2 / k_{\mathrm{B}} T$ を用いて積分 (式 (5.22)) を実行し，関係式

$$\int_0^\infty \frac{x^{\frac{1}{2}}\mathrm{d}x}{\mathrm{e}^x - 1} = \frac{\sqrt{\pi}}{2}\zeta\left(\frac{3}{2}\right) \tag{5.23}$$

を用いると

$$\Delta M \simeq -\zeta\left(\frac{3}{2}\right)\left(\frac{k_{\mathrm{B}}T}{4\pi\hbar D_{\mathrm{S}}}\right)^{3/2} \tag{5.24}$$

となる．$\zeta(3/2) \simeq 2.612$ はリーマン (Riemann) のゼータ関数である．強磁性体の自発磁化の温度変化が $T^{3/2}$ に比例することは実験的にもよく知られている．ここでは $\omega_{\boldsymbol{q}} \simeq D_{\mathrm{S}} q^2$ の近似を用いたが q^4, q^6 の項を考えると $T^{5/2}$，$T^{7/2}$ に比例する補正項が加わることが容易にわかる．また，マグノン間相互作用の効果により T^4 に比例する補正項が加わることが知られている[3)].

長波長近似を用いて比熱を計算するとマグノンの励起による比熱は低温で

$$C \simeq \frac{15}{4} N \zeta\left(\frac{5}{2}\right)\left(\frac{k_{\mathrm{B}}T}{4\pi\hbar D_{\mathrm{S}}}\right)^{\frac{3}{2}} k_{\mathrm{B}} \tag{5.25}$$

となる．

低次元格子 ($d \leq 2$) の場合 格子の次元が 2 以下の場合には積分 (式 (5.22)) は $q = 0$ の近傍からの寄与により発散してしまう．3.5 節で述べたマーミン・ワグナーの定理によれば，この場合有限温度では秩序が存在しないから，秩序状態を仮定して出発する簡単なスピン波近似はこの場合使えない．マグノン間の相互作用を近似的にとりいれ，磁化の熱平均値が有限温度で 0 になるように補正した修正スピン波理論やグリーン関数の方法などを用いて，低次元強磁性体の有限温度の性質が議論されている[4)].

5.3 反強磁性スピン波

A, B 副格子上のスピンがそれぞれ z 方向，$-z$ 方向に整列しているネール状態を議論の出発点とする．この状態にハミルトニアン (式 (3.18)) を作用させると，i が A 副格子，j が B 副格子に属するとき

$$\boldsymbol{S}_i \cdot \boldsymbol{S}_j = S_i^z S_j^z + \frac{1}{2}(S_i^+ S_j^- + S_i^- S_j^+) \tag{5.26}$$

に含まれる $S_i^- S_j^+$ の項によりスピン状態が変わってしまう．このように量子力学的な非可換性のために古典的な状態に他の状態が混ざることを量子揺らぎ

(quantum fluctuation) とよぶ．これからわかるように，古典的なネール状態は真の基底状態ではない．しかし反強磁性秩序が真の基底状態でも存在するならば，スピンの量子性による補正が加わってはいるが，基底状態は本質的にネール状態と同じ状態と考えてよいだろう．反強磁性体においても，秩序をもつ基底状態からの励起は強磁性体の場合と同様にスピン波励起として記述され，基底状態における量子揺らぎはスピン波の零点振動として表される[5)]．

5.3.1 ボゴリューボフ変換によるスピン波の導出

A 副格子に属する格子点 i ではこの場合も変換 (式 (5.4)〜(5.6)) を用いてボース演算子 a_i，$a_i^\dagger$ を導入するが，B 副格子に属する格子点 j ではスピンが $-z$ 方向を向いているので，ボース演算子 b_j，$b_j^\dagger$ を用いてスピン演算子を

$$S_j^z = -S + b_j^\dagger b_j, \tag{5.27}$$

$$S_j^+ = \sqrt{2S} b_j^\dagger \left(1 - \frac{b_j^\dagger b_j}{2S}\right)^{\frac{1}{2}}, \tag{5.28}$$

$$S_j^- = \sqrt{2S} \left(1 - \frac{b_j^\dagger b_j}{2S}\right)^{\frac{1}{2}} b_j \tag{5.29}$$

と表す．A 副格子と B 副格子が同等な場合，S^{-1} 展開の S の項まで取り込んだハミルトニアンは，

$$\begin{aligned}\mathcal{H} = \frac{1}{2}S^2 &\left[\sum_{i\in\mathrm{A}}\sum_{j\in\mathrm{A}} J_{ij} + \sum_{i\in\mathrm{B}}\sum_{j\in\mathrm{B}} J_{ij} - 2\sum_{i\in\mathrm{A}}\sum_{j\in\mathrm{B}} J_{ij}\right] \\ +S &\left[\sum_{i\in\mathrm{A}}\sum_{j\in\mathrm{A}} J_{ij}(-a_i^\dagger a_i + a_i^\dagger a_j) + \sum_{i\in\mathrm{B}}\sum_{j\in\mathrm{B}} J_{ij}(-b_i^\dagger b_i + b_i^\dagger b_j)\right. \\ &\left. + \sum_{i\in\mathrm{A}}\sum_{j\in\mathrm{B}} J_{ij}(a_i^\dagger a_i + b_j^\dagger b_j + a_i b_j + a_i^\dagger b_j^\dagger)\right]\end{aligned} \tag{5.30}$$

となる．ここで a_i，b_j のフーリエ変換を

$$a_{\boldsymbol{q}} = \sqrt{\frac{2}{N}}\sum_i \mathrm{e}^{-\mathrm{i}\boldsymbol{q}\cdot\boldsymbol{r}_i} a_i, \qquad b_{\boldsymbol{q}} = \sqrt{\frac{2}{N}}\sum_j \mathrm{e}^{\mathrm{i}\boldsymbol{q}\cdot\boldsymbol{r}_j} b_j \tag{5.31}$$

とおくと便利である．反強磁性秩序のために系は結晶の 2 倍の周期性をもつので，波数ベクトルは第 1 ブリユアン・ゾーンの半分の領域に限られ，独立な波数ベクトル $\boldsymbol{q}$ の数は $N/2$ であることに注意する．$a_{\boldsymbol{q}}$，$b_{\boldsymbol{q}}$ を用いて式 (5.30) を

$$\mathcal{H} = \frac{1}{2}NJ(\boldsymbol{Q})S^2 + \sum_{\boldsymbol{q}}\{A(\boldsymbol{q})(a_{\boldsymbol{q}}^\dagger a_{\boldsymbol{q}} + b_{\boldsymbol{q}}^\dagger b_{\boldsymbol{q}}) + B(\boldsymbol{q})(a_{\boldsymbol{q}} b_{\boldsymbol{q}} + a_{\boldsymbol{q}}^\dagger b_{\boldsymbol{q}}^\dagger)\} \quad (5.32)$$

と書き直す．ここで

$$A(\boldsymbol{q}) = \frac{S}{2}[J(\boldsymbol{q}) + J(\boldsymbol{q}+\boldsymbol{Q}) - 2J(\boldsymbol{Q})], \quad (5.33)$$

$$B(\boldsymbol{q}) = \frac{S}{2}[J(\boldsymbol{q}) - J(\boldsymbol{q}+\boldsymbol{Q})] \quad (5.34)$$

である．ハミルトニアンを対角化するにはボゴリューボフ (Bogoliubov) 変換

$$\alpha_{\boldsymbol{q}} = a_{\boldsymbol{q}}\cosh\theta_{\boldsymbol{q}} + b_{\boldsymbol{q}}^\dagger \sinh\theta_{\boldsymbol{q}}, \qquad \beta_{\boldsymbol{q}}^\dagger = a_{\boldsymbol{q}}\sinh\theta_{\boldsymbol{q}} + b_{\boldsymbol{q}}^\dagger\cosh\theta_{\boldsymbol{q}} \quad (5.35)$$

を行う必要がある．変換式 (5.35) によって定義した演算子 $\alpha_{\boldsymbol{q}}$，$\beta_{\boldsymbol{q}}$ はボース演算子であることが容易に確かめられる．$\alpha_{\boldsymbol{q}}$, $\beta_{\boldsymbol{q}}$ を用いて式 (5.32) を書き直すと

$$\begin{aligned}\mathcal{H} = {} & \frac{1}{2}NJ(\boldsymbol{Q})S^2 - \sum_{\boldsymbol{q}} A(\boldsymbol{q}) \\ & + \sum_{\boldsymbol{q}}\{(A(\boldsymbol{q})\cosh 2\theta_{\boldsymbol{q}} - B(\boldsymbol{q})\sinh 2\theta_{\boldsymbol{q}})(\alpha_{\boldsymbol{q}}^\dagger\alpha_{\boldsymbol{q}} + \beta_{\boldsymbol{q}}^\dagger\beta_{\boldsymbol{q}} + 1) \\ & -(A(\boldsymbol{q})\sinh 2\theta_{\boldsymbol{q}} - B(\boldsymbol{q})\cosh 2\theta_{\boldsymbol{q}})(\alpha_{\boldsymbol{q}}\beta_{\boldsymbol{q}} + \alpha_{\boldsymbol{q}}^\dagger\beta_{\boldsymbol{q}}^\dagger)\}\end{aligned} \quad (5.36)$$

となる．そこで非対角項が消えるように

$$\tanh 2\theta_{\boldsymbol{q}} = \frac{B(\boldsymbol{q})}{A(\boldsymbol{q})} \quad (5.37)$$

を満たす $\theta_{\boldsymbol{q}}$ を選び，$\sum_{\boldsymbol{q}} A(\boldsymbol{q}) = -\frac{NS}{2}J(\boldsymbol{Q})$ であることを用いると，式 (5.32) は

$$\mathcal{H} = \frac{N}{2}J(\boldsymbol{Q})S(S+1) + \sum_{\boldsymbol{q}}\hbar\omega_{\boldsymbol{q}}(\alpha_{\boldsymbol{q}}^\dagger\alpha_{\boldsymbol{q}} + \beta_{\boldsymbol{q}}^\dagger\beta_{\boldsymbol{q}} + 1) \quad (5.38)$$

と対角化される．$J(\boldsymbol{Q})$ が $J(\boldsymbol{q})$ の最小値の場合には，$A(\boldsymbol{q}) > 0$, $A(\boldsymbol{q})^2 - B(\boldsymbol{q})^2 > 0$ が成り立ち，常にこの変換が可能である．スピン波の振動数 $\omega_{\boldsymbol{q}}$ は

$$\omega_{\boldsymbol{q}} = \frac{S}{\hbar}\sqrt{[J(\boldsymbol{q}) - J(\boldsymbol{Q})][J(\boldsymbol{q}+\boldsymbol{Q}) - J(\boldsymbol{Q})]} \quad (5.39)$$

である．反転対称性があれば $q \simeq 0$ のとき

$$J(\boldsymbol{q}+\boldsymbol{Q}) - J(\boldsymbol{Q}) \simeq \frac{1}{2}\sum_{\alpha,\beta}\frac{\partial^2 J(\boldsymbol{Q})}{\partial q_\alpha q_\beta}q_\alpha q_\beta$$

だから，反強磁性スピン波の振動数は長波長領域で $|\boldsymbol{q}|$ に比例する．

基底状態でもスピン波の零点振動によるエネルギーへの寄与がある．ネール状態のエネルギー $E_0 = NJ(\boldsymbol{Q})S^2/2$ への補正は

$$\Delta E_0 = \frac{N}{2}J(\boldsymbol{Q})S + \hbar\sum_{\boldsymbol{q}}\omega_{\boldsymbol{q}} = \sum_{\boldsymbol{q}}\{\sqrt{A(\boldsymbol{q})^2 - B(\boldsymbol{q})^2} - A(\boldsymbol{q})\} \quad (5.40)$$

だから，基底エネルギーは分子場理論の結果より低くなることがわかる．

具体的に d 次元超立方格子上で最近接スピン対のみに交換相互作用 $J(>0)$ が働くハイゼンベルク模型を考えると，$\Delta E_0 = zJS\sum_{\boldsymbol{q}}(\sqrt{1-\gamma_{\boldsymbol{q}}^2}-1)$ となる．$z=2d$ は 1 つの格子点のまわりの最近接格子点の数で**配位数** (coordination number) とよばれる．また $\gamma_{\boldsymbol{q}} = (1/z)\sum_{m=1}^{z} \mathrm{e}^{\mathrm{i}\boldsymbol{q}\cdot\boldsymbol{\delta}_m}$，$\boldsymbol{\delta}_m$ はある格子点から m 番目の最近接格子点への相対位置ベクトル である．この場合の計算結果を表 5.1 に示す．表の数値は，次元が小さい程量子揺らぎの効果が大きいことを示している．この補正を加えた基底エネルギーの値は正確な値のよい近似値である．たとえば $S=1/2$ の場合，1 次元正確解の値は $E_0/NJ = -0.443$[6]，スピン波理論による値は -0.432，2 次元正方格子の場合はモンテカルロシミュレーションによる値が $E_0/NJ = -0.669$[7]，スピン波理論による値は -0.608 である．

表 5.1　スピン波による反強磁性基底状態に対する補正
d 次元立方格子上の最近接相互作用をもつハイゼンベルク模型の場合

d	1	2	3	. . .	∞
$\left\lvert\dfrac{\Delta E_0}{E_0}\right\rvert S$	0.363	0.158	0.097		0
ΔM_{S}	$-\infty$	-0.197	-0.078		0

5.3.2　副 格 子 磁 化

副格子磁化の大きさ M_{S} は

$$
\begin{aligned}
M_{\mathrm{S}} &= S - \frac{2}{N}\sum_{\boldsymbol{q}}\langle a_{\boldsymbol{q}}^\dagger a_{\boldsymbol{q}}\rangle \\
&= S - \frac{2}{N}\sum_{\boldsymbol{q}}(\cosh^2\theta_{\boldsymbol{q}}\langle\alpha_{\boldsymbol{q}}^\dagger\alpha_{\boldsymbol{q}}\rangle + \sinh^2\theta_{\boldsymbol{q}}\langle\beta_{\boldsymbol{q}}\beta_{\boldsymbol{q}}^\dagger\rangle)
\end{aligned} \tag{5.41}
$$

である．$T=0$ の場合 $\langle\alpha_{\boldsymbol{q}}^\dagger\alpha_{\boldsymbol{q}}\rangle = 0$，$\langle\beta_{\boldsymbol{q}}\beta_{\boldsymbol{q}}^\dagger\rangle = 1$ だから，M_{S} の補正項は

$$
\Delta M_{\mathrm{S}} = -\frac{2}{N}\sum_{\boldsymbol{q}}\sinh^2\theta_{\boldsymbol{q}} = -\frac{1}{N}\sum_{\boldsymbol{q}}\left(\frac{A(\boldsymbol{q})}{\sqrt{A(\boldsymbol{q})^2 - B(\boldsymbol{q})^2}} - 1\right) \tag{5.42}
$$

となる．$N\to\infty$ の極限をとり式 (5.42) の和を積分に直して計算すると，被積分関数は $q\sim 0$ のとき q^{-1} に比例するから 1 次元では積分が発散してしまう．この結果はスピン波の零点振動のためにネール基底状態の秩序が破壊され，秩序が消失することを表している．実際に最近接相互作用をもつ 1 次元ハイゼンベルク模型では，基底状態に副格子磁化が存在しない．2 以上の次元では積

分が収束し，その結果は量子揺らぎによる副格子磁化の縮みを与える．d 次元単純立方格子における計算結果を表 5.1 に示す．2 次元正方格子の例では，量子揺らぎのために副格子磁化の大きさは $S = 1/2$ の場合古典的基底状態の約 60% に減少している．有限系のモンテカルロ計算から評価した副格子磁化の値は 0.307 だから，スピン波理論との一致は驚くほどよい[7]．

有限温度におけるマグノンの数はボース分布関数で与えられ，副格子磁化の温度変化は

$$
\begin{aligned}
M_{\mathrm{S}}(T) - M_{\mathrm{S}}(T=0) &= -\frac{2}{N}\sum_{\boldsymbol{q}}(\cosh^2\theta_{\boldsymbol{q}} + \sinh^2\theta_{\boldsymbol{q}})n_{\mathrm{B}}(\hbar\omega_{\boldsymbol{q}}) \\
&= -\frac{2}{N}\sum_{\boldsymbol{q}}\frac{A(\boldsymbol{q})}{\sqrt{A(\boldsymbol{q})^2 - B(\boldsymbol{q})^2}(\exp(\frac{\hbar\omega_{\boldsymbol{q}}}{k_{\mathrm{B}}T}) - 1)}
\end{aligned}
\tag{5.43}
$$

となる．低温では長波長マグノンからの寄与が重要である．和を積分に書き直し

$$
\omega_{\boldsymbol{q}} \simeq cq, \qquad \exp\left(\frac{\hbar\omega_{\boldsymbol{q}}}{k_{\mathrm{B}}T}\right) - 1 \simeq \frac{cq}{k_{\mathrm{B}}T}
$$

と近似すると，長波長部分の積分は

$$
\sim -k_{\mathrm{B}}T\int\frac{q^{d-1}\mathrm{d}q}{q^2} \tag{5.44}
$$

と表され，積分は 3 次元では収束するが 2 次元では発散してしまう．これは，2 以下の次元ではいくら低温にしても多数のマグノンが熱的に励起され，秩序が消失することを示しており，マーミン・ワグナーの定理による結論と一致する．マグノンが熱的に多く励起されるのは $q \to 0$ のとき振動数が $\omega_{\boldsymbol{q}} \to 0$ となるためだが，これは強磁性の場合と同じようにハイゼンベルク模型が連続対称性をもっているためである．このことについては 5.5 節でやや詳しく述べる．

ハミルトニアンにイジング的異方性 (式 (4.42)) が存在する場合にはスピン波の振動数は $\hbar\omega_{\boldsymbol{q}} = S\sqrt{[J(\boldsymbol{q}) - J(\boldsymbol{Q}) - 2D][J(\boldsymbol{q}+\boldsymbol{Q}) - J(\boldsymbol{Q}) - 2D]}$ となり $(D < 0)$，$\omega_{\boldsymbol{q}}$ は $q \to 0$ のときにも正の値をもつ．このため低温におけるマグノンの励起は抑えられ，2 次元でも有限温度で秩序が生き残ると考えられる．

5.3.3 相関関数

スピン波のスペクトル $\omega_{\boldsymbol{q}}$ は中性子回折実験の非弾性磁気散乱の観測により直接測定することができる．散乱ベクトル $\boldsymbol{q}$，エネルギー変化 $\hbar\omega$ の非弾性磁気散乱に対する散乱断面積は

$$
\int_{-\infty}^{\infty}\mathrm{d}t\mathrm{e}^{-\mathrm{i}\omega t}\langle S_{\boldsymbol{q}}^{\perp\alpha}(0)S_{-\boldsymbol{q}}^{\perp\alpha}(t)\rangle \tag{5.45}
$$

に比例する．ここで α は入射中性子のスピン偏極の方向，

$$\boldsymbol{S}_{\boldsymbol{q}}^{\perp} = \boldsymbol{S}_{\boldsymbol{q}} - \frac{\boldsymbol{S}_{\boldsymbol{q}} \cdot \boldsymbol{q}}{q^2}\boldsymbol{q} \tag{5.46}$$

は $\boldsymbol{S}_{\boldsymbol{q}}$ の散乱ベクトルに垂直な部分である．したがって，中性子回折実験によりスピン相関関数のフーリエ成分

$$C^{\alpha}(\boldsymbol{q}, \omega) = \int_{-\infty}^{\infty} \mathrm{d}t\mathrm{e}^{-\mathrm{i}\omega t}\langle S_{\boldsymbol{q}}^{\alpha}(0)S_{-\boldsymbol{q}}^{\alpha}(t)\rangle \tag{5.47}$$

$(\alpha = x, y, z)$ が観測できる．S^z 方向に反強磁性秩序がある場合に，スピン波近似を用いて $C^x(\boldsymbol{q}, \omega)$ を計算してみよう．ホルシュタイン・プリマコフ変換を用いると S^z 軸のまわりの対称性により，

$$\begin{aligned}\langle S_{\boldsymbol{q}}^{x}(0)S_{-\boldsymbol{q}}^{x}(t)\rangle &= \frac{1}{4}\{\langle S_{\boldsymbol{q}}^{+}(0)S_{-\boldsymbol{q}}^{-}(t)\rangle + \langle S_{\boldsymbol{q}}^{-}(0)S_{-\boldsymbol{q}}^{+}(t)\rangle\} \\ &\simeq \frac{S}{4}\langle(a_{\boldsymbol{q}} + b_{\boldsymbol{q}}^{\dagger})(a_{\boldsymbol{q}}^{\dagger}(t) + b_{\boldsymbol{q}}(t)) + (a_{-\boldsymbol{q}}^{\dagger} + b_{-\boldsymbol{q}})(a_{-\boldsymbol{q}}(t) + b_{-\boldsymbol{q}}^{\dagger}(t))\rangle\end{aligned} \tag{5.48}$$

が得られる．$\alpha_{\boldsymbol{q}}$，$\beta_{\boldsymbol{q}}$ などを用いて式 (5.48) を書き直し，熱平均をとると

$$\langle S_{\boldsymbol{q}}^{x}(0)S_{-\boldsymbol{q}}^{x}(t)\rangle = \frac{S}{2}\sqrt{\frac{A(\boldsymbol{q}) - B(\boldsymbol{q})}{A(\boldsymbol{q}) + B(\boldsymbol{q})}}\{\mathrm{e}^{-\mathrm{i}\omega_{\boldsymbol{q}}t}n_{\mathrm{B}}(\hbar\omega_{\boldsymbol{q}}) + \mathrm{e}^{\mathrm{i}\omega_{\boldsymbol{q}}t}[n_{\mathrm{B}}(\hbar\omega_{\boldsymbol{q}}) + 1]\} \tag{5.49}$$

となる．したがって

$$\begin{aligned}&C^x(\boldsymbol{q}, \omega) \\ &= \pi S\sqrt{\frac{A(\boldsymbol{q}) - B(\boldsymbol{q})}{A(\boldsymbol{q}) + B(\boldsymbol{q})}}\{\delta(\omega + \omega_{\boldsymbol{q}})n_{\mathrm{B}}(\hbar\omega_{\boldsymbol{q}}) + \delta(\omega - \omega_{\boldsymbol{q}})[n_{\mathrm{B}}(\hbar\omega_{\boldsymbol{q}}) + 1]\}\end{aligned} \tag{5.50}$$

となり，エネルギー変化がマグノンのエネルギーに等しいとき非弾性散乱断面積は鋭いピークをもつことがわかる．スピン波のスペクトルから $J(\boldsymbol{q})$ がわかるので，中性子回折実験によりスピン間の交換相互作用に関する詳しい情報が得られる．

5.4 ソリトン励起

スピン波は基底状態からの小さな揺らぎを表す波であり，揺らぎについて線形の近似が許される場合に正しい描像である．一般に 1 次元系では，非線形効

果のために空間的に狭い範囲に局在した大きい揺らぎが安定な波として伝播することが知られており，このような波はソリトン (soliton) とよばれている．1次元スピン系にもソリトンとよべるものが存在する．ここではその中でも特に簡単な例であるイジング型反強磁性体中のソリトンを紹介する．以下の1次元 $S=1/2$ 反強磁性 XXZ 模型を考える[8)].

$$H = J\sum_i \{S_i^z S_{i+1}^z + \varepsilon(S_i^x S_{i+1}^x + S_i^y S_{i+1}^y)\} \quad (J>0) \tag{5.51}$$

ここでは非常にイジング性の強い場合 ($\varepsilon \ll 1$) を扱うので，式 (3.21) の Δ のかわりに $\varepsilon \equiv \Delta^{-1}$ をパラメタとして用いる．$\varepsilon \ll 1$ のとき，系の基底状態は図 5.2(a) のようにスピンが z 軸に平行に整列したネール状態によって近似できる．基底状態で上を向いている i サイトのスピンを反転した状態 (図 5.2(b)) にハミルトニアンを作用させると，図 5.2(c) に示すようにスピン対 $(i-2, i-1)$ または $(i+1, i+2)$ が反転する．図 5.2(c) の状態では中央の3個のスピンは最初の状態とはスピンが逆向きのネール状態に属していると考えられるから，この状態は3個の反強磁性磁区 (ドメイン) が共存している状態である．ハミルトニアンをさらに作用させると，ドメインの境界 (ドメイン壁) が運動してゆくが，2個のドメイン壁の運動は独立だから，この系の基本的な励起は反転したスピンの位置が移ってゆくスピン波のようなものではなく，ドメイン壁の運動だと考えられる．ただしドメイン壁を1個だけ励起することはできず，ドメイン壁は常に2個ずつ生成消滅する．このドメイン壁はソリトンの1種である．波数 k をもつソリトンの励起エネルギーは容易に求められ

$$\varepsilon_k = \frac{J}{2} + \varepsilon J \cos 2k \tag{5.52}$$

となる．この系でスピンを1個反転すればソリトンが2個励起される．2個の

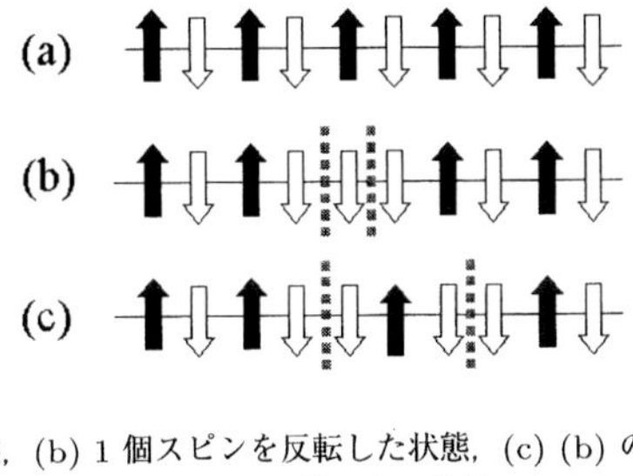

図 5.2 (a) 基底状態，(b) 1個スピンを反転した状態，(c) (b) の状態に1回ハミルトニアンを作用させることによって得られる状態
破線はドメイン壁の位置を表す．

ソリトンの和で表される励起の波数を q とすると，その励起エネルギー ω_q は

$$\omega_q = J + \varepsilon J(\cos 2k + \cos 2(q-k)) \quad (0 \le k < \pi) \tag{5.53}$$

となるから，$J - 2\varepsilon J|\cos q| \le \omega_q \le J + 2\varepsilon J|\cos q|$ の範囲に連続スペクトルが存在する．第 2 章で述べたように $CsCoCl_3$ では交換相互作用がイジング的異方性を持つが，実際に連続励起スペクトルが中性子散乱で観測され，その結果から $J = 12.75 \pm 0.1$ meV，$\varepsilon = 0.14 \pm 0.02$ の値が得られている[9]．

イジング的な場合ばかりでなく一般に $S = 1/2$ の 1 次元反強磁性体における素励起はスピン波ではなくドメイン壁的なものであり，スピンの反転に対応する励起スペクトルは連続スペクトルになることが知られている．

1 次元スピン系におけるソリトンとしては，上にあげた例のほかに磁場を容易面内にかけた容易面型強磁性体および容易面型反強磁性体中におけるもの (図 5.3) が知られており，$CsNiF_3$，$(CD_3)_4NMnCl_3$(TMMC) の中性子散乱や NMR の実験結果がソリトンの励起によって説明されている[10]．

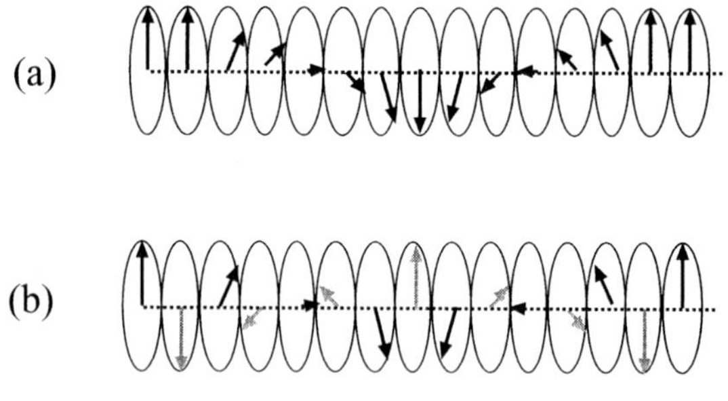

図 5.3 (a) 容易面型強磁性体におけるソリトン (ソリトン中でスピンは容易面内をちょうど一回転する)，(b) 容易面型反強磁性体におけるソリトン (ソリトン中でスピンは容易面内を半回転する)

5.5 ゴールドストーン・モード

等方的な相互作用をもつハイゼンベルク模型ではスピン波のエネルギーは長波長の極限 (波数 = 0) で 0 になるが，これはゴールドストーンの定理とよばれる一般的な性質から導かれる[11,12]．3.4 節で述べたようにハイゼンベルク模型のハミルトニアンは $SO(3)$ 連続対称性をもっているが，秩序状態ではその対称

性が自発的に破れている．このように連続対称性がある系では，スピン系に限らず一般的に次の定理が成り立つ．

ゴールドストーンの定理　ハミルトニアンに連続的な対称性があるにもかかわらずその対称性を破る状態が基底状態で実現している場合には，長波長の極限でエネルギーが 0 になる励起モードが存在する．

長波長でエネルギーが 0 になるこの励起モードを，ゴールドストーン・モード (Goldstone mode) とよぶ．ゴールドストーン・モードを励起することは，波数 0 の場合は基底状態に対して微小な対称操作を施すことと同等になるため，励起エネルギーが 0 になるのである．たとえばスピンが z 軸の方向にそろっている場合の波数 0 のスピン波は系全体のスピンを z 軸方向から微小な角度だけ傾ける回転に対応している．スピン系以外の例では，波数 0 の格子振動の振動数が 0 になるのもゴールドストーン・モードの一例である．この場合は結晶構造が並進対称性を破っているためである．ゴールドストーン・モードのエネルギーは通常波数ベクトルの大きさ q に比例して 0 になる．ところが強磁性ハイゼンベルク模型のように，秩序変数がハミルトニアンと交換する保存量の場合には，q^2 に比例して 0 になることが知られている[12)]．このことから，強磁性でも XY 型の異方性をもつときは長波長のスピン波スペクトルが q に比例することと，ハイゼンベルク型のフェリ磁性体の場合は励起スペクトルが q^2 に比例することがわかる．

空間の次元が 2 以下の場合に，有限温度ではゴールドストーン・モードの熱的な励起により秩序が壊される．これがマーミン・ワグナーの定理が成り立つ物理的理由である．ゴールドストーンの定理およびマーミン・ワグナーの定理は，ハミルトニアンに含まれる相互作用が距離 r の関数として $r^{-(d+2)}$ より速く減衰するとき (d は空間次元)，一般的に成り立つ．しかし，クーロン相互作用のような長距離相互作用が本質的な働きをしている場合には，成り立たないことに注意しなければならない．

文　　献

1) F. Bloch: Z. Phys. **61** (1930) 206.
2) T. Holstein and H. Primakoff: Phys. Rev. **58** (1940) 1908.
3) F. J. Dyson: Phys. Rev. **102** (1956) 1217.
4) M. Takahashi: Prog. Theor. Phys. Suppl. **87** (1986) 233.
5) P. W. Anderson: Phys. Rev. **86** (1952) 694; R. Kubo: Phys. Rev. **87** (1952) 568.
6) L. Hulthen: Arkiv.Mat.Astron.Fysik.26A No11(1938) 1.
7) A. W. Sandvik: Phys. Rev. B **56** (1997) 11678.
8) J. Villain: Physica **79B** (1975) 1; N. Ishimura and H. Shiba: Prog. Theor. Phys. **63** (1980) 743.
9) H. Yoshizawa, K. Hirakawa, S. K. Satija and G. Shirane: Phys. Rev. B **23** (1981) 2298.
10) J. K. Kjems and M. Steiner: Phys. Rev. Lett. **41** (1978) 1137; J. P. Boucher, L. P. Regnault, J. Rossa-Mignod, J.P. Renard, J. Bouillot and W.G. Stirling: Solid State Commun. **33** (1980) 171; J.P. Boucher and J.P. Renard: Phys. Rev. Lett. **45** (1980) 486.
11) J. Goldstone: Nuovo Cimento **19** (1961) 154.
12) H. Wagner: Z. Physik 195 (1966) 273.

6

1次元量子スピン系

量子効果が強く現れる局在スピン系を量子スピン系とよぶ．元来スピンは量子力学的な量だからこれは変だが，量子効果が小さい場合と区別するためにこのような言葉が定着している．次元にかかわらずスピン系には量子的な効果がある．第5章で述べた反強磁性基底状態におけるスピン波の零点振動がそのよい例である．一方，連続対称性のある1次元系では，強磁性あるいはフェリ磁性の場合を除いて，基底状態における磁気秩序が量子揺らぎのために壊されてしまう．したがって量子磁性体の典型的な例は1次元系で見出される．磁気異方性やフラストレーションと量子揺らぎとの絡み合いによって，1次元量子スピン系では様々な基底状態が実現する．系のパラメタが変化するとき異なる基底状態の間で相転移が起こる．このように絶対零度で起こる相転移の臨界的性質には，量子揺らぎが重要な役割を果たしていることが多い．このような相転移を**量子相転移** (quantum phase transition) とよんでいる[1)]．一般に d 次元量子系は経路積分によって $d+1$ 次元古典系に置き換えることができるので，1次元系の量子相転移は2次元古典系の相転移の普遍性類によって分類されることが多い．1次元量子スピン系は量子相転移を研究するための格好の材料を与えているため，理論的にも実験的にも盛んに研究されている．本章では1次元系で見出されている量子磁性体の典型的な例をいくつかとりあげ，それらの性質を紹介するが，その前に次元に関係なく成り立つマーシャル・リープ・マティスの定理を紹介する．

6.1　マーシャル・リープ・マティスの定理

2個の副格子 A，B からなる有限格子上のハイゼンベルク模型 (3.18) において，相互作用が以下の条件を満たす場合を考える．

1) 2個のスピンが異なる副格子上にあるとき，スピン間に反強磁性相互作用 ($J_{ij} \geq 0$) が働く．
2) 2個のスピンが同じ副格子上にあるとき，スピン間に強磁性相互作用 ($J_{ij} \leq 0$) が働く．
3) 格子全体が相互作用によって連結している．すなわち，格子上の任意の2点 i, j に対して，$J_{il_1}J_{l_1l_2}\cdots J_{l_nj} \neq 0$ となるように格子上の適当な経路 $i, l_1, l_2, \cdots, l_n, j$ を選ぶことができる．

このとき，系のスピン状態について以下のことが成り立つ．

1) 基底状態のスピンの大きさは $\mathcal{S}_0 \equiv |\mathcal{S}_\mathrm{A} - \mathcal{S}_\mathrm{B}|$ に等しい．ここで $\mathcal{S}_\mathrm{A}$ および $\mathcal{S}_\mathrm{B}$ はそれぞれA副格子およびB副格子上にあるスピンの大きさの総和である．
2) 基底状態にはスピンの大きさに伴う $2\mathcal{S}_0 + 1$ 重の縮重以外には縮重がない．したがって $\mathcal{S}_0 = 0$ の場合，基底状態はただ1個で，縮重がない．
3) 大きさ S のスピンをもつ固有状態のエネルギーの最低値を $E(S)$ とおくと $S \geq \mathcal{S}_0$ のとき $E(S+1) > E(S)$ が成り立つ．
4) 基底状態におけるスピンの相関関数 $\langle S_i^x S_j^x \rangle$ は以下の性質をもつ (完全強磁性の場合を除く)．
   a) i, j が同じ副格子上にあるとき $\langle S_i^x S_j^x \rangle > 0$
   b) i, j が異なる副格子上にあるとき $\langle S_i^x S_j^x \rangle < 0$

$S = 0$ の基底状態はスピン成分に関して等方的だから，y 成分，z 成分についても同様の性質がある．基底状態が強磁性秩序をもつときは，特定の基底状態は必ずしも等方的でないので注意が必要である．

この定理をマーシャル・リーブ・マティス (Marshall-Lieb-Mattis) の定理とよんでいる[2)]．この定理の成り立つ条件は極めて一般的で，格子構造が不規則でも，スピンの大きさが格子点ごとに異なっていてもよい．条件1) および2) はこの系にフラストレーションがないことを意味している．定理の証明は付録Cに譲り，ここではいくつかの例にこの定理を応用してみよう．

強磁性ハイゼンベルク模型 この場合は全格子点がA副格子上にあると考えればよい．したがって全スピンの大きさはスピンの大きさの和で与えられ (完全強磁性)，すべてのスピン対の相関が正である．ただし全スピンが z 方向を向いている状態では，z 軸に垂直な方向のスピン相関は0である．

反強磁性ハイゼンベルク模型 この場合は，格子構造および相互作用の違いにより，マーシャル・リープ・マティスの定理が適用できる場合とできない場合に分かれる．2 部格子上で最近接格子点の間にのみ反強磁性相互作用が働いている系には，この定理が適用できる．分子場理論では，A 副格子と B 副格子のスピンが反平行に整列する反強磁性ネール状態がこの場合の基底状態になる．しかし量子系では，真の基底状態には必ずしも反強磁性の秩序は存在しない．ところが $\mathcal{S}_{\mathrm{A}} \neq \mathcal{S}_{\mathrm{B}}$ で，その差が系のサイズに比例するような場合には，この定理を適用することにより，無限系 (熱力学極限) でフェリ磁性が実現することがわかる．

具体的な例として図 6.1 に示すように，それぞれ $N/2$ 個の $S=1$ のスピンと $S=1/2$ のスピンが交互に並んで，反強磁性の最近接相互作用をしている 1 次元スピン交替鎖をとりあげてみよう．定理の結論 1) により，この系の基底状態の全スピンは $N/4$ であり，N に比例するマクロな量である．

$$\langle (\sum_i \boldsymbol{S}_i)^2 \rangle = \sum_i \sum_j \langle \boldsymbol{S}_i \cdot \boldsymbol{S}_j \rangle = \frac{N}{4}\left(\frac{N}{4}+1\right) \tag{6.1}$$

だから強磁性の長距離秩序が存在して，$|i-j| \to \infty$ で

$$\langle (\boldsymbol{S}_{2i-1} + \boldsymbol{S}_{2i}) \cdot (\boldsymbol{S}_{2j-1} + \mathbf{S}_{2j}) \rangle \to \frac{1}{4} \tag{6.2}$$

となる．一方，定理の結論 4) より大きさが等しいスピン同士の相関は正であり，大きさが異なるスピンの間の相関は負だから，

$$\langle (\sum_i (-1)^i \boldsymbol{S}_i)^2 \rangle > \langle (\sum_i \boldsymbol{S}_i)^2 \rangle = \frac{N}{4}\left(\frac{N}{4}+1\right) \tag{6.3}$$

が成り立ち，反強磁性の長距離秩序も存在することがわかる．この系の基底状態は強磁性と反強磁性の秩序を併せ持つので，フェリ磁性状態である．

このように，マーシャル・リープ・マティスの定理を用いるだけで基底状態における秩序の存在が証明できる場合があることは面白い．

一方 $\mathcal{S}_{\mathrm{A}} = \mathcal{S}_{\mathrm{B}}$ の場合は，マーシャル・リープ・マティスの定理からは基底状態の全スピンが 0 であり，定理の結果 4) から反強磁性短距離秩序があることが

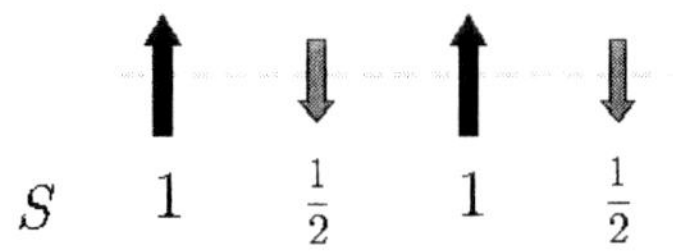

図 6.1 1 次元スピン交替鎖

結論できるだけで，長距離秩序の存在は結論できない．実際，定理の条件を満たす系で，反強磁性秩序をもたない基底状態が次元にかかわらず実現することが知られている．図 3.4 に示した結合交替鎖におけるダイマー状態や CaV_4O_9 の基底状態がその例である．

また定理の結論 2) についても注意が必要である．$\mathcal{S}_0 = 0$ の場合に基底状態に縮重がないといっても，それは有限系の場合であって，系を大きくしていくに従い基底状態と励起状態のエネルギー差が小さくなり，無限系では基底状態が縮重する場合がある．自発的な対称性の破れが起こる場合には必ずこのようなことが起こっている．

6.2 1次元 $S = 1/2$ 反強磁性体とヨルダン・ウィグナー変換

本節では大きさ 1/2 のスピンが最近接相互作用をする 1 次元 XXZ 模型

$$\mathcal{H}_{XXZ} = J \sum_i (S_i^x S_{i+1}^x + S_i^y S_{i+1}^y + \Delta S_i^z S_{i+1}^z) \tag{6.4}$$

の性質を紹介する．式 (6.4) のスピンを 1 つおきに S^z 軸のまわりに角度 π だけ回転すると，ハミルトニアンは J, Δ をそれぞれ $-J$, $-\Delta$ とおいた系に変換される．したがって $J > 0$ の場合にすべての Δ について考察しておけば，変換によって $J < 0$ の場合もわかる．以下の議論では $J > 0$ を仮定する．

$S = 1/2$ スピンをホルシュタイン・プリマコフ変換によってボース粒子で書き表したとき，ボース粒子は同一サイトに 2 個以上存在できない．この性質はフェルミ粒子に対するパウリの排他律に似ているが，異なるスピンに由来するボース粒子の生成消滅演算子はお互いに交換するので，このままではこの粒子をフェルミ粒子と考えることはできない．しかし，ヨルダン・ウィグナー (Jordan-Wigner) 変換

$$\begin{aligned} S_i^z &= n_i - \frac{1}{2}, \\ S_i^+ &= c_i^\dagger \prod_{j=1}^{i-1} (1 - 2n_j), \\ S_i^- &= c_i \prod_{j=1}^{i-1} (1 - 2n_j) \end{aligned} \tag{6.5}$$

を用いると，フェルミ粒子を用いて $S = 1/2$ スピンを書き表せる．$c_i^\dagger$, c_i は格子点 i 上のフェルミ粒子の生成および消滅演算子で，反交換関係

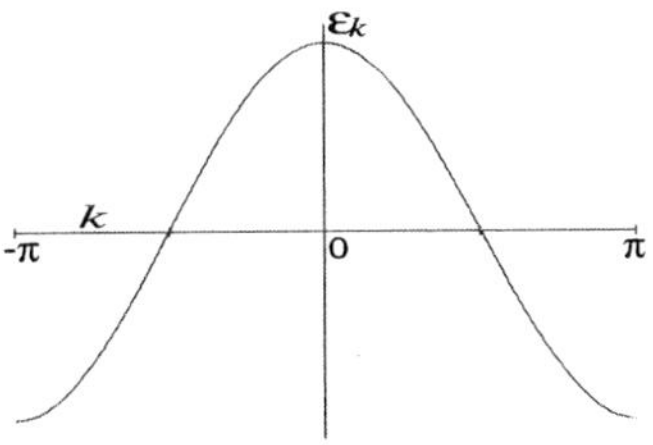

図 6.2　1 次元 XY 模型におけるフェルミ粒子のスペクトル

$$[c_i, c_j^\dagger]_+ = \delta_{ij}, \qquad [c_i^\dagger, c_j^\dagger]_+ = [c_i, c_j]_+ = 0 \tag{6.6}$$

を満たす．$n_i \equiv c_i^\dagger c_i$ はフェルミ粒子の粒子数演算子である．この変換は i 格子点のスピンに対する変換に 1 から $i-1$ までのすべての格子点の演算子が含まれている非局所的な変換である．式 (6.5) がスピンの交換関係を満たすことは容易に確かめられる．

式 (6.5) を用いると式 (6.4) はフェルミ粒子のハミルトニアン

$$H = \frac{J}{2}\sum_i \left\{ (c_i^\dagger c_{i+1} + c_{i+1}^\dagger c_i) + 2\Delta \left(n_i - \frac{1}{2}\right)\left(n_{i+1} - \frac{1}{2}\right) \right\} \tag{6.7}$$

に書き直される．次近接より遠い格子点間に相互作用がある場合や 2 次元系，3 次元系では，変換後のハミルトニアンが複雑な形になるため，この変換はあまり有用でないことを注意しておく．

XY 模型 ($\Delta = 0$) の場合には，式 (6.7) は相互作用のない 1 次元フェルミ粒子系を表すので容易に解くことができる．ただし，変換にストリング項 $\prod_{j=1}^{i-1}(1-2n_j)$ を含むため，スピン系が周期的境界条件に従う場合，フェルミ粒子に対する境界条件は，粒子数 $n \equiv \sum_i n_i$ が偶数のとき周期的境界条件，奇数のとき反周期的境界条件となる．無限系では境界条件による差は無視できると考え，フェルミ粒子が周期的境界条件に従うとして以下の議論を行う．フーリエ変換によりハミルトニアンを対角化すると，波数 k をもつ粒子のエネルギーは

$$\varepsilon_k = J\cos k \tag{6.8}$$

である．基底状態は，$\varepsilon_k < 0$ すなわち $\pi/2 < |k| < \pi$ のすべての 1 粒子状態を粒子が占める状態である．この状態における S_i^α ($\alpha = x, y, z$) の期待値は 0 である．したがって基底状態には磁気秩序は存在しない．基底状態のエネルギーは

$$E = 2J \sum_{\pi/2 < k < \pi} \cos k = -\frac{NJ}{\pi} \tag{6.9}$$

である．基底状態におけるスピン相関関数についても正確な計算が行われてお

り，$|i-j| \gg 1$のとき

$$\langle S_i^x S_j^x \rangle \sim \frac{(-1)^{i-j}}{|i-j|^{1/2}}, \tag{6.10}$$

$$\langle S_i^z S_j^z \rangle \sim \frac{(1-(-1)^{i-j})}{|i-j|^2} \tag{6.11}$$

となることが知られている[4)]．つまり，基底状態に秩序はないが，xy 面内に強いスピン相関があり，それが距離とともにゆっくり減衰する．相関関数が距離のべき乗に比例して減衰するので，この基底状態は相転移の臨界点と同様な状態だということができる．

励起状態も，自由フェルミ粒子系の励起状態だから容易に求められる．S^z が1だけ増加する素励起は $|k| < \pi/2$ の状態の粒子を基底状態に1個付け加えることにより，また S^z が1だけ減少する素励起は $|k| > \pi/2$ の状態の粒子を1個取り去ることにより得られる．$|k| > \pi/2$ の状態から $|k| < \pi/2$ の状態に粒子を励起することにより得られる S^z の変化しない励起は，自由電子気体における電子正孔対の励起にあたる．これらのエネルギーを計算すると，波数 q をもつ低エネルギーの励起スペクトルは S^z の変化によらず

$$J \sin q < \omega_q < 2J \sin \frac{q}{2} \tag{6.12}$$

の範囲に広がった連続スペクトルになる事がわかる．

このように，1次元 $S=1/2XY$ 模型は自由フェルミ粒子系として理解できるので，1次元スピン系を考えるときの出発点にとると，スピン系の性質が理解しやすい．スピンの z 成分間の相互作用は式 (6.7) からわかるように，フェルミ粒子間の相互作用になるから，フェルミ粒子系の多体問題を扱う方法を用いて，相互作用の効果を議論することが可能になる．

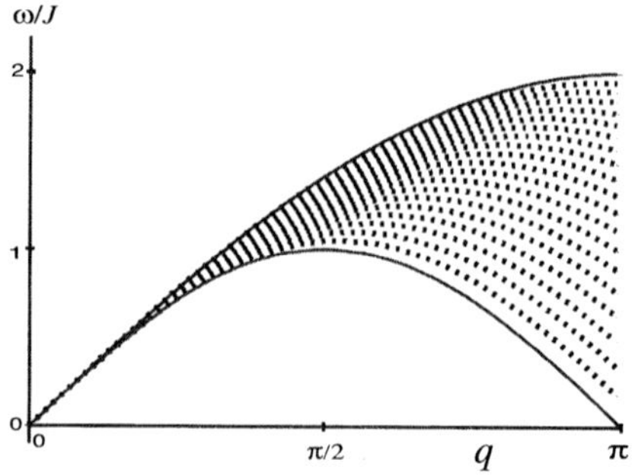

図 6.3　1次元 XY 模型の励起スペクトル

また，1次元 XXZ 模型において S^z 方向の反強磁性秩序をもつ状態は，フェルミ粒子系では，密度が1サイトおきに変化する密度波状態に対応するので，1次元導体の金属絶縁体転移の模型として XXZ 模型が用いられることがある．

6.3 $S=1/2XXZ$ 模型

6.3.1 基底状態

Δ の値が一般の場合，S=1/2XXZ 模型は相互作用のあるフェルミ粒子系と等価になるので，系の性質を調べることは容易でないが，1次元の特殊性によりベーテの方法を用いて正確に解ける．これまでに基底状態および励起状態の多くの性質がわかっている．ベーテの方法は数学的に複雑なのでここでは説明せず，知られている結果のうち有用と思われるものを以下に簡単に紹介する[5~7]．

イジング的反強磁性模型 ($\Delta>1$)　基底状態は反強磁性イジング模型と同様に S^z 方向の反強磁性長距離秩序をもっているが，スタッガード磁化の大きさは量子効果のために1/2より小さくなり，Δ が1に近づくとき

$$M_s \simeq \frac{\pi}{2(\Delta-1)}\exp\left\{-\frac{\pi^2}{2\sqrt{2(\Delta-1)}}\right\} \tag{6.13}$$

の形で急激に0に近づく．無限系の基底状態は反強磁性長距離秩序のために2重に縮重している．

ハイゼンベルク反強磁性模型 ($\Delta=1$)　ハルセン (Hulthén)[5] はこの場合にベーテの方法を用いて基底状態を正確に定め，その後の1次元系研究の発展のきっかけを与えた．基底状態は磁気秩序をもたず，縮重がなく，基底エネルギーは1スピンあたり $-J(\log 2-1/4)\simeq -0.443J$ である．等方的な系だからスピン相関関数はスピンの方向によらず，遠方で

$$\langle S_i^\alpha S_j^\alpha\rangle \sim \frac{(-1)^{(i-j)}(\log|i-j|)^{1/2}}{|i-j|} \tag{6.14}$$

の形で減衰する[8]．

XY 的反強磁性模型 ($|\Delta|<1$)　磁気秩序のない基底状態が唯1個存在する．XY 面内のスピン相関関数は遠方で

$$\langle S_i^x S_j^x\rangle \sim \frac{(-1)^{i-j}}{|i-j|^\eta} \tag{6.15}$$

の形に従って減衰する．指数 η は Δ の関数として

$$\eta=\frac{1}{2}+\frac{1}{\pi}\arcsin\Delta \tag{6.16}$$

と表され，$\Delta = -1$ から $\Delta = 1$ の間で 0 から 1 まで変化する．S^z の相関 (振動部分) は

$$\langle S_i^z S_j^z \rangle \sim \frac{(-1)^{i-j}}{|i-j|^{\frac{1}{\eta}}} \tag{6.17}$$

のように振る舞う．$\eta < 1$ であるから，この領域では XY 面内のスピン相関が遠方で支配的であることがわかる[9]．

イジング的強磁性模型 ($\Delta < -1$)　基底状態はすべてのスピンが完全に S^z 方向に整列した強磁性状態である．$S^z = \pm 1/2$ に対応して 2 重縮重がある．

6.3.2 励起状態

励起は一般にスピノン (spinon) とよばれる素励起からなる．第 5 章で説明したように，$\Delta \gg 1$ の場合の素励起はドメイン壁だから，スピノンはドメイン壁だと考えられる．$-1 < \Delta \leq 1$ の場合には長距離秩序が存在しないので，素朴な意味でのドメイン壁は存在できず，直感的な描像を思い浮かべることが難しいが，この場合のスピノンはヨルダン・ウィグナー変換によって得られたフェルミ粒子の生成，消滅に相互作用の影響が加わったものと考えられる．このフェルミ粒子はもとのスピンを用いて局所的に表すことができず，ストリングを伴っていることを考えに入れると，スピノンはやはりドメイン壁的な性格をもつものと考えられる．低エネルギー励起のエネルギーは 2 個のスピノンのエネルギーの和として与えられるため，ある波数に対する励起スペクトルは，XY 模型の場合と同様に連続スペクトルになる．

基底状態が強磁性長距離秩序をもっている場合 ($\Delta \leq -1$) の低エネルギー励起はスピン波だと考えてよいが，スピン波の束縛状態が存在する．

イジング的反強磁性模型 ($\Delta > 1$)　励起にはエネルギーギャップが存在し，その値 E_{G} は Δ が 1 に近づくとき

$$E_{\mathrm{G}} \simeq \pi J \exp\left\{-\frac{\pi^2}{2\sqrt{2(\Delta-1)}}\right\} \tag{6.18}$$

の形で 0 に近づく．

ハイゼンベルク反強磁性模型 ($\Delta = 1$)　波数 k をもつスピノンのエネルギーは

$$\varepsilon_k = v_{\mathrm{s}} \sin k \tag{6.19}$$

で与えられる．$v_{\mathrm{s}} = \pi J/2$ はスピノンの速度である．したがって波数 q をもつ

励起エネルギー ω_q は

$$v_{\rm s}\sin q \le \omega_q \le 2v_{\rm s}\sin\frac{q}{2} \tag{6.20}$$

の範囲に広がる連続励起スペクトルを与える．その波数依存性は XY 模型に対する図 6.3 の縦軸 (ω) のスケールを変えた図で表される．この連続スペクトルの下限を与える励起をデクロワゾー・ピアソン (des Cloizeaux-Pearson) モードとよんでいる[10]．式 (6.20) からわかるように，このモードは $q=0$ で $\omega=0$ になる形をしており (gapless)，反強磁性秩序を仮定してスピン波理論により求めたスピン波のエネルギーのちょうど $\pi/2$ 倍になっている．

XY 的反強磁性模型 ($|\Delta|<1$)　スピノンのエネルギーはやはり式 (6.19) で与えられるが，スピノンの速度は

$$v_{\rm s}=\frac{\pi J\sin\gamma}{2\gamma} \tag{6.21}$$

$$\gamma=\arccos\Delta \tag{6.22}$$

である．励起スペクトルは，反強磁性ハイゼンベルク模型の場合と同様に式 (6.20) により表され，ギャップレスである．$\Delta=1$ のとき式 (6.21) は $v_{\rm s}=\pi J/2$ を与え，反強磁性ハイゼンベルク模型の結果に一致する．また $\Delta=-1$ のとき $v_{\rm s}=0$ となる．このときハミルトニアン (式 (6.4)) は強磁性ハイゼンベルク模型と同等なので低エネルギー励起は強磁性スピン波であり，そのスペクトルは長波長極限で波数 q の 2 乗に比例する．したがって q の比例係数 $v_{\rm s}$ が 0 になるのである．

イジング的強磁性模型 ($\Delta<-1$)　この場合の低励起状態はスピン波を 1 個励起した状態だから，励起のエネルギーギャップは

$$E_{\rm G}=-(1+\Delta)J \tag{6.23}$$

となる．

6.3.3　磁　化　率

z 方向の磁場に対する磁化率も得られている．絶対零度で磁化のない状態に磁場をかけて磁化を発生させるためには，磁場によるゼーマンエネルギーの利得が磁化をもつ状態の励起エネルギーより大きい必要がある．$\Delta>1$ の場合は励起エネルギーにギャップ $E_{\rm G}(>0)$ が存在するので，臨界磁場 $H_{\rm C}=E_{\rm G}$ より磁場が小さいときには磁化は現れない．したがって絶対零度の磁化率は 0 になる．有限温度では熱揺らぎによって励起された状態が磁化に寄与するので磁

化率は有限になるが，磁化率は低温で $\exp(-E_{\mathrm{G}}/k_{\mathrm{B}}T)$ に比例して急激に減少する．

$-1 < \Delta \leq 1$ の場合はエネルギーギャップが存在しないので磁化率は絶対零度でも有限で，1スピンあたりの値は

$$\chi = \frac{\gamma}{J\pi(\pi - \gamma)\sin\gamma} \tag{6.24}$$

である[6)]．反強磁性ハイゼンベルク模型では $\gamma = 0$ だから $\chi = 1/J\pi^2$ となり，強磁性ハイゼンベルク模型では無限大に発散する．

磁化率，比熱などの物理量の温度依存性もベーテの方法などを用いて計算されているが，低温での振る舞いは，上に述べた基底状態および励起の性質から定性的に理解できる．ただ，反強磁性ハイゼンベルク模型 $(\Delta = 1)$ の場合には注意が必要である．この系では，様々な物理量の低温での振る舞いに温度 T の対数に依存する項が現れる．たとえば磁化率は，定数 T_0 を用いて，低温で

$$\chi \simeq \frac{1}{J\pi^2}\left(1 + \frac{1}{2\log(T_0/T)}\right) \tag{6.25}$$

のように温度変化することが知られている．このため磁化率の温度微分は図6.4に見られるように $T = 0$ で発散する[11)]．

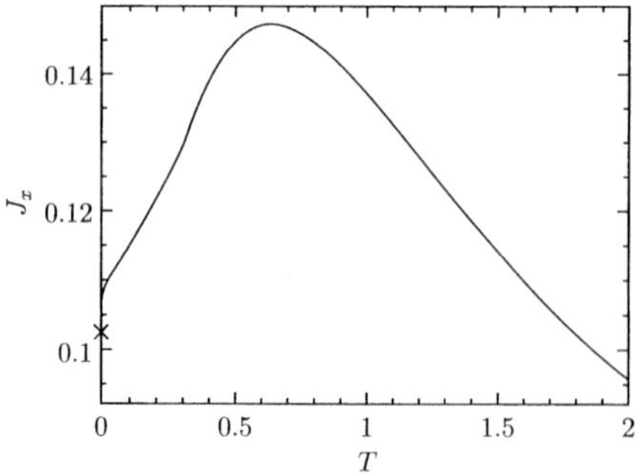

図 **6.4** 1次元反強磁性ハイゼンベルク模型の磁化率
× は $T = 0$ における値を示す[11)]．

6.4 朝永・ラッティンジャー液体

パラメタ Δ の値を無限大から減少させていくと，基底状態は反強磁性秩序状態から秩序のない状態を経て強磁性秩序状態に相転移する．$\Delta = -1$ における

相転移は自発磁化が 0 から 1 に不連続に変化する相転移であるが，$\Delta = 1$ ではスタッガード磁化が 0 から連続的に増加する連続相転移が起こる．この相転移は量子相転移の一例である．$-1 < \Delta \leq 1$ の場合の基底状態には長距離秩序がないが，スピンの相関関数は距離のべき関数でゆっくり減衰する．これは相転移の臨界点の性質であり，基底状態はこの領域全体で臨界点 (この場合は臨界線とよぶべきだが) 上にあると考えられる．またこの場合励起エネルギーにはギャップがなく，長波長で波数に比例する分散関係をもつ．これらの性質はスピン系に限らず 1 次元量子系が臨界的状態にあるとき広く実現することが知られている**朝永・ラッティンジャー液体** (Tomonaga-Luttinger liquid) とよばれる状態の特徴である．また，朝永・ラッティンジャー液体の性質は共形場理論 (conformal field theory) によって一般的に記述できることがわかっているが，その説明は他書に譲る[12)]．

この臨界線上の状態は，2 次元系におけるコステルリッツ・サウレス転移の低温相の性質と同じである．したがってこの臨界線の終端である $\Delta = 1$ における量子相転移の臨界現象は 2 次元系のコステルリッツ・サウレス転移の臨界現象と似た振る舞いをする．それが前節で述べた相関関数 (式 (6.14)) や磁化率の温度変化に現れる対数依存性である．また，エネルギーギャップや反強磁性長距離秩序が $\Delta > 1$ において式 (6.13) や式 (6.18) のように $\Delta - 1$ に関して特異的な振る舞いをするのもこのためである．

6.5 ハルデイン系

$S = 1/2$ の場合には，1 次元反強磁性ハイゼンベルク模型の基底状態のスピン相関関数は距離のべき関数で減衰し，励起エネルギーと基底エネルギーとの間にはギャップが存在しない．$S \geq 1$ の系の基底状態はどのような状態だろうか？　相転移の普遍性の考えに基づいて，系の基本的な性質が空間次元と系の対称性のみによっており，その他の系の詳細にはよらないと考えれば，基底状態の性質は S によらず $S = 1/2$ の場合と本質的に同じだろうと推測される．ところが，1 次元量子スピン系ではこのような推測は正しくない．

1983 年にハルデイン (F.D.M. Haldane) は，1 次元反強磁性ハイゼンベルク模型の低エネルギー状態を記述する非線形シグマ模型を導出し，それを用いて S が半奇数 ($S = 1/2, 3/2, \cdots$) の場合の基底状態の性質は $S = 1/2$ の場合と同じだが，S が整数 $(S=1,2,3,\cdots)$ の場合にはそれとはまったく異なる基底状態が実現すると結論した[13]．この結論は当時の常識を破るものであったために約十年の間ハルデインの予想とよばれていたが，$S=1$ の系に対する詳しい数値計算と理論的研究により，正しいことが明らかになった．ハルデインによって予言された基底状態は，磁気的長距離秩序をもたず，空間的に一様で，基底状態でのスピン相関関数は距離とともに指数関数的に減衰する．また励起エネルギーと基底エネルギーとの間に有限のエネルギーギャップが存在する．これは従来知られていなかった新しいタイプの基底状態である．現在では，このような基底状態 (ハルデイン状態) をもつ系をハルデイン系とよんでいる．6.5.8 項に述べるように，実験的にも多くのハルデイン系擬1次元物質が見出されている．

6.5.1　非線形シグマ模型による議論

1次元ハイゼンベルク反強磁性体には長距離秩序が存在しないが，十分低温でスピン間の反強磁性相関が発達した状態は，スタッガード磁化の揺らぎを記述する非線形シグマ模型によって取り扱うことができる．温度 T における系の分配関数 Z を経路積分の方法で書き直すと，Z は有効作用積分 $\mathcal{S}_{\text{eff}}$ を用いて

$$Z \propto \int \mathcal{D}\boldsymbol{m}(x,\tau)\mathrm{e}^{-\mathcal{S}_{\text{eff}}} \tag{6.26}$$

と書き表せる．ここで有効作用積分 $\mathcal{S}_{\text{eff}}$ は

$$\begin{aligned}\mathcal{S}_{\text{eff}} = \frac{JS^2}{2}\int_0^{\beta}\mathrm{d}\tau\int_0^{L}\mathrm{d}x\left\{\left(\frac{\partial\boldsymbol{m}}{\partial x}\right)^2+\frac{1}{c^2}\left(\frac{\partial\boldsymbol{m}}{\partial\tau}\right)^2\right\}\\ +\mathrm{i}\frac{S}{2}\int_0^{\beta}\mathrm{d}\tau\int_0^{L}\mathrm{d}x\,\boldsymbol{m}\cdot\left[\frac{\partial\boldsymbol{m}}{\partial x}\times\frac{\partial\boldsymbol{m}}{\partial\tau}\right]\end{aligned} \tag{6.27}$$

により与えられる (付録D参照)．$\boldsymbol{m}(x,\tau)$ は位置 x，虚時刻 τ におけるスタッガード磁化の方向を表す単位ベクトル，$c=2JS$ はスピン波の速度，β は $(k_{\mathrm{B}}T)^{-1}$ である．$\boldsymbol{m}$ は積分の両端で周期的境界条件を満たしている．$x_0=c\tau$ を変数に選ぶと $\mathcal{S}_{\text{eff}}$ は結合定数 $g=2/S$ および $\theta=2\pi S$ を用いて

$$\begin{aligned}\mathcal{S}_{\text{eff}} = \frac{1}{2g}\int_0^{c\beta}\mathrm{d}x_0\int_0^{L}\mathrm{d}x\left\{\left(\frac{\partial\boldsymbol{m}}{\partial x}\right)^2+\left(\frac{\partial\boldsymbol{m}}{\partial x_0}\right)^2\right\}\\ +\mathrm{i}\frac{\theta}{4\pi}\int_0^{c\beta}\mathrm{d}x_0\int_0^{L}\mathrm{d}x\,\boldsymbol{m}\cdot\left[\frac{\partial\boldsymbol{m}}{\partial x}\times\frac{\partial\boldsymbol{m}}{\partial x_0}\right]\end{aligned} \tag{6.28}$$

の形に表される．この作用積分により表される模型を**非線形シグマ模型** (non-linear σ model) とよぶ．作用積分の最後の項はトポロジー項とよばれ，この項に含まれる積分は，$0 \leq x \leq L$，$0 \leq x_0 \leq c\beta$ の領域内で x と x_0 が変化する際に $\boldsymbol{m}$ の頂点が覆う単位球面上の領域の (符号つきの) 面積を表している．$\boldsymbol{m}$ は周期的境界条件を満たすので，この面積は単位球の表面積 4π の整数倍である．したがって

$$\mathrm{i}\frac{\theta}{4\pi}\int_0^{c\beta}\mathrm{d}x_0\int_0^L \mathrm{d}x\ \boldsymbol{m}\cdot\left[\frac{\partial \boldsymbol{m}}{\partial x}\times\frac{\partial \boldsymbol{m}}{\partial x_0}\right] = 2\pi n\mathrm{i}S \quad (\ n\ \text{は整数}) \tag{6.29}$$

となる．分配関数 Z は $\mathrm{e}^{-\mathcal{S}_{\mathrm{eff}}}$ をすべての経路について積分して得られるが，S が整数の場合トポロジー項は常に $\mathrm{e}^{-2\pi n\mathrm{i}S} = 1$ の因子を与えるため，結局何の影響も与えない．したがってトポロジー項のない非線形シグマ模型を考えればよい．一方 S が半奇数の場合には，$\boldsymbol{m}$ の経路により，トポロジー項は因子 1 を与える場合と -1 を与える場合がある．このように非線形シグマ模型に書き直してみると，S が整数の系と半奇数の系は本質的に異なることが明らかになる．

トポロジー項のない非線形シグマ模型はベーテの方法を用いて正確に解けることが知られており，励起状態は有限のエネルギーギャップをもつことがわかっている[14]．また，有限のエネルギーギャップがあるので，相関関数は有限の相関距離をもつと考えられる．エネルギーギャップの正確な値は知られていないが，

$$E_{\mathrm{G}} \sim 2JS\mathrm{e}^{-\pi S} \tag{6.30}$$

と考えられている[15]．この結果は，$\boldsymbol{m}$ の成分の数 N が無限大の極限から展開する $1/N$ 展開や繰り込み群を用いた解析により求められたものである．

S が半奇数の場合の非線形シグマ模型の解析は難しく，確かなことはわかっていないようである．しかし $S = 1/2$ の場合には基底状態が臨界的であり，さらに付録 E に示す定理に基づけば，S が半奇数の場合に励起にギャップが存在しないことはほぼ間違いない．したがって，非線形シグマ模型にも励起ギャップがないと考えられる．このように，ハルデインは S が整数の場合と半奇数の場合のトポロジー項の違いに着目し，異なる基底状態をもつことを結論したのである．

6.5.2 有限系の数値的方法による研究

上に述べたハルデインの理論は半古典的な近似理論を用いており，また難解でもあったために賛否両論を引き起こした．しかしその後 $S = 1$ の有限サイズ系

に対する数値的な研究が多く行われ，ハルデインの結論が正しい事が立証された．以下にそのうちのいくつかの結果を紹介する．図6.5はNightingale-Blöte[16]がモンテカルロ法によって$S=1$反強磁性ハイゼンベルク模型の励起エネルギーを計算した結果である．彼らは最大サイズ32個の有限系の結果を用いて，無限系においても励起エネルギーギャップが有限に残ると結論した．彼らの計算では外挿によりエネルギーギャップを$0.41J$と評価している．図6.6は野村[17]がモンテカルロ法によりスピン相関関数を計算した結果である．この結果は相関関数$C(r)$が距離rとともに

$$C(r) \sim \frac{(-1)^r}{r^{1/2}} \exp\left(-\frac{r}{\xi}\right) \tag{6.31}$$

の形で減衰することを示している．この計算では$\xi \simeq 6.25$と評価している．White-Huse[18]が密度行列繰り込み群を用いて行った精密な計算によると，エネルギーギャップの大きさは$0.41050(2)J$，相関長は$\xi \simeq 6.03$である．これらの数値計算の結果は，すべてハルデインの結論が正しいことを示している．さらに$S \geq 2$の系についても数値計算が行われており，その結果もハルデインの予想と一致している．相関長ξとエネルギーギャップE_{G}のモンテカルロ法による計算結果を表6.1に示す．$S=1,2,3$の場合に得られたE_{G}の大きさは，非線形シグマ模型を用いて得られた予想のように，ほぼ$S\mathrm{e}^{-S}$に比例している[19]．

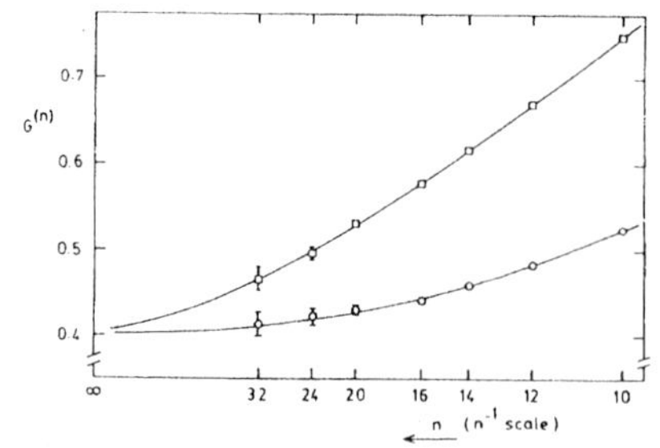

図 6.5 $S=1$反強磁性ハイゼンベルク模型の励起エネルギーギャップ[16)]
2本の曲線は第1および第2励起状態と基底状態の差，nは系のサイズを表す．

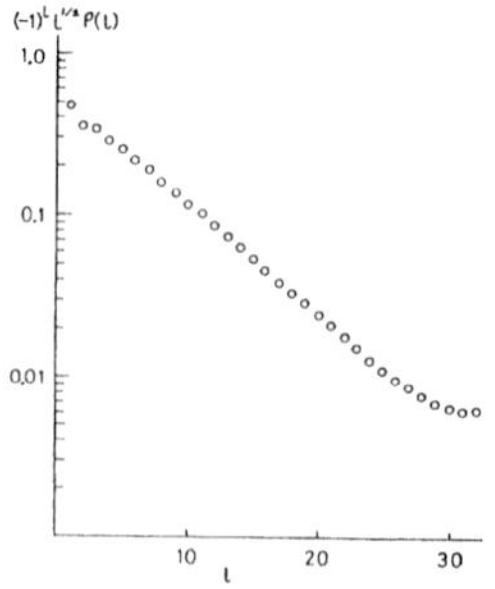

図 6.6 $S=1$反強磁性ハイゼンベルク模型のスピン相関[17)]
$\rho(l)$は距離lだけ離れたスピン間のスピン相関関数．64サイト系を用いた結果．

表 **6.1** 整数スピン反強磁性ハイゼンベルク鎖のスピン相関長とエネルギーギャップ[19)]

	$S=1$	$S=2$	$S=3$
ξ	6.0153(3)	49.49(1)	637(1)
E_G/J	0.4108(6)	0.08917(4)	0.01002(3)

6.5.3 バレンスボンド固体描像

非線形シグマ模型による議論も，数値計算の結果も，整数スピンの 1 次元反強磁性体ではハルデインが予言した基底状態が実現することを示しているが，これらの理論からはこの基底状態の物理的描像はよくわからない．基底状態の明確な物理的描像を与えたのが，Affleck-Kennedy-Lieb-Tasaki[20)] (AKLT) によって提案されたバレンスボンド固体 (valence bond solid, VBS) 状態である．AKLT は VBS 状態を基底状態にもつ模型 (AKLT 模型) を考案し，その性質を明らかにした．AKLT 模型とは以下のハミルトニアンで表される $S=1$ のスピン模型である．

$$\mathcal{H}_{\mathrm{AKLT}} = \sum_i P_2(\mathbf{S}_i + \mathbf{S}_{i+1}) \tag{6.32}$$

$P_2(\mathbf{S}_i + \mathbf{S}_{i+1})$ は $\mathbf{S}_i + \mathbf{S}_{i+1}$ を大きさ 2 のスピン空間に射影する射影演算子を表す．2 個の $S=1$ スピンの合成を考えると

$$|\mathbf{S}_i + \mathbf{S}_{i+1}| = \left\{ \begin{array}{c} 2 \\ 1 \\ 0 \end{array} \right\} \text{のとき} \quad \mathbf{S}_i \cdot \mathbf{S}_{i+1} = \left\{ \begin{array}{r} 1 \\ -1 \\ -2 \end{array} \right. \tag{6.33}$$

だから，射影演算子は

$$P_2(\mathbf{S}_i + \mathbf{S}_{i+1}) = \frac{1}{2}\mathbf{S}_i \cdot \mathbf{S}_{i+1} + \frac{1}{6}(\mathbf{S}_i \cdot \mathbf{S}_{i+1})^2 + \frac{1}{3} \tag{6.34}$$

と表される．したがって AKLT 模型は，通常のスピンの内積の項に内積の 2 乗の項が加わった模型である．隣接する 2 スピンの合成スピンの大きさが 2 の状態をまったく含まない状態ができれば，その状態のエネルギー期待値は 0 であり，射影演算子の期待値は負にならないから，この状態がハミルトニアン (式 (6.32)) の基底状態である．

このような状態を以下のように実際につくることができる．まず 1 個の $S=1$ スピンを仮想的な 2 個の $S=1/2$ スピンの合成スピンだと考える．$S=1/2$ スピン波動関数 2 個の直積を対称化して

$$\Psi_{i,\alpha\beta} = \frac{1}{\sqrt{2}}[\psi_\alpha^{(i,1)}\psi_\beta^{(i,2)} + \psi_\beta^{(i,1)}\psi_\alpha^{(i,2)}] \tag{6.35}$$

とおくと，これらは i 番目のサイトにおける $S=1$ スピンの状態を表す．ここで $\psi_\uparrow^{(i,j)} = |\uparrow\rangle^{(i,j)}$，$\psi_\downarrow^{(i,j)} = |\downarrow\rangle^{(i,j)}$ は i サイトにおいた仮想的な 2 個の $S=1/2$ スピンのうち j 番目 $(j=1,2)$ のものの状態を表す．$\Psi_{i,\alpha\beta}$ はもとの $S=1$ スピンの S_i^z を対角化する通常の正規直交基底 $|1\rangle_i$，$|0\rangle_i$，$|-1\rangle_i$ と

$$\Psi_{i,\uparrow\uparrow} = \sqrt{2}\,|1\rangle_i, \qquad \Psi_{i,\uparrow\downarrow} = \Psi_{i,\downarrow\uparrow} = |0\rangle_i, \qquad \Psi_{i,\downarrow\downarrow} = \sqrt{2}\,|-1\rangle_i \tag{6.36}$$

の関係で結ばれている．このように表すと，隣り合う 2 個の $S=1$ スピンの合成は 4 個の $S=1/2$ スピンの合成になる．このうち 2 個のスピンが $S=0$ の状態に結合していれば，全スピンの大きさは 0 または 1 になり，2 になることはない．この状態を具体的に表すと

$$\Psi_{1,\alpha\downarrow}\Psi_{2,\uparrow\beta} - \Psi_{1,\alpha\uparrow}\Psi_{2,\downarrow\beta} = \Psi_{1,\alpha\gamma}\varepsilon^{\gamma\delta}\Psi_{2,\delta\beta} \tag{6.37}$$

となる．右辺の $\varepsilon^{\gamma\delta}$ は反対称テンソル ($\varepsilon^{\gamma\delta} = -\varepsilon^{\delta\gamma}$，$\varepsilon^{\uparrow\downarrow} = -1$) で，式 (6.37) および以下では，$\gamma, \delta$ のように添字が繰り返されたとき，これらについて和をとるものとする．α，β は $\uparrow$ と $\downarrow$ のどちらでもよい．$S=1$ スピン 2 個からつくられる合成スピンの大きさ 1 あるいは 0 の状態は全部で 4 個あり，上の α および β の自由度に対応している．この考えを推し進めて，N スピン系に対して

$$\Psi_{\alpha\beta}^{(N)} = \Psi_{1,\alpha\beta_1}\varepsilon^{\beta_1\alpha_2}\Psi_{2,\alpha_2\beta_2}\varepsilon^{\beta_2\alpha_3}\cdots\varepsilon^{\beta_{N-1}\alpha_N}\Psi_{N,\alpha_N\beta} \tag{6.38}$$

をつくると，この状態は隣接するスピンの合成スピンの大きさが 2 の状態をまったく含まないので，ハミルトニアン (式 (6.32)) の基底状態であることがわかる．開放端境界条件の場合には，両端の α と β はそれぞれ $\uparrow$，$\downarrow$ の 2 種類の値をとりうるので基底状態は 4 重に縮重している．周期的境界条件の場合は $\Psi_{\alpha\beta}^{(N)}$ の 1 次結合

$$\Omega^{(N)} = \Psi_{\alpha\beta}^{(N)}\varepsilon^{\beta\alpha} \tag{6.39}$$

が唯一の基底状態になる．ただしこれらの基底状態は正規化されていないことに注意しよう．

この状態を図 6.7 に模式的に表してある．図中の楕円は各サイトの $S=1$ スピン，楕円の中の 2 個の黒丸は $S=1$ スピンに含まれる 2 個の $S=1/2$ スピンを表している．隣り合うサイトの黒丸 1 個ずつが結合し，1 重項を形成している．この結合を化学結合における原子価結合 (valence bond) に見立てると，この状態はこの結合が結晶のように規則的に配列した状態なので，バレンスボン

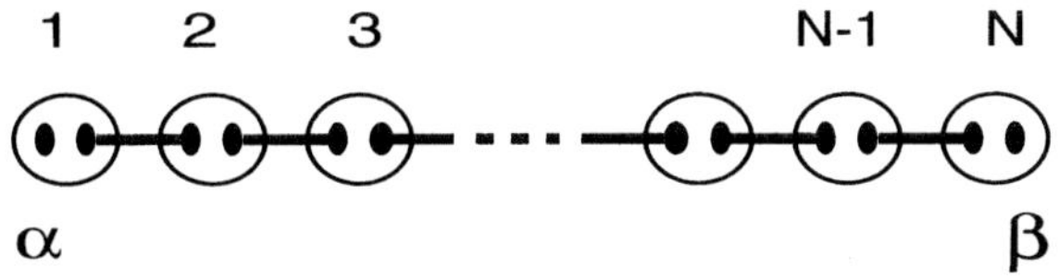

図 6.7 $\Psi^{(N)}_{\alpha\beta}$ の模式的な図

ド固体 (valence bond solid, VBS) 状態とよばれている．$S=1$ スピンを構成する 2 個の $S=1/2$ スピンが同等で状態の重ね合わせがあることを考えると，実際の状態は図から想像される程簡単なものではないが，この図はハルデイン状態を表現する方法としてよく用いられる．

VBS 状態における物理量を計算しよう．そのためには，行列積波動関数 (matrix product wave function) の形式を用いるのが便利である[21]．サイト i のスピン状態を以下の 2×2 行列の形に書き表す．

$$g_i = \begin{bmatrix} -\Psi_{i,\downarrow\uparrow} & -\Psi_{i,\downarrow\downarrow} \\ \Psi_{i,\uparrow\uparrow} & \Psi_{i,\uparrow\downarrow} \end{bmatrix} = \begin{bmatrix} 0 & -1 \\ 1 & 0 \end{bmatrix} \begin{bmatrix} \Psi_{i,\uparrow\uparrow} & \Psi_{i,\uparrow\downarrow} \\ \Psi_{i,\downarrow\uparrow} & \Psi_{i,\downarrow\downarrow} \end{bmatrix} \tag{6.40}$$

この定義から直ちに N サイトの VBS 状態 $\Psi^{(N)}_{\alpha_1\beta_N}$ は g_i の積で表され，

$$\prod_{i=1}^{N} g_i = \begin{bmatrix} 0 & -1 \\ 1 & 0 \end{bmatrix} \begin{bmatrix} \Psi^{(N)}_{\uparrow\uparrow} & \Psi^{(N)}_{\uparrow\downarrow} \\ \Psi^{(N)}_{\downarrow\uparrow} & \Psi^{(N)}_{\downarrow\downarrow} \end{bmatrix} \tag{6.41}$$

となる．周期的境界条件に対する VBS 状態は

$$\Omega^{(N)} = \mathrm{Tr}[\prod_{i=1}^{N} g_i] \tag{6.42}$$

で与えられる．$\Psi_{i,\alpha\beta}$ のアジョイント (ket に対する bra) を $\Psi^{\dagger}_{i,\alpha\beta}$ と表し，

$$g_i^{\dagger} = \begin{bmatrix} -\Psi^{\dagger}_{i,\downarrow\uparrow} & -\Psi^{\dagger}_{i,\downarrow\downarrow} \\ \Psi^{\dagger}_{i,\uparrow\uparrow} & \Psi^{\dagger}_{i,\uparrow\downarrow} \end{bmatrix} \tag{6.43}$$

と定義すると，

$$\langle\Omega^{(N)}|\Omega^{(N)}\rangle = \sum_{\alpha,\beta}(\prod_{i=1}^{N} g_i^{\dagger})_{\alpha\alpha}(\prod_{j=1}^{N} g_j)_{\beta\beta} = \mathrm{Tr}[\boldsymbol{G}^N] \tag{6.44}$$

となる．ここで $\boldsymbol{G}$ は 4×4 行列で，行列要素は

$$\boldsymbol{G}_{\alpha\beta;\gamma\delta} = g^{\dagger}_{i,\alpha\gamma} g_{i,\beta\delta} \tag{6.45}$$

で与えられる．式 (6.45) の右辺の積は内積を表すので，$\boldsymbol{G}$ は i によらない行列となる．一方，期待値 $\langle\Omega^{(N)}|S_i^z S_j^z|\Omega^{(N)}\rangle$ は

$$\langle\Omega^{(N)}|S_i^z S_j^z|\Omega^{(N)}\rangle = \mathrm{Tr}[\boldsymbol{G}^{i-1}\boldsymbol{Z}\boldsymbol{G}^{j-i-1}\boldsymbol{Z}\boldsymbol{G}^{N-j}] \tag{6.46}$$

と表される．ここで $\boldsymbol{Z}$ は

$$\boldsymbol{Z}_{\alpha\beta;\gamma\delta} = g^{\dagger}_{i,\alpha\gamma} S^z_i g_{i,\beta\delta} \tag{6.47}$$

によって定義される 4×4 行列である．

式 (6.44)，(6.46) の表式を見ると，$\boldsymbol{G}$ は1次元イジング模型の議論で用いた転送行列の役割をすることがわかる．$\boldsymbol{G}$ と $\boldsymbol{Z}$ を具体的に計算すると

$$\boldsymbol{G} = \begin{bmatrix} 1 & 0 & 0 & 2 \\ 0 & -1 & 0 & 0 \\ 0 & 0 & -1 & 0 \\ 2 & 0 & 0 & 1 \end{bmatrix}, \qquad \boldsymbol{Z} = \begin{bmatrix} 0 & 0 & 0 & -2 \\ 0 & 0 & 0 & 0 \\ 0 & 0 & 0 & 0 \\ 2 & 0 & 0 & 0 \end{bmatrix} \tag{6.48}$$

となる．$\boldsymbol{G}$ の固有値は3と -1 (3重縮重) で，固有関数も簡単に求められる．これらを用いると，VBS状態におけるスピン相関関数は $N \to \infty$ の極限で

$$\langle S^z_i S^z_j \rangle = \frac{4}{3}\left(-\frac{1}{3}\right)^{j-i} \tag{6.49}$$

となる．VBS状態はスピン空間で等方的なので S^x，S^y の相関も同じである．したがって，スピン相関は相関長 $\xi = 1/\log 3$ で指数関数的に減衰することがわかる．AKLT模型の励起状態を正確に求めることはできないが，励起エネルギーには基底エネルギーとの間に有限のギャップが存在することが証明されている[20, 22]．

このように，VBS状態はハルデインが予想した整数スピン系の基底状態の性質をすべてもつ状態であるが，それ以外にも興味深い性質をもつ．

6.5.4 ストリング秩序

VBS状態は，空間的に一様であり，スピン空間においては等方的で磁気秩序をもたない状態なので，一見何も秩序のない状態のように見えるため，しばしば量子無秩序状態 (quantum disordered state) の一例であるといわれる．しかし実際には，仮想的に導入した $S = 1/2$ スピンの間の1重項が規則的に配列した秩序のある状態である．この秩序をもとの $S = 1$ スピン系に戻って表したものが，**ストリング秩序** (string order) とよばれる非局所的な“隠れた”秩序である[23]．以下でこの秩序について考えよう．

$\{S^z_i; i = 1, \cdots, N\}$ を対角化する基底で表すと，式 (6.41) で表されるVBS状態は非常に多数の基底の1次結合である．しかし，g_i の対角項が $|0\rangle_i$ のみを含み，非対角項は $g_{i,\uparrow\downarrow} = -\sqrt{2}|-1\rangle_i$，$g_{i,\downarrow\uparrow} = \sqrt{2}|1\rangle_i$ となっていることに注

意すると，$\Psi_{\alpha\beta}^{(N)}$ に含まれる基底には共通の性質があることがわかる．すなわち，1つの基底はすべてのスピンの S^z 固有状態の直積であるが，それらから $S^z=0$ の状態にあるスピンを除くと，$S^z=1$ のスピンと $S^z=-1$ のスピンが必ず交互に並んでいる．そのうちの1つの基底が図 6.8 に示されている．

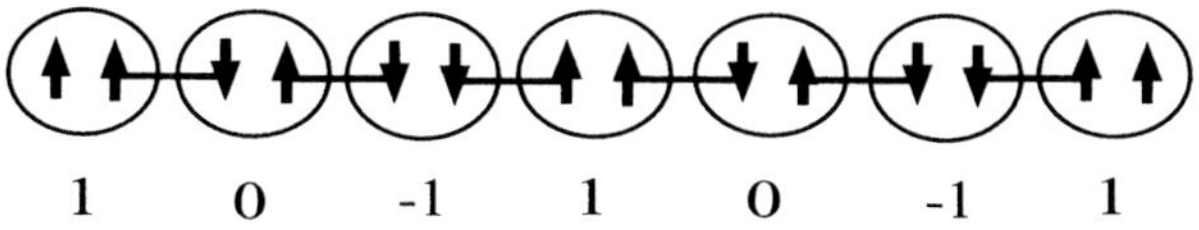

図 **6.8** VBS 状態に含まれる基底の一例

ここで $\exp(\mathrm{i}\pi S^z)$ という演算子を考えると，$S^z=\pm1$ のとき固有値 -1, $S^z=0$ のとき固有値 1 を与えるから，$\exp(\mathrm{i}\pi\sum_{l=i+1}^{j-1}S_l^z)$ の固有値は i サイトと j サイト $(i<j)$ の間にある $S^z=\pm1$ のスピンの数の偶奇性により符号を変える．VBS 状態では $S_i^z\exp(\mathrm{i}\pi\sum_{l=i+1}^{j-1}S_l^z)S_j^z$ は定符号 (≤ 0) になるので，ストリング相関関数

$$O^z(i,j)=\left\langle S_i^z\exp\left(\mathrm{i}\pi\sum_{l=i+1}^{j-1}S_l^z\right)S_j^z\right\rangle \tag{6.50}$$

を用いてこの秩序を表せる．2個のスピンが $\exp(\mathrm{i}\pi\sum_{l=i+1}^{j-1}S_l^z)$ で表される紐でつながっているのでこれをストリング秩序とよぶ．行列積の形式を用いると

$$\left\langle\Omega^{(N)}\middle|S_0^z\ \exp\left(i\pi\sum_{l=i+1}^{j-1}S_l^z\right)\ S_j^z\middle|\Omega^{(N)}\right\rangle$$
$$=\mathrm{Tr}[\boldsymbol{G}^{i-1}\boldsymbol{Z}\boldsymbol{P}^{j-i-1}\boldsymbol{Z}\boldsymbol{G}^{N-j}] \tag{6.51}$$

となる．ここで $\boldsymbol{P}$ は $\boldsymbol{P}_{\alpha\beta;\gamma\delta}=g_{i,\alpha\gamma}^{\dagger}\exp(\mathrm{i}\pi S_i^z)g_{i,\beta\delta}$ によって定義され，

$$\boldsymbol{P}=\begin{bmatrix}1&0&0&-2\\0&-1&0&0\\0&0&-1&0\\-2&0&0&1\end{bmatrix} \tag{6.52}$$

と表される．VBS 状態では i, j によらず $O^z(i,j)=-4/9\simeq-0.444$ になる．もちろん y, z 方向も同じ値である．ストリング秩序は $S=1$ 反強磁性ハイゼンベルク模型の基底状態でも存在することが有限系の数値計算によって確かめられており，$\lim_{|j-i|\to\infty}O^\alpha(i,j)\simeq-0.3743$ と評価されている[18)]．この値は VBS 状態における値の約 84%にあたる．このことから，ハイゼンベルク模型

の基底状態は，VBS 状態の 1 重項結合 (valence bond) がところどころ壊れた状態とみなせる．

6.5.5 開放端の $S = 1/2$ スピン

式 (6.38) からわかるように，開放端をもつ系の VBS 状態では端の $S=1$ スピンを構成する仮想的な 2 個の $S=1/2$ スピンの内の 1 個が他のスピンと結合していない．このことは VBS 状態の両端には自由な $S=1/2$ スピンが存在していることを示唆している．もとの系が $S=1$ のスピンから構成されていることを考えると，これは非常に不思議なことである．実際に端における S^z の期待値を求めてこの様子を調べてみよう．

開放端をもつ系の基底状態における S_i^z の期待値は

$$\langle \Psi_{\alpha\beta}^{(N)} | S_i^z | \Psi_{\alpha\beta}^{(N)} \rangle = (\boldsymbol{G}^{i-1} \boldsymbol{Z} \boldsymbol{G}^{N-i})_{\bar{\alpha}\alpha;\beta\beta} \tag{6.53}$$

を用いて計算できる．ここで $\bar{\uparrow}=\downarrow, \bar{\downarrow}=\uparrow$ とした．状態 $\Psi_{\alpha\beta}^{(N)}$ における S_i^z の期待値 $\langle S_i^z \rangle_{\alpha\beta}$ は $N \gg 1$ の極限では β によらず

$$\langle S_i^z \rangle_{\alpha\beta} = -2\varepsilon_\alpha \left(\frac{-1}{3} \right)^i \tag{6.54}$$

となる．ここで $\varepsilon_\uparrow = 1$，$\varepsilon_\downarrow = -1$ である．$\langle S_i^z \rangle_{\alpha\beta}$ を i について加えると

$$\sum_{i=1}^{\infty} \langle S_i^z \rangle_{\alpha\beta} = \varepsilon_\alpha \frac{1}{2} \tag{6.55}$$

となり，確かに端に大きさ 1/2 のスピンがあることがわかる．ただしこのスピンは端のサイトのみに局在せず，端から相関長ぐらいの範囲に広がっている．このスピンの自由度が基底状態の 4 重縮重を与えているのである．

Kennedy[24] は開放端をもつ有限サイズの $S=1$ 反強磁性ハイゼンベルク模型の数値的対角化を行い，有限系では基底状態に近いエネルギーをもつ 3 個の励起状態が存在し，その励起エネルギーはサイズ N とともに $\Delta E \sim \exp(-N/\xi)$ の形で 0 に近づくことを示した．この結果はハイゼンベルク模型でも開放端に自由な $S=1/2$ スピンが残っていることの証拠である．

上に述べて来たことからわかるように，1 次元反強磁性ハイゼンベルク模型の基底状態は VBS 状態と本質的に同じ状態である．整数スピンからなる 1 次元系において，空間的に一様で磁気的秩序をもたず，ストリング秩序をもつ状態をハルデイン状態，ハルデイン状態と励起状態との間のエネルギーギャップをハルデインギャップとよんでいる．

6.5.6 $S>1$ の 場 合

前項では $S=1$ のハルデイン状態を詳しく議論してきたが，S が 1 より大きい整数の場合はどうだろうか？ $S>1$ の場合にも有限の励起ギャップと相関長をもつことが数値的方法により示されているので，基底状態は基本的に VBS 状態であると考えられている．VBS 状態の考え方を一般の大きさのスピンに適用してみよう．大きさ S のスピンを $2S$ 個の $S=1/2$ スピンから合成されたものと考え，隣接するスピンを構成する $S=1/2$ スピンと対をつくることを考える．図 6.9 に示すように S が整数の場合は隣のスピンと S 個の対を共有することにより，空間的に一様な状態 VBS 状態をつくれる．励起状態をつくるにはスピンの 1 重項を壊さねばならないから有限のエネルギーが必要になりエネルギーギャップが生じると考えられる．S が半奇数の場合は各スピンあたり 1 個の $S=1/2$ スピンが余ってしまう．系の低エネルギー励起状態は余った $S=1/2$ スピンの揺らぎにより決まり，$S=1/2$ の場合と同様にギャップレスになると考えられる．このようにして，S が整数の場合と半整数の場合の違いを直感的に理解できる．さらに整数スピンの場合は AKLT のやり方にならって VBS 状態を基底状態にもつ模型を構築することもできるし，VBS 状態の表式も書き表せる．この場合のストリング相関 $\langle S_i^z \exp(\mathrm{i}\theta \sum_{l=i+1}^{j-1} S_l^z) S_j^z \rangle$ は一般に $|i-j|\to\infty$ で有限な値をもつが，$\theta=\pi/S$ のときに最大値をとることが知られている．また開放端に大きさ $S/2$ の自由なスピンが現れることは図 6.9 から直ちにわかるであろう．

図 6.9 $S=2$ の場合の VBS 状態

この考えを推し進めると 1 次元に限らず 2 次元，3 次元でも VBS 状態をつくれることがわかる．しかも高次元ではスピンが整数であるか半奇数であるかに関係なく，$2S$ が配位数 z の整数倍であれば VBS 状態がつくれる．図 6.10 に示すように 2 次元の蜂の巣格子では $S=3/2$，正方格子では $S=2$ の場合に VBS 状態を基底状態とする模型を構築できる．このような模型の基底状態は非磁気的であり，励起状態にはギャップが存在すると考えられる．ただし，通常の反強磁性ハイゼンベルク模型については，蜂の巣格子でも正方格子でも $S\geq 1$ の

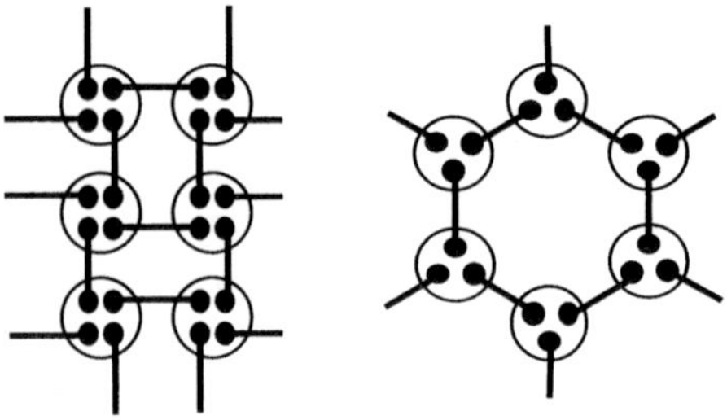

図 6.10 2次元格子上の VBS 状態の例
(a) 正方格子, (b) 蜂の巣格子.

場合には，基底状態に反強磁性長距離秩序が存在することが証明されているので，基底状態はハルデイン状態ではないことを注意しておく[25)]. 以上のように簡単な議論を用いて，量子揺らぎによって生ずる非磁気的な基底状態が高次元でも起こりうることがわかるのは面白い.

6.5.7 異方性の効果

$S=1/2$ 系では交換相互作用の異方性によってエネルギーギャップが生じうることを 6.3 節で述べた. $S \geq 1$ のスピンをもつ磁性体では，無視できない大きさの 1 イオン磁気異方性が存在し，通常こちらのほうが交換相互作用の異方性より大きい. 実験で励起エネルギーギャップが見出されても，それがハルデインギャップであるのか異方性に起因するものであるかを判断するためには，ハルデイン状態に及ぼす異方性の効果について知る必要がある. この問題は 1 軸異方性のある $S=1$ の 1 次元スピン模型

$$\mathcal{H} = \sum_i (S_i^x S_{i+1}^x + S_i^y S_{i+1}^y + \Delta S_i^z S_{i+1}^z) + D \sum_i (S_i^z)^2 \tag{6.56}$$

の数値的研究によって詳しく調べられた. その結果得られた基底状態の相図を図 6.11 に示す[26)]. 図からわかるように，この系は Δ, D の値により 6 種類の異なる基底状態相をもつ. それらの相は以下のとおりである.

- イジング反強磁性相
- large-D 相
- ハルデイン相
- $XY1$ 相

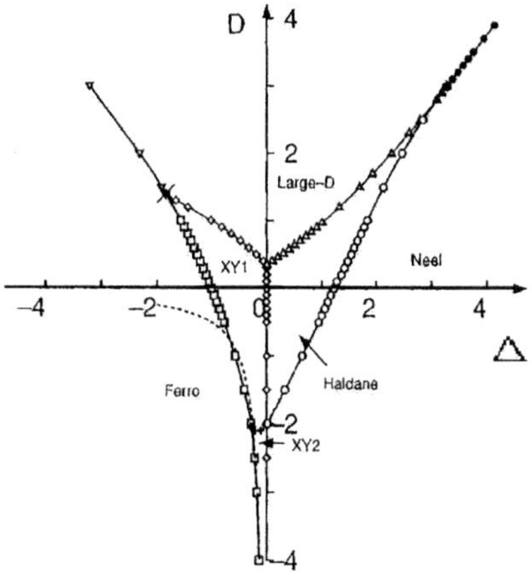

図 6.11 異方的 $S=1$ 模型の基底状態相図[26)]

- $XY2$ 相
- イジング強磁性相

Δ の絶対値が大きく，スピンが S^z 軸方向に向くときは，基底状態に長距離秩序が存在し，励起エネルギーには有限のギャップがある．イジング反強磁性相は $\Delta \gtrsim 1$ かつ $\Delta \gtrsim D$ の領域で，イジング強磁性相は $\Delta \lesssim -1$ かつ $\Delta \lesssim -D$ の領域で実現する．他の相はすべて非磁気的で，空間的に一様であり，基底状態に縮重がない．ハルデイン相は反強磁性ハイゼンベルク模型の近傍で実現する．この相の基底状態は VBS 状態と本質的に同じ性質をもつが，相関長，エネルギーギャップ，ストリング秩序の値はパラメタにより変化する．

large-D 相は $D \gtrsim 1$ かつ $D \gtrsim |\Delta|$ の領域で実現する異方的な相で，$D=\infty$ の極限ではすべてのスピンが $S^z=0$ の状態にある．励起状態と基底状態の間には有限のエネルギーギャップがあり，スピン相関関数は指数関数的に減少する．しかしこの相にはストリング秩序がなく，開放端における $S=1/2$ スピンも現れない．

$D \lesssim 1$ かつ $-1 \lesssim \Delta < 0$ の領域で実現する $XY1$ 相および $XY2$ 相は，ともに $S=1/2$ XXZ 模型の XY 相 ($|\Delta|<1$) と同様に臨界的な状態で，励起エネルギーはギャップレスである．$XY1$ 相と $XY2$ 相の違いは，スピン相関関数の振る舞いにある．$XY1$ 相では $\langle S_i^\alpha S_{i+r}^\alpha \rangle$ ($\alpha = x, y$) は距離 r のべき関数 $r^{-\eta}$ に比例して減衰する．指数 η は，強磁性相との相境界では 0，ハルデイン相との境界では

1/4の値をもつと考えられている．相関関数 $\langle (S_i^\alpha)^2 (S_{i+r}^\alpha)^2 \rangle$ $(\alpha = x, y)$ は指数関数的に減衰する．$XY2$ 相は $D \lesssim -2$ のごく狭い領域で実現する．この相では $\langle S_i^\alpha S_{i+r}^\alpha \rangle$ $(\alpha = x, y)$ は距離 r の指数関数になり，$\langle (S_i^\alpha)^2 (S_{i+r}^\alpha)^2 \rangle$ $(\alpha = x, y)$ が距離のべき関数で減衰する．

6.5.8　ハルデイン磁性体

ハルデイン状態が実験的に最初に確認された物質は，Ni^{2+} を含む擬1次元物質 $Ni(C_2H_8N_2)_2NO(ClO_4)$(NENP) である[27, 29]．図6.12からわかるように NENP は b 軸方向に1次元性の強い物質で，b 軸方向と b 軸に垂直な方向の交換相互作用の比は 10^4 程度と見積もられている．交換相互作用は高温における磁化率の測定から約47 K と見積もられているが，この系は低温 (∼1 K) まで磁気相転移を示さない．NENP の磁化率は図6.13からわかるように低温で指数関数的に急激に減少する[29]．これは，基底状態が $S = 0$ の状態で $S \neq 0$ の励起状態との間に有限のエネルギーギャップが存在することを示している．

図6.14に勝又ら[27]によって測定された強磁場中の NENP の磁化曲線を示す．結晶場および g 因子の異方性のために磁場の方向により差があるが，1.3 K における磁化曲線は磁場が弱いときほぼ0であり，ある有限の磁場の値で急に立ち上がる．この結果も明らかにエネルギーギャップの存在を示している．磁

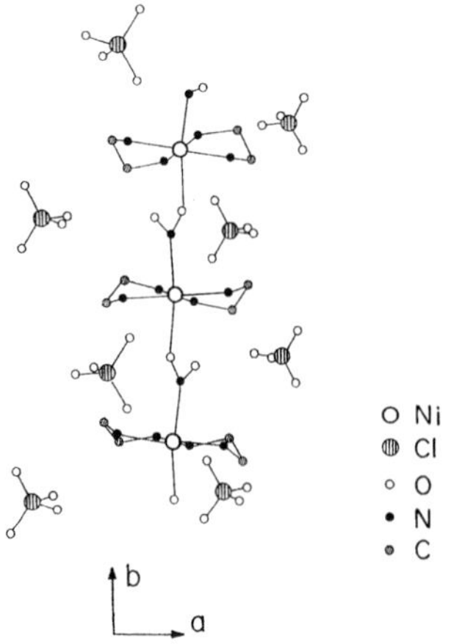

図 6.12　擬1次元物質 NENP の構造[28]

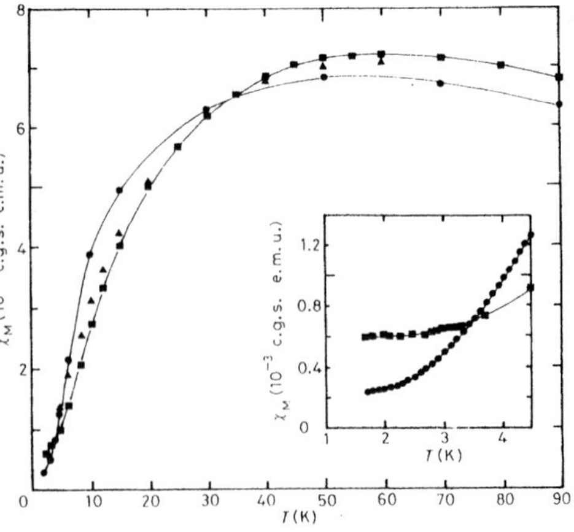

図 6.13　NENP の磁化率[29]
四角は a 軸，丸は b 軸，三角は c 軸方向に磁場をかけたときの値を表す．

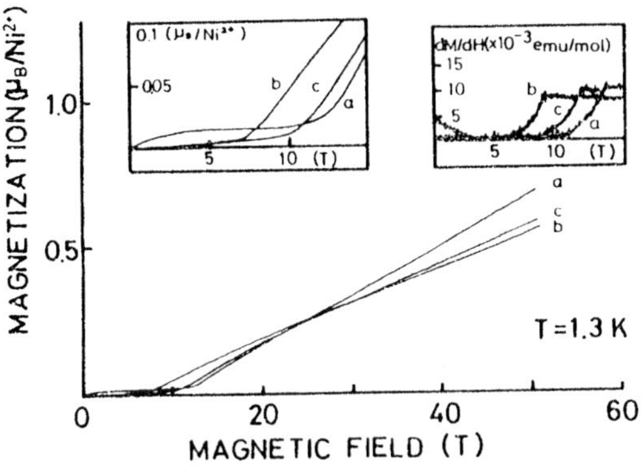

図 **6.14** 強磁場下の NENP の磁化[27)]
磁場の強さが臨界値にならないとほとんど磁化が生じない．

気異方性は $D \simeq 12$K と評価されている．異方性あるいはボンド交替によってもエネルギーギャップが生ずるが，詳しい解析の結果 NENP の基底状態はハルデイン状態であることがわかっている．

NENP がハルデイン物質であることを示すより明確な証拠は NENP の Ni^{2+} を少量の Cu^{2+} で置換した系の ESR の観測により得られる．Cu^{2+} は $S = 1/2$ のスピンをもっているが，NENP の基底状態は非磁気的であり，10K 程度のエネルギーギャップが存在するから，常識的に考えると希薄な Cu^{2+} のスピンは独立な $S = 1/2$ スピンの ESR スペクトルを与えることになる．ところが図 6.15 に示すように実験結果は低温で複数の吸収線の存在を示し，低温で現れる吸収線の積分強度は温度の上昇とともに指数関数的に減少する[30)]．これは VBS 状態の Ni^{2+} 鎖中にある 1 個の Cu^{2+} を考えることで理解できる．Cu^{2+} の両側の $S = 1$ スピン鎖は VBS 状態にあるため，それらの端つまり Cu^{2+} の両側には自由な $S = 1/2$ スピンが現れる．これら 3 個の $S = 1/2$ スピンの相互作用により，全部で 8 個のエネルギー準位が形成される．これらの間の遷移が，Ni スピンのもつ磁気異方性のために複数の吸収線を与えることになる．実験結果はこの考えに基づく理論的解析とよく一致する．また，NENP の Ni を Zn, Cd，Hg などの非磁性金属で置換した系の ESR でも自由な $S = 1/2$ スピンによる吸収スペクトルが実験的に観測されている[31)]．

また，非磁性不純物を含むハルデイン物質中では，切断されたハルデイン鎖の両端に現れた $S = 1/2$ スピンの間に鎖内相互作用および鎖間相互作用が働い

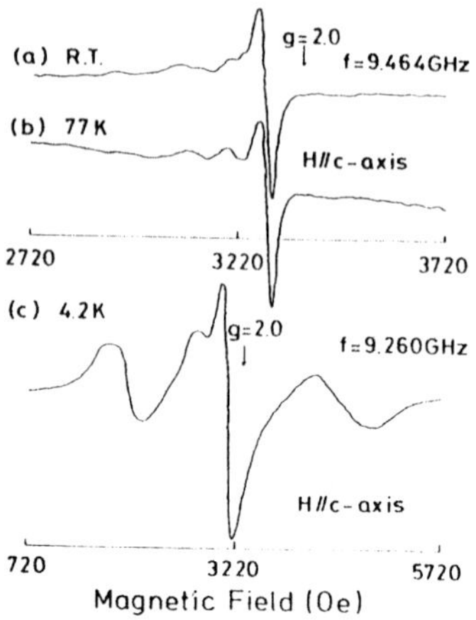

図 **6.15** NENP に Cu をドープした系の ESR スペクトル[30)]

て，系全体に反強磁性長距離秩序が生じることが実験的に見出されている．

上に述べたNENP以外にも，$(CH_3)_4NNi(NO_2)_3$(TMNIN)[32)]，Y_2BaNiO_5[33)] など，現在多くのハルデイン磁性体が知られている．

文　　献

1) S. Sachdev : *Quantum Phase Transitions* (Cambridge Univ. Press, 1999).

2) W. Marshall : Proc. Roy. soc A **232**(1955) 48 ; E. Lieb and D. Mattis : J. Math. Phys. **3** (1962) 749.

3) D. C. Mattis, Phys. Rev. Lett. **42** (1979) 1503 ; H. Nishimori : J. Stat. Phys. **26** (1981) 839.

4) E. H. Lieb, T. D. Schultz and D. Mattis, Ann. Phys. **16** (1961) 407; B.M. McCoy : Phys. Rev. **173** (1968) 531.

5) L. Hulthén : Arkiv. Mat. Astron. Fyzik **26A** No. 11 (1938).

6) C. N. Yang and C. P. Yang : Phys. Rev. **150** (1966) 321; ibid 327.

7) M. Takahashi : *Thermodynamics of One-Dimensional Solvable Models* (Cambridge Univ. Press, 1999).

8) I. Affleck, D. Gepner, H. J. Schulz and T. Ziman : J. Phys. A: Math. Gen. **22** (1989) 511; R. R. Singh, M. E. Fisher and R. Shankar : Phys. Rev. B **39** (1989) 2562.

9) A. Luther and I. Peschel : Phys. Rev. B **12** (1975) 3908; N. M. Bogoliubov, A. G. Izergin and V. E. Korepin : Nucl. Phys. B **275[FS17]** (1986) 687.

10) J. des Cloizeau and J. Pearson : Phys. Rev. **128** (1962) 2131.

11) S. Eggert, I. Affleck and M. Takahashi : Phys. Rev. Lett. **73** (1994) 332.

12) 川上則雄，梁　成吉：共形場理論と 1 次元量子系，岩波書店 (1997).
13) F. D. M. Haldane : Phys. Lett. A93 (1983) 464.
14) A. B. Zamolodchikov and A. B. Zamolodchikov : Ann. Phys. **120** (1979) 253.
15) I. Affleck : J. Phys.: Condens. Matter **1** (1989) 3047.
16) M. P. Nightingale and H. W. Blöte : Phys. Rev. B **33** (1986) 659.
17) K. Nomura : Phys. Rev. B40 (1989) 9142.
18) S. R. White and D.A. Huse, Phys. Rev. B **48** (1993) 3844.
19) S. Todo and K. Kato : Phys. Rev. Lett. **87** (2001) 047203.
20) I. Affleck, T. Kennedy, E.H. Lieb and H. Tasaki : Commun, Math. Phys. **115** (1988) 477.
21) A. Klümper, A. Schadschneider and J. Zittarz : Z. Phys. B **87** (1992) 281; K. Totsuka and M. Suzuki : J. Phys.: Condens. Matter **7** (1995) 1639.
22) S. Knabe : J. Stat. Phys. **52** (1988) 627.
23) M. den Nijs and K. Rommelse : Phys. Rev. B **40** (1989) 4709.
24) T. Kennedy : J. Phys. Condens. Matter **2** (1990) 5737.
25) K. Kubo and T. Kishi : Phys. Rev. Lett. **61** (1988) 2585 ; Y. Ozeki, H. Nishimori and Y. Tomita : J. Phs. Soc. Jpn. **58** (1989) 82.
26) W. Chen, K. Hida and B.C. Sanctuary : Phys. Rev. B**67** (2003) 104401.
27) K. Katsumata, H. Hori, T. Takeuchi, M. Date, A. Ya,magishi and J.P. Renard : Phys. Rev. Lett. **63** (1989) 86.
28) 勝又紘一, 固体物理 **27** No.1 (1992) 9.
29) J. P. Renard, M. Verdaguer, L. P. Renault, W. A. C. Erkelens,J. Rossat-Mignod and W.G. Stirling : Europhys. Lett. **3** (1987) 945.
30) M. Hagiwara, K. Katsumata, I. Affleck, B. I. Halperin and J. P. Renard : Phys. Rev. Lett. **65** (1990) 3181.
31) S. H. Glarum, S. Geschwind, K. M. Lee, M. L. Kaplan and J. Michel : Phys. Rev. Lett. **67** (1991) 1614.
32) V. Gadet, M. Verdaguer, V. Briois, A. Gleizes, J. P. Renard, P. Beauvillain, C. Chappert, T. Goto, K. Le Dang and P. Veillet : Phys. Rev. B **44** (1991) 705.
33) J. Darriet and L. P. Renault : Solid State Comm. **86** (1993) 409 ; T. Yokoo, T. Sakaguchi, K. Kakurai and J. Akimitsu : J. Phys. Soc. Jpn. **64** (1996) 3651.

7

ダイマー状態

本章ではスピンが2個ずつ強く1重項的に結合して秩序をつくるダイマー状態について述べる．これは量子効果によって実現する磁気秩序のない状態で，励起エネルギーにギャップがある点はハルデイン状態と同じだが，空間的な並進対称性が破れている点で異なる．ダイマー秩序はおもに2種類の原因で起こる．1つは特定のスピン対間の反強磁性相互作用が他の対間の相互作用より強いかあるいは幾何学的に特別な位置にあるためにダイマー状態が生じるものである．この場合はハミルトニアンにもともと並進対称性がないので理解しやすい．もう1つは相互作用間のフラストレーションにより，自発的に並進対称性が破れてダイマー状態が生じるものである．

$S=1/2$ 反強磁性体が格子の自由度と結合している1次元系の場合には，自発的に格子のゆがみを起こしてスピンがダイマー状態になるスピン・パイエルス転移が起こる．この現象は実験的にも観測されている．ダイマー秩序は1次元の例がよく知られているが，本来次元に関係なく実現するものであり，高次元の例も実際の物質で実現している．

7.1 マジャンダー・ゴーシュ模型

まずフラストレーションによりダイマー状態が実現する場合を考える．図7.1(a) に示すように最近接格子点と次近接格子点の間に相互作用のある1次元格子上の $S=1/2$ ハイゼンベルク模型

$$\mathcal{H}=\sum_i(J_1\boldsymbol{S}_i\cdot\boldsymbol{S}_{i+1}+J_2\boldsymbol{S}_i\cdot\boldsymbol{S}_{i+2}) \tag{7.1}$$

を J_1-J_2 模型，$J_1>0$，$J_2=J_1/2$ の場合を特にマジャンダー・ゴーシュ (Majumdar-Ghosh) 模型とよぶ[1)]．この場合にハミルトニアンを書き直すと

$$\mathcal{H} = \frac{J_1}{2}\sum_i (\boldsymbol{S}_i \cdot \boldsymbol{S}_{i+1} + \boldsymbol{S}_{i+1} \cdot \boldsymbol{S}_{i+2} + \boldsymbol{S}_i \cdot \boldsymbol{S}_{i+2}) \tag{7.2}$$

$$= \frac{J_1}{4}\sum_i \left\{ (\boldsymbol{S}_i + \boldsymbol{S}_{i+1} + \boldsymbol{S}_{i+2})^2 - \frac{9}{4} \right\} \tag{7.3}$$

となり，エネルギーは式 (7.3) の和の各項に含まれる 3 スピンの合成スピンの大きさが 1/2 のとき最小になる．そのためには 3 個のうちの 2 個が $S = 0$ の 1 重項状態をつくればよい．したがって図 7.1(b) に示すように，隣り合う 2 個のスピンの対が 1 重項をつくる状態は基底状態である．格子点 i と格子点

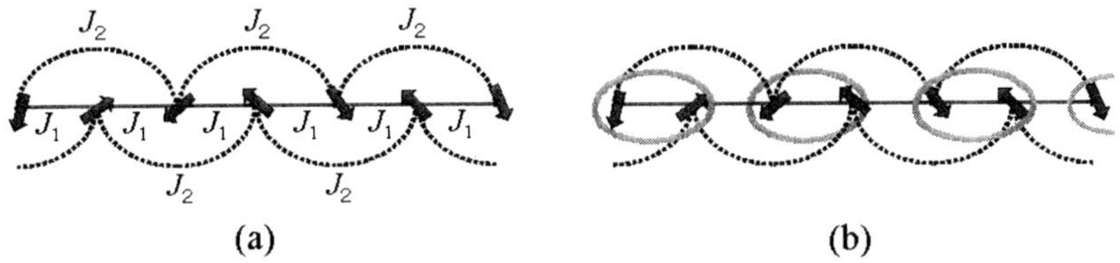

図 7.1　(a) J_1-J_2 模型，(b) マジャンダー・ゴーシュ模型の基底状態
楕円は囲まれた 2 個のスピンが 1 重状態をつくっていることを示す．

j のスピンのつくる 1 重項波動関数を $\phi_{\mathrm{S}}(i,j)$ と表すと，偶数個のスピンを含み周期的境界条件を満たす系の基底状態は $\Psi_1 = \prod_i \phi_{\mathrm{S}}(2i-1, 2i)$ あるいは $\Psi_2 = \prod_i \phi_{\mathrm{S}}(2i, 2i+1)$ と表され，2 重に縮重している．これらの基底状態は完全なダイマー秩序をもっており，系の並進対称性が自発的に破れている．励起状態は正確には求められないが，励起エネルギーギャップの存在が証明されている[2)]．

一般の J_1，J_2 での基底状態は正確に求められないが，$0 \leq J_2 < 0.241 J_1$ では朝永・ラッティンジャー液体，$0.241 J_1 < J_2$ ではダイマー状態であることが数値的研究により知られている[3)]．

7.2　1 次元 $S = 1/2XY$ 結合交替鎖

相互作用の強さが交互に異なり，$J(1+\delta)$, $J(1-\delta)$ $(0 \leq \delta \leq 1)$ となっている 1 次元 $S = 1/2XY$ 模型を考えよう．この模型は正確に解けるので，ダイマー状態の基本的な性質を理解するのに役立つ．ただし，現実の系では，交換相互作用は通常ほぼハイゼンベルク型に近く，XY 模型は現実的でない．ヨル

ダン・ウィグナー変換を用いてハミルトニアンをフェルミ演算子で書き表すと

$$\begin{aligned}\mathcal{H} &= \frac{J}{2}\sum_{i=1}^{N/2}\{(1+\delta)(c_{2i-1}^{\dagger}c_{2i}+c_{2i}^{\dagger}c_{2i-1})+(1-\delta)(c_{2i+1}^{\dagger}c_{2i}+c_{2i}^{\dagger}c_{2i+1})\}\\ &= \frac{J}{2}\sum_{k}\{[1+\delta+(1-\delta)\mathrm{e}^{-2\mathrm{i}k}]c_{k,1}^{\dagger}c_{k,2}+[1+\delta+(1-\delta)\mathrm{e}^{2\mathrm{i}k}]c_{k,2}^{\dagger}c_{k,1}\}\end{aligned} \tag{7.4}$$

となる. 式 (7.4) の最後の式にはフーリエ変換

$$c_{k,1}=\sqrt{\frac{2}{N}}\sum_{j=1}^{N/2}\mathrm{e}^{2\mathrm{i}kj}c_{2j-1}, \qquad c_{k,2}=\sqrt{\frac{2}{N}}\sum_{j=1}^{N/2}\mathrm{e}^{2\mathrm{i}kj}c_{2j} \tag{7.5}$$

を用いた. 単位胞が元の格子の 2 倍なので波数 k は $-\pi/2<k\le\pi/2$ の範囲の値をとる. このハミルトニアンを対角化すると

$$\mathcal{H}=\sum_{k}(E_{+}(k)d_{k,+}^{\dagger}d_{k,+}+E_{-}(k)d_{k,-}^{\dagger}d_{k,-}) \tag{7.6}$$

となり, スペクトルには図 7.2 に示す 2 個のバンド

$$E_{\pm}(k)=\pm J\sqrt{\frac{(1+\delta^2)+(1-\delta^2)\cos 2k}{2}} \tag{7.7}$$

が現れる. $d_{k,\pm}^{\dagger}$, $d_{k,\pm}$ はそれぞれのバンドに対応するフェルミ粒子の生成, 消滅演算子で

$$u_{k,\mu}=\frac{J}{2\sqrt{2}E_{+}}\{1+\delta+(1-\delta)\mathrm{e}^{2\mathrm{i}k}\}, \qquad v_{k,\mu}=\mu\frac{1}{\sqrt{2}} \quad (\mu=\pm) \tag{7.8}$$

を用いて

$$d_{k,\mu}=u_{k,\mu}c_{k,1}+v_{k,\mu}c_{k,2} \quad (\mu=\pm) \tag{7.9}$$

と表される. 2 個のバンド間には大きさ $2\delta J$ のエネルギーギャップが生じる. 系の基底状態は負のエネルギーすなわち $E_{-}(k)$ をもつ粒子状態がすべて占められた状態である. この状態での $S_i^{\alpha}(\alpha=x,y,z)$ の期待値は $\delta=0$ の場合と同じように 0 となり, 磁気秩序は存在しない. 基底状態のエネルギーは

$$E=\sum_{0<|k|<\pi/2}E_{-}(k)=-\frac{JN}{2\sqrt{2}\pi}\int_{-\pi/2}^{\pi/2}\mathrm{d}k\ \sqrt{(1+\delta^2)+(1-\delta^2)\cos 2k} \tag{7.10}$$

だが, この積分の値は δ^2 の増加関数である. すなわち, 結合交替鎖の方が一様な 1 次元鎖よりも低い基底エネルギーをもつ. $\delta\ll 1$ のときエネルギーの下がりは 1 スピンあたり

$$\Delta E\simeq -\frac{\delta^2}{2\pi}|\log\delta|J \tag{7.11}$$

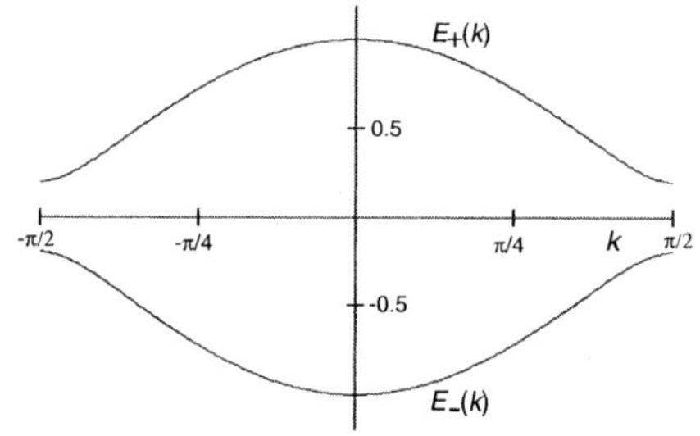

図 **7.2**　1 次元 XY 交替鎖のフェルミ粒子スペクトル

であり，$\delta = 0$ で特異的な振る舞いをしている．基底状態での最近接スピン間の相関関数は式 (7.5)～ 式 (7.9) を用いると

$$C(2j-1) \equiv \langle S^x_{2j-1} S^x_{2j} \rangle = -\frac{J}{4N} \sum_k \frac{1+\delta+(1-\delta)\cos 2k}{E_+(k)} \quad (7.12)$$

$$C(2j) \equiv \langle S^x_{2j} S^x_{2j+1} \rangle = -\frac{J}{4N} \sum_k \frac{1-\delta+(1+\delta)\cos 2k}{E_+(k)} \quad (7.13)$$

と表せる．$C(2j-1)$ と $C(2j)$ はともに負で反強磁性的な相関を示しているが，その絶対値は $C(2j-1)$ の方が大きく，ダイマー秩序が存在することがわかる．$\delta = 1$ の極限では $C(2j) = 0$，$C(2j-1) = -1/4$ となるから，$\boldsymbol{S}_{2j-1}$ と $\boldsymbol{S}_{2j}$ が完全な 1 重項対をつくっている．S^z の相関については

$$\langle S^z_i S^z_{i+1} \rangle = -4(C(i))^2 \quad (7.14)$$

が i の偶奇によらず成り立つから，S^z の相関も反強磁性的で，相互作用が強く働いている対の相関が強いことがわかる．

励起状態はフェルミ粒子の励起として表される．スペクトルから直ちにわかるように，$S^z = \pm 1$ の励起状態にはエネルギーギャップ δJ，$S^z = 0$ の励起状態にはギャップ $2\delta J$ が存在する．

7.3　1 次元 XXZ 結合交替鎖

XXZ 型の相互作用をもつ結合交替鎖は正確に解くことができない．この系の性質を調べるには，近似理論か数値計算に頼らねばならない．以下では，位相ハミルトニアンを用いた議論を紹介しよう．ボンド交替がないときのハミルトニアンを出発点にとり，ボンド交替により生ずる項を摂動と考える．ヨルダン・ウィグナー変換と結合交替のない系でのフーリエ変換

$$c_k = \sqrt{\frac{1}{N}} \sum_{j=1}^{N} \mathrm{e}^{\mathrm{i}kj} c_j, \tag{7.15}$$

を用いると，ハミルトニアンは

$$\begin{aligned}\mathcal{H} = &\sum_k \varepsilon(k)\, c_k^\dagger c_k + \sum_{k,k',q,G} V(q)\, c_{k+q+G}^\dagger c_{k'-q}^\dagger c_{k'} c_k \\ &-\mathrm{i}\frac{J\delta}{2} \sum_k \sin k\,(c_{k+\pi}^\dagger c_k - c_k^\dagger c_{k+\pi}) \\ &+\mathrm{i}J\Delta\delta \sum_{k,k',q,G} \sin q\; c_{k+q+G}^\dagger c_{k'-q+\pi}^\dagger c_{k'} c_k \end{aligned} \tag{7.16}$$

となる．ここで，$\varepsilon(k) = J\cos k$，$V(q) = J\Delta\cos q$，G は逆格子ベクトル (この場合 2π の整数倍) である．ただし定数項および粒子数に比例する項は除いてある．第 1 項および第 2 項はボンド交替のないときのハミルトニアンで，第 3 項および第 4 項はボンド交替によって生ずる項であるが．第 4 項の効果は小さいので以下では無視する．外部磁場がない場合には全スピンの z 成分は 0 なので，フェルミ波数は $k_\mathrm{F} = \pi/2$ となる．したがって相互作用の中で全運動量を保存しないウムクラップ項が重要な働きをする．

1 次元フェルミ粒子系の低エネルギー励起はボース粒子の励起として表され，基底状態も含めてボース粒子系のハミルトニアンを用いて記述することができる．これをボソン化 (bosonization) の方法とよぶ[4)]．さらに，このボソンを用いてハミルトニアンを以下に述べる位相ハミルトニアンの形に書き直すことが可能である．位相 $\Theta(x)$ を用いると，ボンド交替のない系のハミルトニアンは

$$\mathcal{H}_0 = \int \mathrm{d}x \left\{ C\Pi(x)^2 + A\left(\frac{\partial\Theta(x)}{\partial x}\right)^2 - D\cos 2\Theta(x) \right\}, \tag{7.17}$$

ボンド交替によって生ずる摂動項は

$$\mathcal{H}_1 = -B\int \mathrm{d}x \sin\Theta(x) \tag{7.18}$$

と書き表せる．$\Pi(x)$ は $\Theta(x)$ に対応する運動量密度で

$$[\Theta(x), \Pi(x')] = \mathrm{i}\delta(x - x') \tag{7.19}$$

を満たす．またパラメタは

$$A = 2\pi J\left(1 + \frac{3\Delta}{\pi}\right), \quad C = \frac{\pi}{8}J\left(1 - \frac{\Delta}{\pi}\right), \quad D = \frac{\Delta J}{4\pi^2\alpha^2}, \quad B = \frac{\delta J}{\pi\alpha} \tag{7.20}$$

である．B および D に含まれる α はボソン化法に用いられる収束因子であって，ハミルトニアンに含まれているのは奇妙であるが，定性的な議論では B お

よび D の値そのものは重要ではないので，今はそのままにしておく．位相 $\Theta(x)$ とスピンとの関係および式 (7.17)，(7.18) の導出過程は紙数の制限により，ここでは説明できないので，他書を参照されたい[4]．

D に比例するウムクラップ項があると，ボンド交替がなくてもハミルトニアンは複雑になる．しかし，$-1 < \Delta \leq 1$ の領域では，系の励起にはエネルギーギャップがなく，系は朝永・ラッティンジャー液体とみなせることが正確解からわかっているので，ウムクラップ項のない位相ハミルトニアンで記述できる．以下ではこの場合を取り扱う．すなわち

$$\mathcal{H}_0 = \int \mathrm{d}x \left\{ \tilde{C}\Pi(x)^2 + \tilde{A}\left(\frac{\partial\Theta(x)}{\partial x}\right)^2 \right\} \tag{7.21}$$

とすればよい．ただし繰り込まれたパラメタ $\tilde{A}$ および $\tilde{C}$ は，XXZ 模型の正確解における励起スペクトルと相関関数の遠方での振る舞いを再現するように

$$\tilde{A} = \frac{v_{\mathrm{S}}\eta}{4\pi}, \qquad \tilde{C} = \frac{\pi v_{\mathrm{S}}}{\eta} \tag{7.22}$$

とおく．η および v_{S} はそれぞれ式 (6.16) および式 (6.21) によって与えられる．ウムクラップ項を繰り込んでも，ボンド交替のある系のハミルトニアン $\mathcal{H} = \mathcal{H}_0 + \mathcal{H}_1$ を正確に取り扱うことは難しい．中野・福山[5]は自己無撞着調和近似 (self-consistent harmonic approximation) を用いてこの系の基底状態のエネルギーを求めたが，ここではより簡単な変分法を用いて基底状態のエネルギーを評価してみよう．式 (7.18) の形から $\Theta(x)$ の平衡値は $\Theta_0 = \pi/2$ である事がわかるから，平衡値からの揺らぎ $\theta(x) \equiv \Theta(x) - \Theta_0$ を用いると

$$\mathcal{H} = \int \mathrm{d}x \left\{ \tilde{C}\pi(x)^2 + \tilde{A}\left(\frac{\partial\theta(x)}{\partial x}\right)^2 \right\} - B\int \mathrm{d}x \cos\theta(x) \tag{7.23}$$

となる．$\pi(x) = \Pi(x)$ は $\theta(x)$ に共役な運動量密度である．変分ハミルトニアン

$$\mathcal{H}_{\mathrm{var}} = \tilde{C}\int \mathrm{d}x \left\{ \pi(x)^2 + \alpha\left(\frac{\partial\theta(x)}{\partial x}\right)^2 + \beta\theta(x)^2 \right\} \tag{7.24}$$

を仮定し，その基底状態を $\mathcal{H}$ の基底状態に対する変分波動関数として選ぶ．$\mathcal{H}_{\mathrm{var}}$ は $\theta(x)$ と $\pi(x)$ の 2 次の項しか含まないので容易に基底状態が求められる．α と β は変分パラメタであり，$\mathcal{H}$ の期待値を最小にするように決める．

$\theta(x)$ および $\pi(x)$ をフーリエ変換し，波数 q のフーリエ成分を

$$\theta_q = \theta'_q + \mathrm{i}\theta''_q, \qquad \pi_q = \pi'_q + \mathrm{i}\pi''_q \tag{7.25}$$

と表すと，$\theta_{-q} = (\theta_q)^\dagger$，$\pi_{-q} = (\pi_q)^\dagger$ だから

$$\mathcal{H}_{\text{var}} = 2\tilde{C} \sum_{q>0} \{ \pi_q'^2 + \pi_q''^2 + (\alpha q^2 + \beta)(\theta_q'^2 + \theta_q''^2) \} \tag{7.26}$$

となる．ここで，ボース演算子 a_q および b_q を

$$a_q = \mathrm{i} u_q \pi_q' + v_q \theta_q', \qquad b_q = \mathrm{i} u_q \pi_q'' + v_q \theta_q'', \tag{7.27}$$

$$u_q = (\alpha q^2 + \beta)^{-1/4}, \qquad v_q = (\alpha q^2 + \beta)^{1/4} \tag{7.28}$$

と定義すると，ハミルトニアン (式 (7.26)) は対角化されて

$$\mathcal{H}_{\text{var}} = \sum_{q>0} \omega_q \, (a_q^\dagger a_q + b_q^\dagger b_q + 1) \tag{7.29}$$

となる．ここで ω_q は

$$\omega_q = 2\tilde{C} \sqrt{\alpha q^2 + \beta} \tag{7.30}$$

である．$\mathcal{H}_{\text{var}}$ の基底状態 Ψ_{v} は $a_q|\Psi_{\text{v}}\rangle = b_q|\Psi_{\text{v}}\rangle = 0$ を満たす状態である．a_q および b_q を用いて，$\mathcal{H}_0$ を書き表し，Ψ_{v} による期待値をとると

$$\langle \Psi_{\text{v}} | \mathcal{H}_0 | \Psi_{\text{v}} \rangle = \sum_{q>0} \left(\frac{\tilde{C}}{u_q^2} + \frac{\tilde{A} q^2}{v_q^2} \right) \tag{7.31}$$

が得られる．また，付録 A の結果を用いると

$$\begin{aligned} \langle \Psi_{\text{v}} | \cos\theta(x) \, | \Psi_{\text{v}} \rangle &= \exp\left(-\frac{1}{2} \langle \Psi_{\text{v}} | (\theta(x))^2 | \Psi_{\text{v}} \rangle \right) \\ &= \exp\left(-\frac{1}{2L} \sum_{q>0} \frac{1}{v_q^2} \right) \end{aligned} \tag{7.32}$$

となる．ここで L は系の長さである．u_q，v_q に式 (7.28) を代入し，和を

$$\sum_{q>0} \to \frac{L}{2\pi} \int_0^{q_{\text{C}}} \mathrm{d}q \tag{7.33}$$

と積分に置き換える．もともと格子上のスピン系を扱っていたので，波数には上限 q_{C} があるとしている．期待値 (式 (7.31) および式 (7.32)) を計算すると

$$\begin{aligned} \langle \Psi_{\text{v}} | \mathcal{H}_0 \, | \Psi_{\text{v}} \rangle &= \frac{L}{2\pi} \int_0^{q_{\text{C}}} \mathrm{d}q \left(\tilde{C} \sqrt{\alpha (q^2 + q_0^2)} + \frac{\tilde{A} q^2}{\sqrt{\alpha (q^2 + q_0^2)}} \right) \\ &= \frac{L}{4\pi} \left\{ \tilde{C} \sqrt{\alpha} \left(q_{\text{C}} \sqrt{q_{\text{C}}^2 + q_0^2} + q_0^2 \log \frac{q_{\text{C}} + \sqrt{q_{\text{C}}^2 + q_0^2}}{q_0} \right) \right. \\ &\qquad \left. + \frac{\tilde{A}}{\sqrt{\alpha}} \left(q_{\text{C}} \sqrt{q_{\text{C}}^2 + q_0^2} - q_0^2 \log \frac{q_{\text{C}} + \sqrt{q_{\text{C}}^2 + q_0^2}}{q_0} \right) \right\} \end{aligned} \tag{7.34}$$

および

$$\langle\Psi_{\mathrm{v}}|\,(\theta(x))^2\,|\Psi_{\mathrm{v}}\rangle = \frac{1}{2\pi\sqrt{\alpha}}\int_0^{q_{\mathrm{C}}}\frac{\mathrm{d}q}{\sqrt{q^2+q_0^2}}$$
$$= \frac{1}{2\pi\sqrt{\alpha}}\log\frac{q_{\mathrm{C}}+\sqrt{q_{\mathrm{C}}^2+q_0^2}}{q_0} \tag{7.35}$$

が得られる．ここで $\beta/\alpha = q_0^2$ とおいた．さらに $q_0/q_{\mathrm{C}} = \gamma$ とおくと

$$E_{\mathrm{v}} \equiv \langle\Psi_{\mathrm{v}}|\mathcal{H}|\Psi_{\mathrm{v}}\rangle = \frac{Lq_{\mathrm{C}}^2}{4\pi}\left\{\tilde{C}\sqrt{\alpha}\left(\sqrt{1+\gamma^2}+\gamma^2\log\frac{1+\sqrt{1+\gamma^2}}{\gamma}\right)\right.$$
$$\left.+\frac{\tilde{A}}{\sqrt{\alpha}}\left(\sqrt{1+\gamma^2}-\gamma^2\log\frac{1+\sqrt{1+\gamma^2}}{\gamma}\right)\right\}$$
$$-LB\left(\frac{\gamma}{1+\sqrt{1+\gamma^2}}\right)^{\frac{1}{4\pi\sqrt{\alpha}}} \tag{7.36}$$

と表される．ここで α と γ を変化させて式 (7.36) の最小値を求める．$B=0$ の場合には $\alpha = \tilde{A}/\tilde{C}$ かつ $\gamma = 0$ のときに E_{v} が最小になるのは明らかである．そこで B が小さい場合には，$\alpha = \tilde{A}/\tilde{C}$ と仮定して γ について変分をとっても B の最低次については正しい答えが得られる (実は正確に計算しても $\alpha = \tilde{A}/\tilde{C}$ になる)．式 (7.22) の関係を用い，γ に関し高次の項を無視すると

$$\frac{1}{L}E_{\mathrm{v}} = \frac{v_{\mathrm{S}}q_{\mathrm{C}}^2}{4\pi}\sqrt{1+\gamma^2} - B\left(\frac{\gamma}{2}\right)^{\frac{1}{2\eta}} \tag{7.37}$$

が得られる．これより (7.37) を最小にする γ の値は

$$\gamma \simeq 2^{\frac{2\eta-1}{4\eta-1}}\left(\frac{\pi B}{v_{\mathrm{S}}\eta q_{\mathrm{C}}^2}\right)^{\frac{2\eta}{4\eta-1}} \tag{7.38}$$

となる．ボンド交替による基底状態のエネルギー密度の増加 Δe は，$\gamma = 0$ の場合との差をとって

$$\Delta e = \frac{v_{\mathrm{S}}q_{\mathrm{C}}^2}{4\pi}(\sqrt{1+\gamma^2}-1) - B\left(\frac{\gamma}{2}\right)^{\frac{1}{2\eta}} \simeq -B\left(1-\frac{1}{4\eta}\right)\left(\frac{\gamma}{2}\right)^{\frac{1}{2\eta}} \tag{7.39}$$

となる．反強磁性的な領域 $(0 < \Delta \leq 1)$ では $1/2 < \eta \leq 1$ だから，ボンド交替があると基底状態の磁気的なエネルギーは低くなることがわかる．

このようにして最適化した変分ハミルトニアンの励起エネルギーを，もとのハミルトニアンの近似的な励起エネルギーと考えれば，波数 q をもつ励起のエネルギーは $v_{\mathrm{S}}\sqrt{q^2+q_0^2}$ と表される．したがって，エネルギーギャップはボンド交替の強さ δ が小さいとき $\delta^{\frac{2\eta}{4\eta-1}}$ に比例して増加する．

ボンド交替が格子変形によって起こる場合を考えよう．格子変形 u と交換相

互作用の変化を表す δ は，通常適当な結合定数 λ を用いて $\delta = \lambda u$ と表されるから，式 (7.38) と式 (7.39) より u が小さいとき

$$|\Delta e| \sim u^{\frac{4\eta}{4\eta-1}} \tag{7.40}$$

となる．反強磁性ハイゼンベルク模型 ($\Delta = 1$) の場合は $\eta = 1$ だから式 (7.40) は $|\Delta e| \sim u^{4/3}$ を与える．この結果は Cross-Fisher[6)] や中野・福山[5)] の結果と一致している．格子変形は弾性エネルギーの上昇をもたらすが，弾性エネルギーの上昇は u が小さいとき u^2 に比例する．$0 < \Delta \leq 1$ の場合には $\eta > 1/2$ だからボンド交替によるスピン系のエネルギーの減少は u が小さいとき必ず弾性エネルギーの上昇より大きいことがわかる．すなわち，格子と結合した 1 次元 $S = 1/2\, XXZ$ 模型 ($0 < \Delta \leq 1$) の基底状態では，格子は必ず磁気的エネルギーを減少させるように自発的に変形して，ボンド交替鎖が実現する．この結果スピン系は非磁気的な基底状態をもち，励起エネルギーにはギャップが出現する．この状態をスピン・パイエルス (spin-Peierls) 状態とよぶ．

イジング的な異方性をもつ $\Delta > 1$ の場合には，S^z 方向に反強磁性長距離秩序を持つネール状態とスピン・パイエルス状態の間に競合が起こる．この場合にはウムクラップ項をまじめに取り扱う必要がある．稲垣・福山[7)] が位相ハミルトニアンに自己無撞着調和近似を適用した結果によれば，結合定数 λ が小さいときにはネール状態が基底状態になり λ が臨界値 λ_{C} を超えるとスピン・パイエルス状態が実現する．彼らの結果によれば λ_{C} は $0 < \Delta - 1 \ll 1$ のとき

$$\lambda_{\mathrm{C}} \sim (\Delta - 1)^{1/8} \exp\left(-\frac{\pi^2}{4\sqrt{2(\Delta - 1)}} \right) \tag{7.41}$$

のように変化する．

7.4 スピン・パイエルス転移

純粋な 1 次元系では有限温度での相転移は起こらないが，現実の系では格子は 3 次元的なので有限温度で相転移が起こる．上に述べたメカニズムで格子ひずみが起こる相転移をスピン・パイエルス転移とよぶ．スピン・パイエルス転移を起こす物質 (スピン・パイエルス物質) の例とそれらの転移温度 T_{SP} を表 7.1 に示す．はじめの 3 種類の物質は擬 1 次元有機結晶で，これら以外にもスピン・パイエルス物質が発見されている．最後の $\mathrm{CuGeO_3}$ は無機化合物である．実験的に知られている系は皆異方性の小さい $\Delta = 1$ とみなせる系である．

表 7.1 スピン・パイエルス物質とその臨界温度 T_{SP}

TTF-CuBDT[8]	TTF-AuBDT[8]	MEM-(TCNQ)$_2$[9]	CuGeO$_3$[10]
12K	2.1K	18K	14K

注：TTF-MBDT=tetrathiafulvalene-M-*bis*-dithiolene,
MEM-(TCNQ)$_2$=N-methyl-N-methyl-morpholine-di(tetracyanoquinodimethane).

図 7.3 に TTF-CuS$_4$C$_4$(CF$_3$)$_4$ の磁化率の温度変化を示す．図から T_{SP} = 12 K で相転移を起こしていることがわかる．T_{SP} 以下の温度で磁化率が温度とともに急激に減少しているのは，基底状態が非磁気的であり磁気的励起にエネルギーギャップ (スピンギャップ) があることを示している．T_{SP} より高い温度での磁化率の温度変化は図 6.4 に示した 1 次元 $S = 1/2$ 反強磁性ハイゼンベルク模型の磁化率でよく表される．この物質では実験結果と理論的結果の比較により鎖方向の交換相互作用は $J/k_B = 77$K と評価されている[8]．

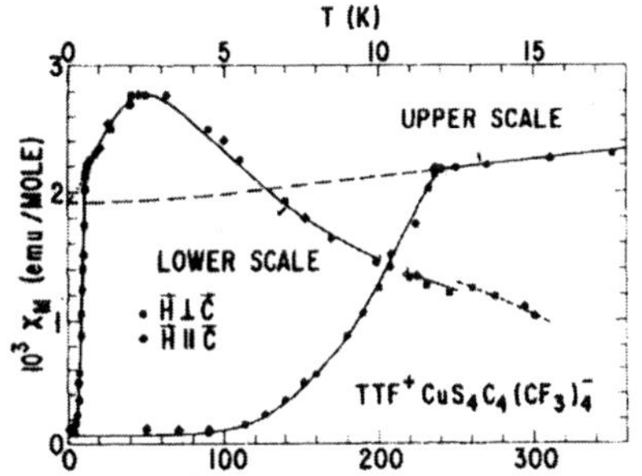

図 7.3 TTF-CuS$_4$C$_4$(CF$_3$)$_4$ の磁化率の温度変化[8]

スピン・パイエルス転移に対して外部磁場は大きな影響を与える．いくつかのスピン・パイエルス物質の磁場-温度相図をまとめたものを図 7.4 に示す[11]．磁場が弱い場合には，非磁気的な状態であるダイマー状態には磁場はほとんど影響を与えないのに対し，ダイマーをつくっていない高温では外部磁場により磁化が生じエネルギーが下がる．このため T_{SP} は磁場とともに減少する．さらに磁場が強くなり臨界値を超えると，スピン・パイエルス状態は壊され，強磁場相 (図 7.4 中の M* 相) に移る．強磁場相では格子のひずみの周期は磁場ともも連続的に変化する．一般に秩序相の周期がもとの格子の周期とが簡単な整数比で表せないとき，その周期を**非整合** (incommensurate) 周期とよび，そのような周期をもつ相を非整合相とよぶ．したがって強磁場相は非整合相である．こ

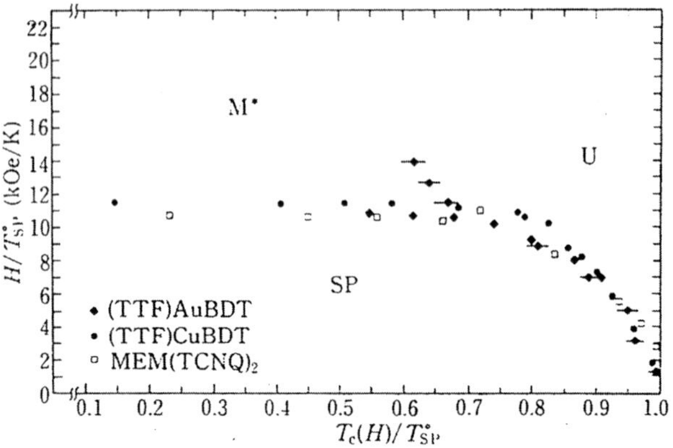

図 7.4 TTF-CuBDT，TTF-AuBDT，MEM-$(TCNQ)_2$ の磁場-温度相図
それぞれの T_{SP} で磁場と温度を規格化してある[11]．SP, U, M* はそれぞれスピン・パイエルス相，一様相，強磁場相を表す．

のことはスピン系をフェルミ粒子系に書き直したとき，全 S^z を 0 から変化させるとフェルミ波数が $\pi/2$ から連続的に変化することから予想できる．ダイマー状態から出発すれば，これはソリトンができた状態と考えられる．ダイマー状態には 2 個の基底状態があるが，図 7.5 のように異なる基底状態の間をつなぐのがソリトンで，大きさ 1/2 のスピンをもつ．実際のスピンの分布は図 7.5 のように局在せず，もっと広がったものである．磁場によってつくられたソリトンが格子をつくり，各ソリトンのスピンが磁場の方向に向いて，磁化を担っているのが強磁場相であると考えられる．実験的に得られた相境界および ESR 共鳴周波数はこのような考えでよく説明できる．

図 7.5 スピン・パイエルス状態におけるソリトンの模式図

$CuGeO_3$ では混晶をつくりやすいことを利用して，Cu を Zn などの非磁性元素で置換する研究が行われている．このような不純物系では低温でスピン・パイエルス状態ではなく反強磁性状態が実現する．純粋な系でダイマーを組んでいたスピンの片方が欠け，対を組まないスピンが出現し，希薄な有効スピン系が実現する．この系に弱い鎖間交換相互作用が働いて低温で反強磁性長距離秩

序が実現するのである*1)．これはハルデイン物質に非磁性不純物を加えたときに生ずる反強磁性秩序と基本的には同一の現象であり，**不純物誘起反強磁性**とよばれている．磁性不純物が希薄な場合には，スピン・パイエルス状態と同じ 2 倍周期の格子ひずみが反強磁性状態においても強く残っており，短距離相関として観測されている[12]．その様子を図 7.6 に示す．

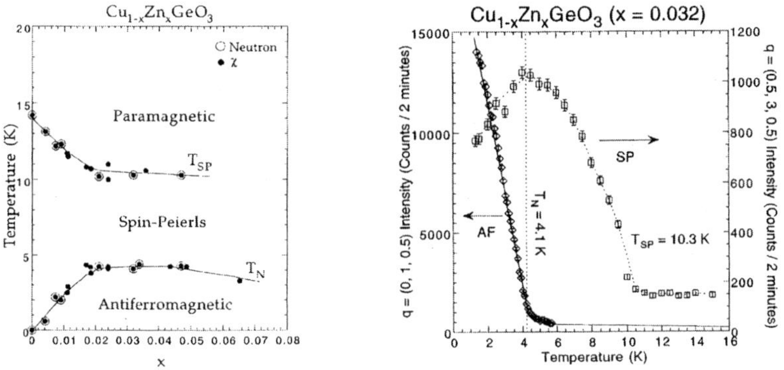

図 7.6　$CuGeO_3$ のスピン・パイエルス状態に対する不純物効果[12]
左は温度と Zn の濃度 x に対する相図．右は $x = 0.032$ のときの中性子散乱強度の温度変化．スピン・パイエルス状態に対応するピークの強度が反強磁性状態でも残っているのがわかる．

7.5　$S \geq 1$ の場合の 1 次元反強磁性交替鎖

整数スピンをもつ反強磁性ハイゼンベルク模型でも，ボンド交替が強い場合にはダイマー状態が実現すると考えられるが，基底状態の変化の様子は，半奇数スピンの場合とは違うはずである．$S = 1/2$ 反強磁性ハイゼンベルク模型では，無限小のボンド交替によって基底状態はダイマー状態となり，励起エネルギーにはギャップが生じる．これはボンド交替のない反強磁性ハイゼンベルク模型の基底状態が朝永・ラッティンジャー液体であり，臨界的な状態にあったためである．整数スピンをもつ反強磁性ハイゼンベルク模型の基底状態は，ハルデイン状態であり，すでに励起エネルギーギャップが存在する．このため基底状態は小さな摂動に対し安定であり，ボンド交替が小さい間は基底状態は相

*1) 不純物によって出現するスピン密度は，実際には非不純物から離れた領域で大きい値をもつことが，NMR の研究によって知られている[13]．

転移を起こさないと考えられる．

ボンド交替がある場合にも，低エネルギー状態を記述する有効作用を非線形シグマ模型の形に書き表すことができる．このとき有効作用に含まれるトポロジー項の係数を θ とおくと，θ はボンド交替の強さ δ を用いて

$$\theta = 2\pi S(1-\delta) \tag{7.42}$$

と表される (付録 D 参照)．したがって δ が 0 から 1 まで増加する間に θ は $2\pi S$ から減少して 0 まで変化する．θ が π の奇数倍の場合の非線形シグマ模型は半奇数スピンをもつハイゼンベルク反強磁性鎖に対する非線形シグマ模型と同等だから，この場合には，励起エネルギーにはギャップがなく，基底状態は臨界的な状態であると考えられる．そしてこの点を臨界点として基底状態は異なる状態に相転移すると考えるのが自然である．スピンの大きさが S のとき臨界点は S 個あるから，$S+1$ 個の異なる基底状態が存在することになる．このことは，大きさ S の整数スピンを $2S$ 個の大きさ 1/2 のスピンの合成スピンとみなす VBS 描像によって定性的に理解できる．図 7.7 に示すように，ボンド交替がないとき，各スピンを構成する $2S$ 個の $S=1/2$ スピンは半分ずつ両隣のスピンと 1 重項をつくっている．ボンド交替を強くすると，最初の臨界点を境に弱いボンドで結合している隣接スピンとの間にあった 1 重項のうちの 1 個が壊され，強いボンドで結合している隣接スピンとの間の 1 重項が 1 個増える．さらに δ を増加すると，臨界点を 1 つ超すごとに 1 重項の移動が起こる．このように考えると，$S+1$ 個の基底状態相が理解できる．図に示した状態はもちろ

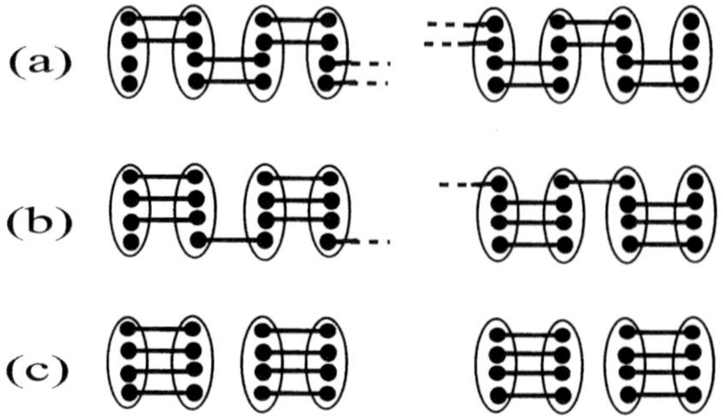

図 7.7　$S=2$ ボンド交替鎖の基底状態の模式図
(a) ボンド交替がないときのハルデイン状態，(b) ボンド交替が弱いときのダイマー状態，(c) ボンド交替が強いときのダイマー状態．

ん定性的なもので，本当の基底状態はこれらの状態の混じった状態である．また，臨界点も $\theta = \pi \times$ 奇数から決まる値と正確には一致しない．$S = 1$ の場合には，数値計算の結果から臨界値は $\delta \simeq 0.25$ であることが知られている[14]．式 (7.42) はスピンが整数か半奇数かによらないので，$S > 1/2$ の半奇数スピンでも臨界点が複数現われる．この場合 $\delta = 0$ が最初の臨界点で，さらに $S - 1/2$ 個の臨界点で異なる基底状態に移るが，基底状態は VBS 描像で理解できる．

上に述べたように，1 より大きいスピンをもつボンド交替反強磁性鎖では，多種類のダイマー状態が現れる．S が整数の場合は S 種類，半奇数の場合は $S + 1/2$ 種類である．また，ハルデイン状態とダイマー状態は VBS 描像を用いて統一的に理解できる．実際，ハルデイン状態で存在するストリング秩序と同様なストリング秩序をダイマー状態でも定義することができる．

7.6 直交ダイマー系

ここまで 1 次元の例について述べてきたが，ダイマー状態は高次元でも実現する．本節では，幾何学的な原因によるフラストレーションの結果としてダイマー状態が実現する 2 次元の直交ダイマー系を紹介する[15]．

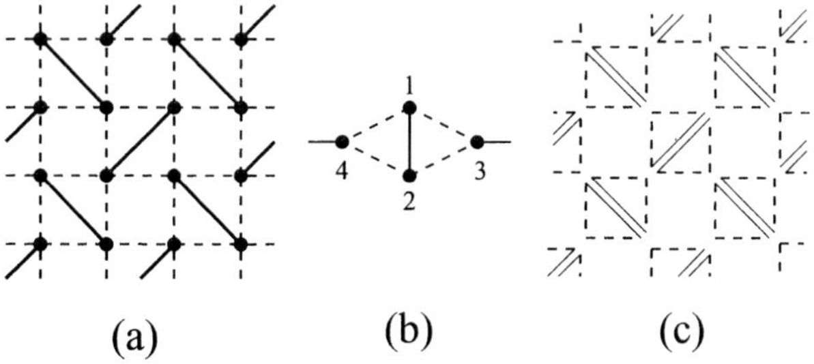

図 7.8 (a) シャストリー・サザーランド模型，(b) 1 個の対に対する相互作用，(c) シャストリー・サザーランド模型の 3 角形への分解

図 7.8(a) に示す格子の格子点に $S = 1/2$ スピンが存在して，図の実線および破線で結ばれたスピン対の間にそれぞれ強さ J および J' の反強磁性交換相互作用が働くハイゼンベルク模型を考えよう．この模型はシャストリー・サザーランド (Shastry-Sutherland) 模型とよばれている[16]．この模型では，実線で結ばれたスピン対がすべて 1 重項をつくっている状態が，ハミルトニアンの固有

状態である．図 7.8(b) に示すように，1 つのスピン対 $(\boldsymbol{S}_1, \boldsymbol{S}_2)$ を取り出してみると，外部の $\boldsymbol{S}_3$, $\boldsymbol{S}_4$ からこのスピン対に働く相互作用は対の全スピン $\boldsymbol{S}_1+\boldsymbol{S}_2$ に働く形なので，1 重項状態の対スピンに作用すると 0 になり，1 重項を壊さないからである．このような対称的な相互作用をもつ対で格子をつくるには，お互いに直交するスピン対の格子を考えるのが自然である．そこでこのように 1 重項を壊さない形で相互作用が働いている系を総称して**直交ダイマー系**とよんでいる．直交ダイマー系は，幾何学的なフラストレーションが興味深い現象を引き起こす量子スピン系の典型的な例となっている．実験的に興味深い性質を示す $SrCu_2(BO_3)_2$ の磁性が，シャストリー・サザーランド模型に基づいて説明できるので，この模型について詳しい理論的研究が行われた．このほかにも様々な直交ダイマー系の性質が理論的に調べられている．

Sr 層と $CuBO_3$ 層から構成される層状物質 $SrCu_2(BO_3)_2$ では，Cu イオンの $S=1/2$ スピンが磁性を担っている[17)]．$CuBO_3$ 層の構造と Cu スピン間に働く層内の超交換相互作用が図 7.9 に示してあるが，破線のつくる菱形を正方形に変形するとシャストリー・サザーランド模型になる．宮原・上田[18)] はこの模型を用いて $SrCu_2(BO_3)_2$ の実験結果を説明した．実験で得られた磁化率の温度変化と理論計算の結果との比較により，$SrCu_2(BO_3)_2$ での交換相互作用の値は $J=85$K，$J'=54$K と評価されている．層間の相互作用は 8K 程度だが，対称性のためにその影響は弱いことがわかっている．陰山らによる $SrCu_2(BO_3)_2$ の磁化率の測定結果を図 7.10(a) に示す．磁化率は低温で急激に減少しており，この物質の基底状態が非磁気的な状態であることを示している．スピンギャップの大きさはほぼ 34 K である．

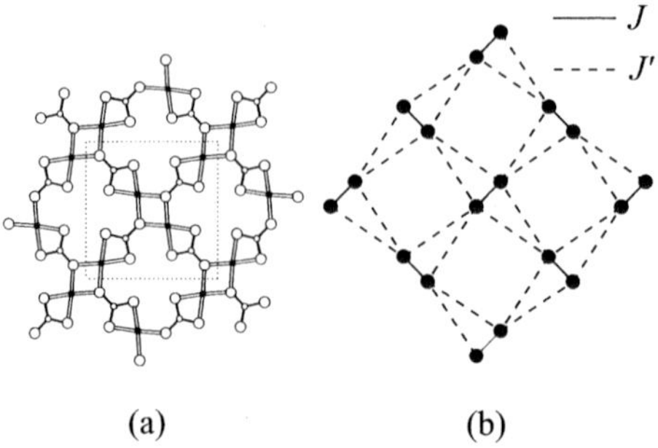

図 7.9 (a) $CuBO_3$ の構造 (黒丸は Cu，大きい白丸は O，小さい白丸は B のサイトを表す[17)])，(b)Cu 間に働く超交換相互作用

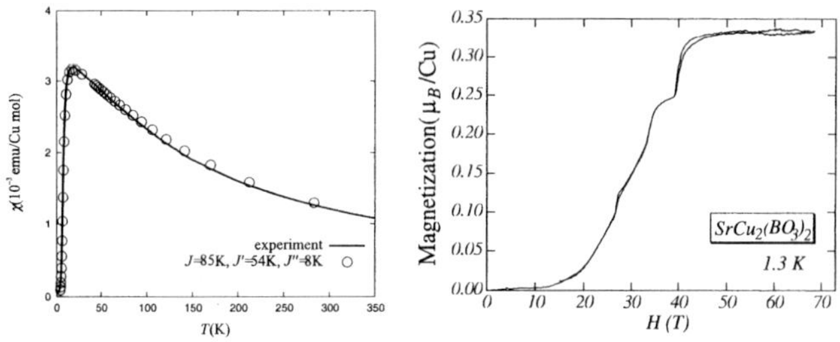

(a) (b)

図 7.10 (a) $SrCu_2(BO_3)_2$ の磁化率の温度変化，(b) 磁化曲線 1/8，1/4，1/3 プラトーが見えている[19]．

シャストリー・サザーランド模型ではダイマー状態が固有状態だが，系の基底状態は J'/J の値により定まり，必ずしもダイマー状態ではない．図 7.8(c) のようにハミルトニアンを三角形の和として表すと，$J'/J \leq 1/2$ の場合にはダイマー状態が各三角形の基底状態であり，ダイマー状態のエネルギーが全エネルギーの下限に一致するので，ダイマー状態が基底状態であることが証明できる．一方 $J = 0$ のとき系は正方格子上の最近接相互作用のみをもつ系だから，基底状態には反強磁性長距離秩序があると考えられる．基底状態の転移が起こる J'/J の値は様々な近似的方法を用いて調べられた．その結果どの方法を用いても $SrCu_2(BO_3)_2$ に対応する系，すなわち $J'/J = 0.635$ の系の基底状態はダイマー状態であることが明らかになった．

J'/J が増加するとき，ダイマー相と反強磁性秩序相の間に中間相が現れると予測されている．この中間相の基底状態がどのような状態かについては，研究者の間でまだ完全に合意ができていないようだが，古賀・川上[20] によって提案されたプラケット (plaquette) 1 重項状態が有力な候補である．この状態は図 7.11(a) に示すように，正方形上の 4 個のスピンが単位となって 1 重項を形成している状態であり，シャストリー・サザーランド模型の J' の相互作用を拡張して，図 7.11(b) に示すように J'_1 と J'_2 の 2 つの異なる値をとるとしたとき，$J'_1/J'_2 \gg 1$ または $J'_1/J'_2 \ll 1$ のときに安定になる．古賀・川上はこの状態から出発して摂動展開を行い，$J'_1 = J'_2$ の場合にもこの状態が $0.68 < J'/J < 0.86$ の領域で安定であると結論している．$J'_2 = 0$ とおくと，この拡張した模型は図 3.4(b) で示した CaV_4O_9 の構造と同等になる[21]．したがって，CaV_4O_9 で見出された非磁気的基底状態はプラケット 1 重項状態と同じものである．

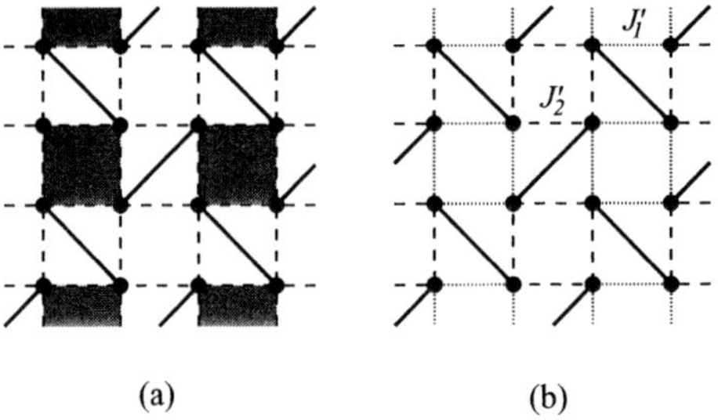

図 7.11 (a) プラケット一重項状態 (影をつけた 4 角形の頂点上のスピンが 1 重項をつくる), (b) 拡張されたシャストリー・サザーランド模型

励起状態も直交ダイマー系の特徴的な性質を示す．ダイマー基底状態が実現しているとき，最低エネルギーの励起状態はスピン対が 1 個 3 重項状態に励起された状態である．どの対が 3 重項状態になってもよいので，固有状態は波数を用いてこれらの状態を加え合わせた状態であり，分散をもつ．この分散の大きさはハミルトニアン中の J' 項の摂動によって 3 重項対が移動する際の行列要素によって決まる．ところが直交ダイマー系では，上に述べた J' 項の対称性のために，J' 項の低次の項では 3 重項対の移動が起こらない．シャストリー・サザーランド模型では図 7.12 に示すように J' 項の 6 次の摂動で初めて 3 重項対の移動が起こる．この結果，3 重項状態の分散は非常に小さくほとんど局在している (励起エネルギーの値そのものに対する J' 項の摂動の影響は大きいことに注意)．励起状態の局在性は中性子散乱実験によって確かめられている．

z 方向の外部磁場により $S^z = 1$ のスピン 3 重項対を励起するエネルギーが負になると，3 重項対が多数生成されて磁化が生じる．これらの 3 重項対が一

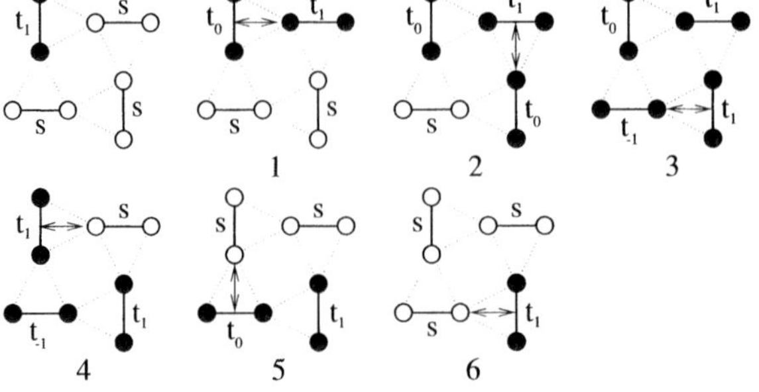

図 7.12 J' 項の摂動による 3 重項対の運動

定の配列をつくって結晶化した状態は磁場の微小な変化に対して安定になるので，磁場を変化させても磁化が変化しない磁化プラトー現象が起こる．直交ダイマー系では3重項がほとんど局在しているために，この結晶化が起こりやすい．したがって直交ダイマー系では磁化プラトーが起こりやすいと考えられる．

ここでは話の都合上理論的予測を先に述べてしまったが，実際には陰山ら[17)]によって $SrCu_2(BO_3)_2$ の磁化過程で磁化プラトーが発見されたことがきっかけとなって，シャストリー・サザーランド模型の理論的研究が進んだのである．陰山らによる $SrCu_2(BO_3)_2$ の磁化曲線を図 7.10(b) に示す．外部磁場を 70T までかけたときに，Cu スピンの飽和磁化の 1/8，1/4，1/3 にあたる磁化の値で磁化曲線の勾配が緩やかになっており，この磁化の値で磁化プラトーが起こっていると考えられる．シャストリー・サザーランド模型を用いて多くの理論的研究が行われ，それぞれの磁化プラトー状態における3重項の配置が決められた．その結果を図 7.13 に示す．さらに磁場を強くすれば飽和磁化の 1/2 の磁化でも磁化プラトーが起こると予想されている．

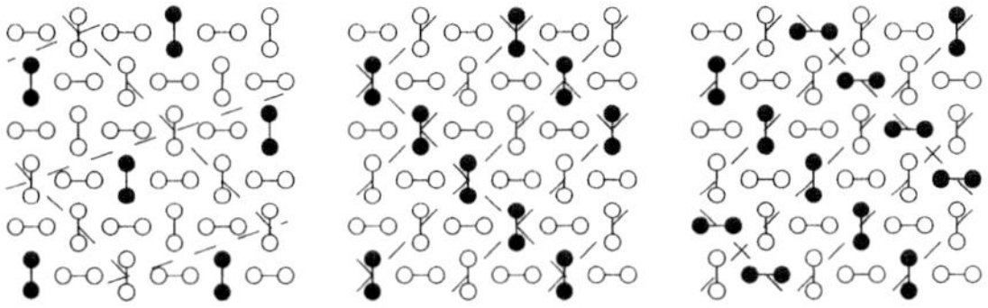

(a)　(b)　(c)

図 7.13　磁化プラトーにおける 3 重項の配置
(a) 1/8 プラトー，(b) 1/4 プラトー，(c) 1/3 プラトー[15)]．

文　献

1) C. K. Majumdar and D.K.Ghosh: J. Math. Phys. **10** (1969) 1399.
2) I. Affleck, T. Kennedy, E. H. Lieb and H. Tasaki: Commun. Math. Phys. **115** (1988) 477.
3) K. Okamoto and K. Nomura, Phys. Lett. A **169** (1992) 433.
4) 多くの多体問題の教科書に説明がある．たとえば川上則雄，梁　成吉：共形場理論と 1 次元量子系，岩波書店 (1997)；斯波弘行：電子相関の物理，岩波書店 (2001)；永長直人：電子相関における場の量子論，岩波書店 (1998).

5) T. Nakano and Fukuyama: J. Phys. Soc. Jpn. **49** (1980) 1679; ibid **50** (1981) 2489.
6) M. C. Cross and D. S. Fisher: Phys. Rev. B **19** (1979) 402.
7) S. Inagaki and H. Fukuyama: J. Phys. Soc. Jpn. **52** (1983) 2504; ibid **53** (1984) 4386.
8) I. S. Jacobs, J. W. Bray, H. R. Hart, Jr., L. V. Interrante, J. S. Kasper, G. D. Watkins, D. E. Prober and J. C. Bonner: Phys. Rev. B **14** (1976) 3036.
9) J. Huizinger, J. Kommandeur, G. A. Sawatzky, B. D. Thole, K. Kopinga, W.J.M. de Jonge and J. Roos: Phys. Rev. B **19** (1979) 4723.
10) M. Hase, I. Terasaki and K. Uchinokura: Phys. Rev. Lett. **70** (1993) 3651.
11) 稲垣　睿, 福山秀敏：固体物理 **20** (1985) 369.
12) M. C. Martin, M. Hase, K. Hirota, G. Shirane, Y. Sasago, N. Koide and K. Uchinokura: Phys. Rev. B. **56** (1997) 3173.
13) J. Kikuchi, T. Matsuoka, K. Motoya, T. Yamauchi and Y. Ueda: Phys. Rev. Lett. **88** (2002) 037603.
14) Y. Kato and A. Tanaka: J. Phys. Soc. Jpn. **63** (1994) 1277.
15) S. Miyahara and K. Ueda: J. Phys.: Condens. Matter **15** (2003) R327.
16) B. S. Shastry and B. Sutherland: Physica B **108** (1981) 1069.
17) H. Kageyama, K. Yoshimura, R. Stern, N. Mushnikov, K. Onizuka, M. Kato, K Kosuge, C. Slichter, T. Goto and Y. Ueda: Phys. Rev. Lett. **82** (1999) 3168.
18) S. Miyahara and K. Ueda: Phys. Rev. Lett. **82** (1999) 3701.
19) H. Kageyama, Y. Ueda, Y. Narumi, K. Kindo, M. Kosaka and Y. Uwatoko: Prog. Theor. Phys. Suppl. **145** (2002).
20) A. Koga and N. Kawakami: Phys. Rev. Lett.**84** (2000) 4461.
21) S. Taniguchi, T. Nishikawa, Y. Yasui, Y. Kobayashi, M. Sato, T. Nishioka, M. Kontani and K. Sano: J. Phys. Soc. Jpn. **64** (1995) 2758.

8

フラストレーションの強いスピン系

本章ではフラストレーションが強い系，すなわち相互作用の競合が強く働いている系をいくつか紹介したい．フラストレーションが生ずるには様々な原因があるが，スピン間に長距離相互作用が働くことによる場合と，最近接相互作用しか働いていないが格子の幾何学的構造のために相互作用に競合が起こる場合がよく知られている．たとえば次近接相互作用をもつ1次元反強磁性模型 ($J_1 - J_2$ 模型) は前者の例であり，三角格子上で最近接相互作用をもつ反強磁性ハイゼンベルク模型は後者の例である．後者のように格子の幾何学的構造が強く反映して相互作用の競合が起こる場合を**幾何学的フラストレーション**とよぶことがある．しかし，この区別は理論的にはあまり意味がない．たとえば $J_1 - J_2$ 模型でも1次元格子をジグザグ型に描いてみれば，幾何学的フラストレーションがある系とみなせるからである．

分子場理論では，スピンを古典的なベクトル量とみなしたときに，エネルギーを最小にするスピン配置をもつ状態が基底状態である．しかし，フラストレーションが強い場合には，最小エネルギーを与えるスピン配置が多数あるために，分子場理論の基底状態が決まらないことがある．あるいは，たとえ分子場理論の基底状態が決まっても，基底状態とほぼ等しいエネルギーの励起状態が多く存在して，分子場理論の基底状態が相対的にあまり安定でないことも多い．したがって，フラストレーションの強い系では，量子効果が強く働く場合が多い．このような系では，分子場理論を用いても基底状態の描象が正しく得られない．第7章にあげたマジャンダー・ゴーシュ模型の例では，分子場理論による基底状態はスパイラル状態であるが，真の基底状態はダイマー状態であった．

フラストレーションの強い量子スピン系の基底状態がどんなものか，あるいはどんな基底状態がありうるかという問題は，現在多くの研究者によって研究されているが，まだわかっていないことも多い．量子効果のために，これまで知られていなかった新しい秩序状態や無秩序状態が発見される可能性の高い興味深い分野である．量子効果を考えに入れない場合でも，以下にいくつかの例で紹介するように，フラストレーションは興味深い物理を引き起こすことがわかる．

本章で紹介する内容は，これまでの章の内容とは異なり，確実でないこともかなり含まれていることに読者は注意されたい．

8.1　三角格子反強磁性体

本節では三角格子上で最近接相互作用をもつ反強磁性体について簡単に紹介する．古典近似の範囲でも，三角格子上ではフラストレーションにより様々な興味深い現象が起こる．したがって，まずスピンを古典的に取り扱う．

8.1.1　三角格子反強磁性イジング模型

三角格子反強磁性イジング模型はフラストレーションのあるスピン系として最も古くから知られている系である．この系では 3 個の最近接格子点がつくるすべての三角形に上向きと下向きのスピンが共存すれば，その状態はエネルギー最小である．しかし，このような状態は無数に存在することが直ちにわかる．この系の分配関数は伏見・庄司，ワニアー (G. H. Wannier) などにより正確に求められた[1~3]．その結果によれば，サイト数が N のとき最小エネルギー状態の数は $e^{0.323N}$ に比例する．したがって系は絶対零度でも有限のエントロピーをもつ．これを**残留エントロピー**とよぶが，その値は 1 格子点あたり $0.323k_{\rm B}$ である[*1)]．これは系の 1 格子点あたりの全エントロピー $k_{\rm B}\log 2 = 0.693k_{\rm B}$ の約 47% にあたる．このように縮重の数が系のサイズの指数関数となりエントロピーに寄与するとき，基底状態が**マクロな縮重**をもつという．この系は有限温度で相転移を起こさず，基底状態には秩序が存在しない．絶対零度の状態は臨界的で，スピン相関関数はスピン間の距離が r のとき $r^{-1/2}$ に比例して減衰する[4]．

---

*1)　この数値は Wannier が与えた積分表式を数値積分した値で，論文に載っている数値 0.3383 は不正確である．

8.1.2 三角格子反強磁性 XY 模型

三角格子上の反強磁性 XY 模型で，スピンを古典的なベクトルと考えると，図 3.5(b) に示すように格子を 3 個の副格子に分け，異なる副格子上のスピンがお互いに 120° をなすように配置すれば，すべての三角形上でエネルギーを最小にできる．このスピン状態を 120° 構造あるいは 120° ネール状態とよんでいる．この系の基底状態にはイジング模型の場合のようなマクロな縮重はない．しかし，XY 模型の基底状態には系のスピンを S^z 軸のまわりに一様に回転する対称操作による縮重に加えて，XY 面内の回転操作では移り替われないカイラリティによる縮重がある．図 8.1(a) の状態では上向きの三角形上で時計まわりに一周するとスピンの向きが時計回りに一回転するのに対し，図 8.1(b) の状態では反時計回りに一回転する．このカイラル秩序は式 (3.7) および式 (3.8)($\boldsymbol{Q}=0$) で定義されるが，カイラリティ・ベクトルは S^z 方向か $-S^z$ 方向しかとりえないので，3 個のスピンのスカラー積で定義したものと同様に，秩序状態に 2 重の縮重を与えるスカラー・カイラル秩序とみなせる．

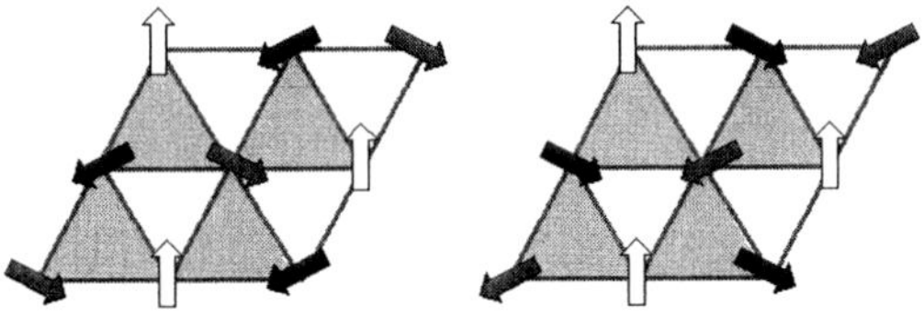

図 8.1 三角格子反強磁性 XY 模型の分子場基底状態

この系にはスピンの S^z 軸まわりの回転に対する連続対称性があるから，マーミン・ワグナーの定理により，副格子磁化が有限な値をもつ秩序状態は有限温度では実現しない．しかし，コステルリッツ・サウレス (KT) 転移はあってもよい．一方，スカラー・カイラリティの 2 重縮重があるから，有限温度でカイラル秩序をもつ状態に相転移できる．KT 転移の転移温度 T_{KT} とカイラリティ転移の転移温度 T_{chi} が異なるのか，それとも相転移が 1 回起こるだけなのかは自明ではなく，興味深い問題である．宮下・斯波[5] はモンテカルロ・シミュレーションを用いてこの問題を調べた．その結果によれば，$T_{\mathrm{chi}}/JS \simeq 0.513$ かつ $T_{\mathrm{KT}}/JS \simeq 0.502$ であり，T_{chi} でまずカイラリティ秩序ができ，それより低温で KT 転移が起こることが明らかになった．

8.1.3　三角格子反強磁性ハイゼンベルク模型

三角格子の反強磁性ハイゼンベルク模型も，スピンを古典的なベクトルとみなせば基底状態は 120° 構造である．基底状態はベクトル・カイラル秩序をもつ状態だが，スピンベクトルが含まれる面は任意に選べるから，カイラリティ・ベクトルはスピンの一様回転により任意の方向を向くことができる．したがって有限温度では磁気秩序もカイラリティ秩序も存在せず，秩序相は実現しない．しかし，この場合にもトポロジカル相転移があることが川村・宮下[6) によって指摘された．これは，副格子磁化が 1 つの軸上にない 120° 構造の秩序変数が 3 次元の回転 (SO(3)) 対称性をもつことに起因している．このとき Z_2 渦とよばれるトポロジカル欠陥が存在することが，ホモトピークラスの議論から導かれる．これは，たとえば図 8.2 に示すような渦であり，カイラリティ・ベクトルが渦をつくっている．渦のトポロジー不変量は 0 と 1 の 2 個の値しかとらないから，渦が 2 個できるとトポロジー不変量は 0 になってしまう．この渦のエネルギーは 2 次元 XY 模型における渦と同様に系のサイズとともに対数発散しており，2 個の渦は束縛状態をつくる．この結果渦対の結合・解離に伴うトポロジカル相転移を起こす．川村・宮下によるモンテカルロ・シミュレーションの結果も相転移の存在を示している．ただし，この系のスピン相関関数は相転移の両側で距離の指数関数に比例して減衰すると考えられており，低温側でスピン相関関数が距離のべき関数で減衰する XY 模型の KT 転移とは異なっている．

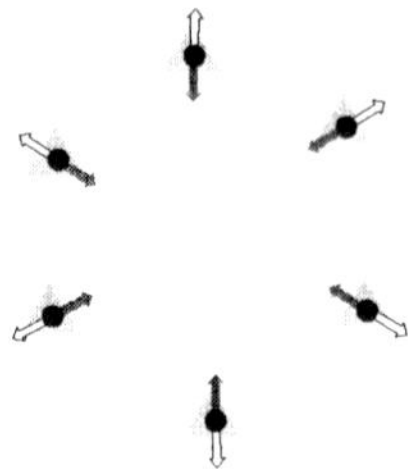

図 8.2　三角格子反強磁性ハイゼンベルク模型に現れる Z_2 渦の例
各 3 角形上のお互いに 120° の角を成す 3 個のスピンが紙面に垂直なスピンを表す黒丸と白色および灰色の矢印で表されている．

8.1.4 外部磁場の効果

三角格子反強磁性体に磁場を加えたときも，興味深い現象が起こる[7]．

絶対零度の三角格子反強磁性イジング模型に磁場を加えると，マクロに縮重した状態のうちで磁化最大の状態が選択され，無限小の磁場で磁化は 1/3 となる．この状態は図 8.3(b) に示すように上向きのスピンが蜂の巣格子をつくり，6 角形の中心のスピンが下向きの状態であり，uud (up-up-down) 状態とよばれる．中心のスピン 1 個の反転によりエネルギーは $12J$ だけ上昇するから，磁場によるゼーマンエネルギーがこれに打ち勝つまで磁化は 1/3 にとどまり，そこから飽和磁化にジャンプする．すなわち，磁化曲線に 1/3 プラトーが現れる．

ハイゼンベルクあるいは XY 模型に磁場をかけると，磁化は磁場とともに滑らかに増加する．磁場 $\boldsymbol{H}$ のもとで，ハイゼンベルク模型の基底状態は 3 副格子構造をもち，$H(=|\boldsymbol{H}|) \leq H_{\mathrm{S}}(=9JS)$ の場合，副格子磁化 $\boldsymbol{S}_{\mathrm{A}}$，$\boldsymbol{S}_{\mathrm{B}}$，$\boldsymbol{S}_{\mathrm{C}}$ は条件

$$3J(\boldsymbol{S}_{\mathrm{A}} + \boldsymbol{S}_{\mathrm{B}} + \boldsymbol{S}_{\mathrm{C}}) = \boldsymbol{H} \tag{8.1}$$

を満たす．$0 < H < H_{\mathrm{S}}$ の場合に，3 副格子上の磁化の方向には $\boldsymbol{H}$ のまわりの一様回転以外の連続縮重がある．したがって分子場理論の範囲ではスピン配置が決まらない．しかし，量子揺らぎをスピン波理論で取り入れると，縮重した状態のうちで 3 副格子が同一平面内にある (coplanar) スピン状態のエネルギーが低いことがわかる．また有限温度では温度揺らぎによっても coplanar 状態が安定化される．このように，分子場理論では状態が縮重している場合に，何らかの揺らぎの効果によってその中の特定の状態が選ばれて秩序化する現象を**無秩序による秩序化** (ordering due to disorder または order by disorder) とよぶ．これはフラストレーションのある系に広く起こる現象である．$H < H_{\mathrm{S}}/3$ で実現するスピン配置は図 8.3(a) に示す 1 個の副格子の上でスピンが磁場と反平行に向く状態である．この状態は $H = H_{\mathrm{S}}/3$ のとき uud 状態になり，$H_{\mathrm{S}}/3 < H < H_{\mathrm{S}}$ では 2 個の副格子上のスピンが互いに平行で，3 副格子上のスピンがすべて磁場に対して傾いた状態 (図 8.3(c)) が安定になる．$H \geq H_{\mathrm{S}}$ ではすべてのスピンが磁場の方向を向き飽和磁化が実現する．

古典系の基底状態では，uud 状態が式 (8.1) を満たすのは $H = H_{\mathrm{S}}/3$ の場合のみだが，量子揺らぎあるいは温度揺らぎの効果によって H の値の有限の幅をもつ領域で uud 状態が安定化され，磁化曲線に 1/3 プラトーが現れる．

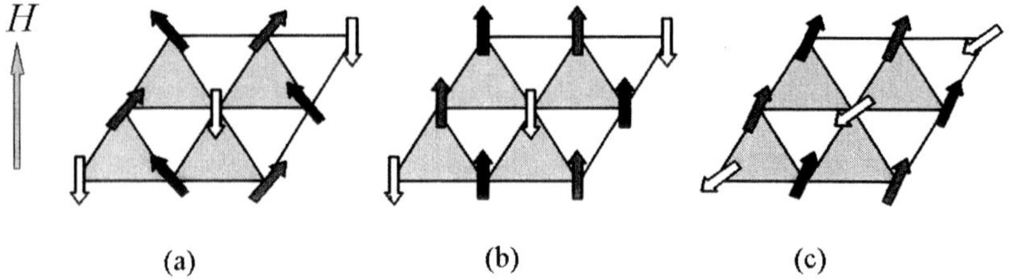

図 8.3　磁場中での三角格子反強磁性ハイゼンベルク模型の基底状態
磁場が強くなるにつれて (a), (b), (c) の状態が現れる.

図 8.3 に示した磁場中の秩序状態は有限温度で温度揺らぎがあるときどう振る舞うだろうか. これらは 3 副格子状態だが, そのうちの 1 個の副格子が特別な役割を担っているため, どの副格子がそうなるかに対応する 3 重縮重がある. XY 模型の容易面内に磁場をかけた場合には, 縮重はこれ以外にないので, 秩序状態は 2 次元 3 状態ポッツ (Potts) 模型と同じ対称性 (Z_3 対称性) をもつ. このため有限温度で秩序状態に相転移するであろう. ハイゼンベルク模型の低次場および高次場の coplanar 状態では, Z_3 対称性に加えスピン面を磁場のまわりで一様回転する対称性が存在する. 2 次元なのでこの対称性を破る秩序状態はないが, KT 転移が起こりうる. また Z_3 対称性を破る相転移も起こりうる. これらの相転移が 1 度に起こるのか, それとも別の温度で起こるのかは興味深い. 川村・宮下[7] のモンテカルロ計算の結果は相転移が 1 回だけ起こることを示唆している.

異方性をもつ三角格子上の反強磁性体の磁場中での振る舞いも詳しく調べられており, 実験結果と比較されている.

8.1.5　量　子　効　果

量子効果の問題として最初に考えなくてはならないのは, XY およびハイゼンベルク模型の古典的基底状態である 120° 構造が, 量子揺らぎがあっても安定か否かという問題である. スピン波近似を用いると, XY およびハイゼンベルク模型の両方で基底状態の副格子磁化は有限に残り, $S = 1/2$ の系ではそれぞれ 0.448 および 0.238 である[8]. つまり, 120° 構造は量子揺らぎに対して安定だという結論である. スピン波近似は古典極限 ($S = \infty$) に近い場合に正しい理論だから, $S = 1/2$ の場合にその結論が正しいとは限らない. そこでハイゼンベルク模型の基底状態について, 様々な方法を用いて研究が行われた. その結果，現在では $S = 1/2$ の場合にも 120° 構造の長距離秩序が存在すると考えられている．有力な証拠の 1 つに，以下の考えに基づく有限系の対角化の解析結果がある．

一般に基底状態が連続対称性を自発的に破る秩序をもつ場合には，秩序のとりうる自由度に対応して無限系の基底状態には無限の縮重がある[9)]．したがって有限系のスペクトルには系のサイズを無限大にする極限で基底状態と縮重する低エネルギー状態が現れる．十分大きい有限サイズの反強磁性ハイゼンベルク模型の場合，副格子磁化はすでに有限の大きさをもつがその方向が一定でないために秩序が存在しないと考えられる．系は回転対称だから，低エネルギー状態は副格子磁化の自由回転によりつくられる[10)]．正方格子の場合，秩序が 1 個の副格子磁化ベクトルで表されるから有効ハミルトニアンは

$$\mathcal{H}_{\text{eff}} = \frac{1}{2I}\boldsymbol{S}^2 \tag{8.2}$$

となる．I は副格子磁化のもつ慣性モーメントである．したがって全スピンの大きさが S の最低エネルギー固有状態の励起エネルギーは $\Delta E_S = S(S+1)/2I$ となる．副格子磁化は N に比例して大きくなるから，その慣性モーメントも N に比例すると考えられる．

三角格子の無限系で 120° 構造が実現するなら，有限系の低エネルギー状態は，3 個の副格子磁化がお互いに 120° を保ったまま自由に回転する状態と考えてよい．これは対称こまの回転と同等であり有効ハミルトニアンは

$$H'_{\text{eff}} = \frac{1}{2I_\perp}\boldsymbol{S}^2 + \left(\frac{1}{2I_\parallel} - \frac{1}{2I_\perp}\right)(S^\parallel)^2 \tag{8.3}$$

となる．$I_\parallel$ および $I_\perp$ は副格子磁化のつくる面に垂直な方向と平行な方向の慣性モーメント，$S^\parallel$ は全スピンの面に垂直な成分である．ハミルトニアン (8.3) の固有状態は，全スピンの大きさ S と $S^\parallel$，さらに固定された z 軸方向への全スピンの成分 S^z の固有値によって指定される．エネルギーは S^z の固有値には依存しない．$S^\parallel$ と S^z の固有値はともに $2S+1$ 個の値をとるので，全スピンが S の場合には $(2S+1)^2$ 個の低エネルギー固有状態が現れる．

Bernu ら[11)] は，27 個のスピンを含む系についてエネルギースペクトルを求め，長距離秩序の形成に伴うスペクトルの構造が存在することを確かめた．彼らの結果を図 8.4 に示す．基底状態における副格子磁化の大きさを彼らは 0.25 と評価しているが，用いる方法により磁化の評価はばらついており，今のところ信頼できる値は知られていない．古典的な描像が基底状態で正しいことがわ

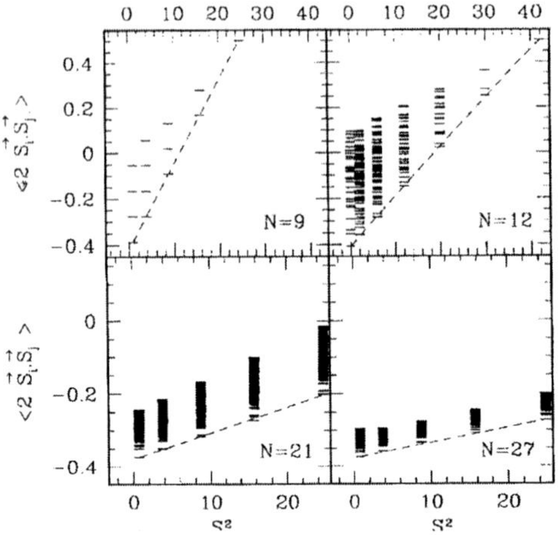

図 8.4 有限サイズ三角格子反強磁性ハイゼンベルク模型のエネルギースペクトル[11)]
$N = 9, 12, 21, 27$ の場合に，エネルギー固有値を縦軸，横軸を $S(S+1)$ にとりプロットしたもの．各 S に対する最低エネルギー固有値が $S(S+1)$ の 1 次関数で表され，その傾きは N^{-1} に比例している．

かったので，有限温度の性質については，スピンを古典的に取り扱っても定性的には正しいと考えてよい．

磁場中の秩序状態に対する量子揺らぎの効果はどうだろうか．弱磁場の場合には，スピン波の零点振動が coplanar 状態および uud 状態を安定化することを先に述べたが，量子揺らぎには秩序を壊す働きもある．低磁場および高磁場の coplanar 状態では，磁場に垂直な方向の副格子磁化 $M_{S\perp}$ は量子揺らぎにより減少するはずである．しかし，2 次元 XY 模型の基底状態では量子揺らぎに対して秩序が安定であることがわかっているので，古典近似における $M_{S\perp}$ の値が十分大きければ，$M_{S\perp}$ は量子揺らぎに対し安定だと考えてよいだろう．

8.1.6 実 験 的 研 究

ABX_3 型の化合物が三角格子のモデル物質として実験的に研究されてきた．A は 1 価の金属原子，B は 2 価の金属原子，X はカルコゲナイド原子であり，B 原子の三角格子が積層した結晶構造をもっている．B 原子の種類でスピンの大きさを変えられる．容易面型の磁気異方性をもつ $RbFeCl_3$ の容易面内に磁場をかけたときの相図を図 8.5(a) に示す[12)]．相図上で磁場の増加に従い実現する C, C_{uud}, New phase と表された相が図 8.3(a)～(c) の状態であると考えられている[13]. ただ, この場合は軌道縮重と結晶場の異方性のために uud 状態の磁化曲線はきれいなプラトーを示さない. uud 状態による 1/3 プラトーがきれいに観測された例として, 小野ら[14] による Cs_2CuBr_4 の実験結果を図 8.5(b) に示す. この物質では Cu の $S = 1/2$ スピンが三角格子をつくっている.

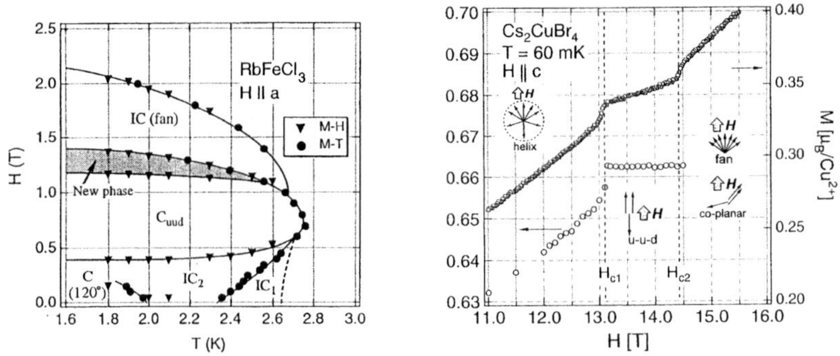

図 8.5 (a) $RbFeCl_3$ の磁気相図[12](uud 相は C_{uud} と表されている), (b) Cs_2CuBr_4 の温度 ~ 400mK における磁化曲線 (4 角のプロット)[14]

8.2 ライングラフ上の反強磁性

三角格子上の反強磁性ハイゼンベルク模型では, スピンがお互いに 120° の方向を向いて競合する相互作用の間に折り合いをつけ, 安定な磁気構造を構成することができた. 基底状態のつくる状態空間は, 全スピンの一様な回転による 3 次元空間であり, その次元は系のサイズによらない. また, 基底状態における秩序は量子揺らぎに対して安定であった.

古典的な基底状態の縮重がもっと深刻な場合が存在する. それは, 縮重による古典的な基底状態空間の次元が, 系のサイズに比例する場合である. すなわち, 基底状態のスピン配置が (ある条件のもとで) いくらでも変形できるような場合が存在する. 以下に示すように, カゴメ (籠目) 格子やパイロクロア格子がその例だが, これらの格子はグラフ理論の言葉では, ライングラフ (line graph) とよばれるグラフなので, その点について簡単に説明しておこう.

8.2.1 ラ イ ン グ ラ フ

グラフは頂点 (vertex) とそれらを結ぶ辺 (edge) から構成される．格子点を頂点，ボンドを辺とすると，結晶格子と格子点間のボンドは，周期的なグラフである．一般に，グラフ G のライングラフ L(G) は，以下の手続で得られる．

1) G における辺 e_i を，L(G) における頂点 V_i に対応させる．
2) G において辺 e_j と e_k が頂点を共有しているとき，L(G) において頂点 V_j と V_k を辺で結ぶ．

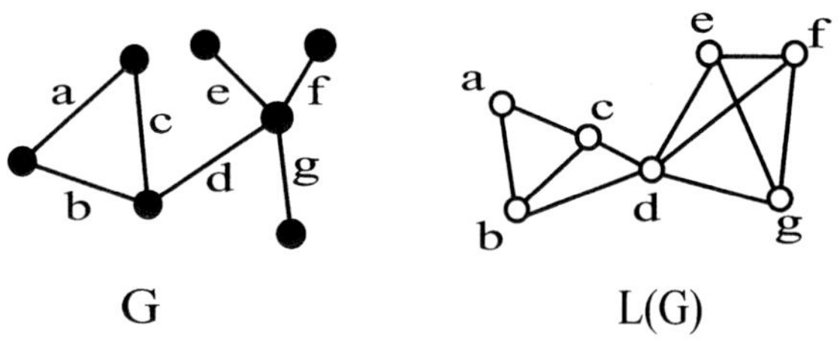

図 8.6　グラフ G とそのライングラフ L(G)

例を図 8.6 に示す．図からわかるように，グラフ G で z 本の辺につながる頂点には，L(G) において z 個の頂点からなるクラスターが対応し，クラスター内の任意の 2 頂点は辺によって結ばれる．G が簡単な格子の場合，L(G) は頂点でつながったクラスターがつくる格子になる．蜂の巣格子，正方格子，ダイアモンド格子のライングラフは，それぞれカゴメ格子 (図 8.8)，チェッカーボード格子 (図 8.7(a))，パイロクロア (pyrochlore) 格子 (図 8.7(b)) である．実際の物質では，パイロクロア $A_2B_2O_7$ において A 原子が，スピネル AB_2O_4 において B 原子がパイロクロア格子上に配列している．

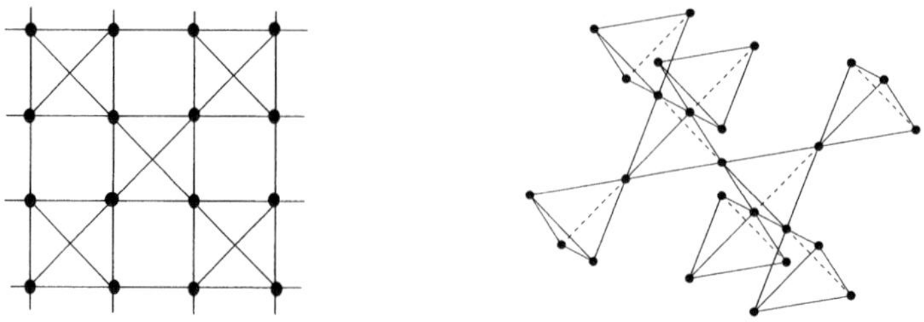

(a)　　(b)

図 8.7　(a) チェッカーボード格子，(b) パイロクロア格子

ライングラフ上で強束縛 (tight-binding) 近似を用いて遍歴電子のバンドをつくると，分散のない平坦なエネルギーバンドが現れることが知られている[15]．

8.2.2 ライングラフ上の反強磁性ハイゼンベルク模型

最近接交換相互作用 $J(>0)$ をもつ L(G) 上の古典ハイゼンベルク模型の基底状態を考えよう．このとき L(G) 上のすべてのクラスターで

$$\sum_{i\in\text{cluster}} \boldsymbol{S}_i = \boldsymbol{0} \tag{8.4}$$

が成り立てば，エネルギーは最小になる．グラフ G がブラベー格子で，格子点の数が n，配位数が z のとき，L(G) の頂点 (格子点) の数 N は $N = nz/2$，クラスタの数 N_{c} は $N_{\mathrm{c}} = n$ である．スピンの自由度の数は全体で $2N = nz$ であり，式 (8.4) による条件の数は $3N_{\mathrm{c}} = 3n$ となる．したがって $z > 3$ のときには

$$D = \frac{2(z-3)}{z} N \tag{8.5}$$

個の自由度が条件 (8.4) によって決まらずに基底状態の縮重として残ると考えられる．しかし実際は，各クラスターに対する条件 (式 (8.4)) がすべて独立ではないので，それほど簡単ではない．たとえば，カゴメ格子では $z = 3$ であるから，式 (8.5) の値はゼロだが，基底状態には N に比例する数の自由度が残る．カゴメ格子反強磁性体の基底状態は，すべての単位三角形上でスピンがお互いに 120° 傾いた状態だが，その 1 つに図 8.8(a) に示す $\sqrt{3} \times \sqrt{3}$ 状態とよばれる状態がある．これは全スピンが同一面内にある coplanar 状態だが，図の破線の六角形上の 6 個のスピンは上向きのスピンを通じてのみ外部とつながっている．したがってこの内側の 6 個のスピンを上向きスピンの方向を軸にして一様回転しても，内部のエネルギーは変化しないし，外部にも影響を与えない．したがって，少なくとも 12 個のスピンあたり 1 個の自由な回転の自由度があることがわかる．

チェッカーボード格子およびパイロクロア格子では基底状態のつくる空間は $D = 1/2N$ 次元である．また，これらの格子上でスピンの自由度を制限，あるいは拡張した m 成分のスピン模型を考えることもできる．この場合の基底状態空間の次元は，自由度の総数から束縛条件の数を差し引いた数

$$D = \frac{\{(m-1)z - 2m\}}{z} N \tag{8.6}$$

により概算できる．パイロクロア格子上の XY 模型の場合には，(8.6) によれ

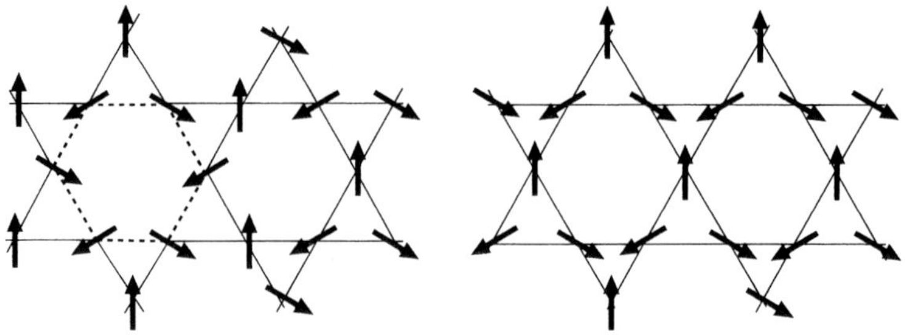

図 8.8　カゴメ格子反強磁性体の $\sqrt{3}\times\sqrt{3}$ 状態 (a) と $\boldsymbol{q}=\boldsymbol{0}$ 状態 (b)

ば $D=0$ となるが，この時も基底状態空間の次元は N に比例する．

上に述べてきたように，ライングラフ上の古典スピン系では，フラストレーションによって連続な基底状態空間が形成され，その次元は系のサイズに比例する．またパイロクロア格子上のハイゼンベルク模型では，基底状態空間の任意の状態から他の任意の状態に，連続的なスピン配置の変化によって移れることが証明されている．このような系では，絶対零度でも秩序が存在しないように思われるが，温度揺らぎの効果により，基底状態のうちの特別な状態が選び出され，絶対零度に近づく極限で秩序状態が実現することがある．これは，前に述べた「無秩序による秩序」の一例である．この秩序化は，他の基底状態の近傍の低エネルギー励起状態の状態密度に比べて，ある特定の基底状態の近傍の励起状態の状態密度が大きく，その基底状態の実現確率が非常に大きくなるために起こる．この現象を Moessner-Chalker[16) による議論に基づいて簡単に説明しよう．

今 $\boldsymbol{x}$ を基底状態空間内の座標 (D 次元)，$\boldsymbol{y}$ を基底状態から励起する方向の座標とする．励起エネルギーは通常 $\boldsymbol{y}$ の 2 乗に比例するので，$\boldsymbol{y}$ の座標軸を適当に選べば，励起エネルギーは

$$E(\boldsymbol{y})-E_0\simeq\sum_i\epsilon_i y_i^2 \tag{8.7}$$

と表される．ここで y_i は $\boldsymbol{y}$ の i 番目の座標である．ϵ_i は変位 y_i に対する系の剛性を表しているが，その値は基底状態の座標 $\boldsymbol{x}$ に依存している．十分低温では，基底状態 $\boldsymbol{x}$ の実現確率はそのまわりの揺らぎによる分配関数

$$Z(\boldsymbol{x})\simeq\prod_i\left(\frac{k_{\mathrm{B}}T}{\epsilon_i(\boldsymbol{x})}\right)^{1/2} \tag{8.8}$$

により決まる．$\boldsymbol{x}$ がある値のとき $\epsilon_i = 0$ になることがある．このような励起をソフトモードとよぶ．ソフトモードのエネルギーが y_i^4 に比例すればそのモードの $Z(\boldsymbol{x})$ への寄与は $(k_{\rm B}T)^{1/4}$ に比例するから，ソフトモードを多くもつ基底状態は低温で高い実現確率をもつ．その確率が他の基底状態に比べ圧倒的に大きくなる場合には，絶対零度に近づく極限で秩序状態になると考えられる．

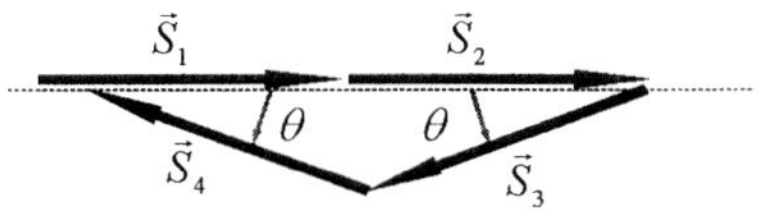

図 **8.9**　クラスター内の 4 個のスピンが 1 軸上にある場合のソフトモードの例

4 格子点からなるクラスターで構成されるパイロクロア格子やチェッカーボード格子上では，全スピンが 1 つの軸に平行な collinear 状態が最も多くのソフトモードをもつ基底状態だと考えられる．collinear 状態では，図 8.9 のようにクラスター内で collinear 状態の軸に垂直な成分が 0 になる揺らぎを考えると，励起エネルギーが揺らぎの 4 次項から始まるからである．したがって，クラスターあたり 1 個のソフトモードの存在が条件と自由度の数から予想される．しかし，パイロクロア格子上のハイゼンベルク模型の場合には，絶対零度の極限でも秩序ができないことが数値計算により示されている．一方，パイロクロア格子上の XY 模型の場合は，数値計算に基づき絶対零度の極限で n 型ネマティック秩序をもつと考えられている．この状態では，スピンは平均としてある軸に平行になるが，極性はない．この秩序に対応する相関関数は $|\boldsymbol{S}^2| = 1$，$m = 2$ として

$$P(\boldsymbol{r}) = \frac{m}{m-1}\left(\langle[\boldsymbol{S}(\boldsymbol{0})\cdot\boldsymbol{S}(\boldsymbol{r})]^2\rangle - \frac{1}{m}\right) \tag{8.9}$$

により与えられ，完全なネマティック秩序状態では $P(\boldsymbol{r}) = 1$ になる．図 8.10 に低温での $P(\boldsymbol{r})$ の距離依存性を示す．図より XY 模型では $P(\boldsymbol{r})$ が遠方でも減衰せず，大きな値をもっていることがわかる[16)]．

3 格子点がクラスターをつくるカゴメ格子では，全スピンが一平面内にある coplanar 状態が最もソフトモードの多い基底状態と考えられる．この場合には，単位三角形上のスピン $\boldsymbol{S}_1$，$\boldsymbol{S}_2$，$\boldsymbol{S}_3$ がつくるカイラルベクトル

$$\boldsymbol{p}(\boldsymbol{r}) = \frac{2}{3\sqrt{3}}(\boldsymbol{S}_1\times\boldsymbol{S}_2 + \boldsymbol{S}_2\times\boldsymbol{S}_3 + \boldsymbol{S}_2\times\boldsymbol{S}_3) \tag{8.10}$$

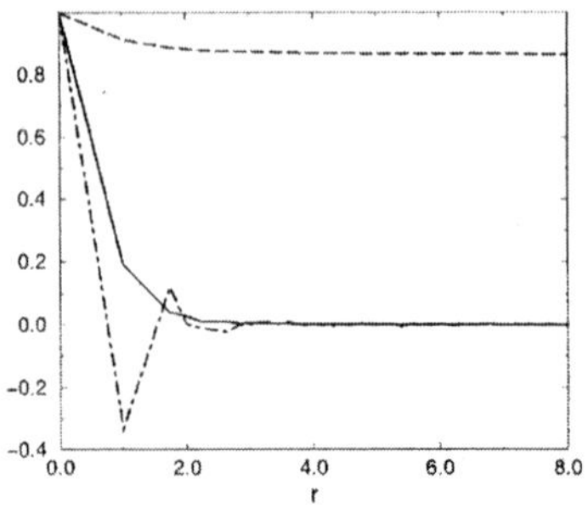

図 8.10 低温 ($k_{\rm B}T = 5 \times 10^{-4} J$) におけるパイロクロア格子上の古典スピン反強磁性模型の相関関数[16)]
破線は XY 模型の $P(\boldsymbol{r})$，実線および一点鎖線はそれぞれハイゼンベルク模型の $P(\boldsymbol{r})$ およびスピン相関を表す．

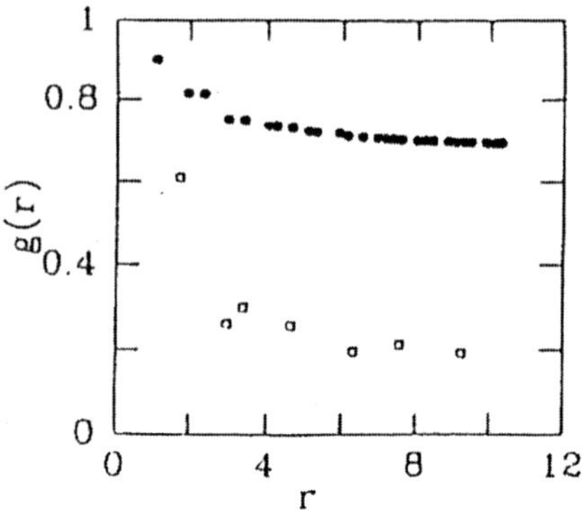

図 8.11 カゴメ格子上の古典ハイゼンベルク反強磁性模型の相関関数 ($k_{\rm B}T = 2.5 \times 10^{-4} J$)[17)]
黒丸はネマティック相関 $g(\boldsymbol{r})$，空四角はスピン相関を示す．

が，一方向にそろうネマティック秩序が $T \to 0$ の極限で起こる可能性がある．ここで $\boldsymbol{r}$ は三角形の位置を表す．(8.9) において $\boldsymbol{S}(\boldsymbol{r})$ の代わりに $\boldsymbol{p}(\boldsymbol{r})$ を用い，$m = 3$ とおいた相関関数 $g(\boldsymbol{r})$ のモンテカルロ計算による結果を図 8.11 に示す．十分低温 ($k_{\rm B}T/J = 2.5 \times 10^{-4}$) では，$\boldsymbol{p}(\boldsymbol{r})$ の相関が発達している[17)]．

8.2.3 量 子 効 果

ラインググラフ上の古典スピン模型の基底状態は大きな縮重をもつので，小さな量子揺らぎでも不安定となり縮重が解消することが期待される．スピン波を用いてこの問題が研究された．これらの系の古典的基底状態は無限次元空間を構成しているので，その任意の状態から出発してスピン波を考えることは難しく，通常基底状態空間の特別な状態から出発してスピン波を考える．

カゴメ格子反強磁性体のスピン波　適当にスピン波演算子を選べば，線形スピン波の分散関係は，どのような coplanar 基底状態でも同じになる．スピン波には 3 個の分枝が存在し，そのうち 2 個の分枝は縮重していて，周波数は正の値をもつが，1 個の分枝の周波数は波数によらず 0 になる[18)]．これは基底状態の連続的縮重の結果である．Chubukov[19)] は，$\sqrt{3} \times \sqrt{3}$ 状態と $\boldsymbol{q} = \boldsymbol{0}$ 状態から出発して，スピン波の相互作用を取り入れた計算を行い，高次項の効果で

$\sqrt{3} \times \sqrt{3}$ 状態が $\boldsymbol{q} = \mathbf{0}$ 状態より安定になると結論している．しかし，すべての古典基底状態を調べてはいないので，S が十分大きい場合に $\sqrt{3} \times \sqrt{3}$ 状態が基底状態になるかどうかは，今のところ確実にはわかっていない．

$S = 1/2$ カゴメ格子反強磁性体　　$S = 1/2$ の場合には，強い量子効果があると考えられるので，スピン波による解析の信頼性は疑わしい．そこで，有限系の数値対角化，モンテカルロ計算，高温展開，古典基底からの摂動展開などの方法で研究が行われた．ここでは Lhuillier ら[20] のグループによる有限系の数値対角化による結果を紹介する．最大 36 スピンを含む有限系の計算によれば，基底エネルギーは約 $-0.43J$ である．27 個のスピンを含む系で，全スピンの大きさ S をもつ状態の最低エネルギー E_S を $S(S+1)$ に対してプロットした結果を図 8.12 に示す．図からは正方格子や三角格子上のハイゼンベルク模型の場合に見られる磁気秩序の形成に伴うスペクトル構造は見出されない．したがって，カゴメ格子上の $S = 1/2$ 反強磁性ハイゼンベルク模型の基底状態には磁気秩序はなく，非磁気的な 1 重項基底状態が実現していると考えられる．しかし，ダイマー状態あるいは valence bond crystal 状態のように，並進対称性を破る状態が実現している証拠も見出されていない．この系の基底状態は，秩序が何も存在しない量子無秩序状態 (quantum disordered state) だとの主張もされているが，今のところまだ基底状態に関する共通の理解は確立していない．

量子効果により非磁気的な 1 重項基底状態が実現する場合，第 1 励起状態

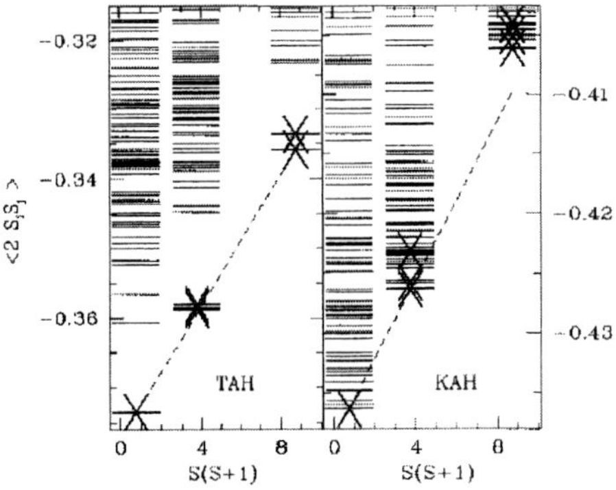

図 8.12　スピン 27 個の $S = 1/2$ 三角格子反強磁性体 (左) とカゴメ格子反強磁性体 (右) のエネルギースペクトル[20]

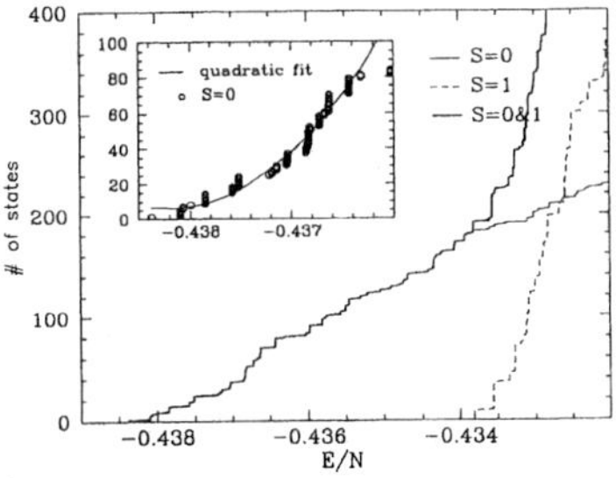

図 8.13　スピン 36 個の $S = 1/2$ カゴメ格子反強磁性体の低エネルギー励起状態の状態数[21]
太い実線はすべての励起状態の数で，破線は $S = 1$ の励起状態のみの数を表す．挿入図は低エネルギー部分．

の全スピンは 0 でない系が従来多く知られてきた．励起エネルギーにギャップがあるハルデイン系やダイマー系，あるいは励起にギャップの存在しない 1 次元 $S = 1/2$ 反強磁性ハイゼンベルク模型などがその例である．カゴメ格子 $S = 1/2$ 反強磁性模型でも，磁気的な励起状態と基底状態の間には有限のエネルギーギャップ (これをスピンギャップとよぶ) があり，その値は $0.05\,J$ より大きいと考えられている．しかしこの系では，図 8.13 に示すように，スピンギャップより小さい励起エネルギーをもつ非磁気的励起状態が非常に多数存在することが見出されている[21]．図 8.13 は，サイトあたりのエネルギー E/N に対して，36 スピン系の累積状態数をプロットしたものである．低エネルギーの部分が挿入図に示してある．この結果は波数に比例するエネルギーをもつ励起モードの存在を示唆しているように見える．スピンギャップ中にある励起状態の数は，スピン数 N の増加とともに 1.15^N に比例して増加することが知られている．これらの励起がどのような自由度に対応するのかについては，まだ共通の理解はないが，カゴメ格子上にスピンのダイマーをつくる配置の数は 1.26^N に比例するので，簡単なダイマーの配置の自由度ではないことがわかる．Mila[22] は図 8.14 に示す 6 個のスピンからなるクラスターの配置の数と考えれば理解できると主張している．

図 **8.14** カゴメ格子上の 6 スピンクラスター

パイロクロア格子上の $S = 1/2$ ハイゼンベルク反強磁性体　パイロクロア格子上の $S = 1/2$ 反強磁性ハイゼンベルク模型も，カゴメ格子の場合と同じように，非磁気的な基底状態と有限 ($\simeq 0.7J$) のスピンギャップをもち，基底状態とスピンギャップの間には，系のサイズとともに指数関数的に増加する数の 1 重項励起状態が存在すると考えられている．

このような系を研究する際には，系の対称性を壊した模型を出発点にとり，摂動計算により，もとの系の性質を推測する方法がよく用いられる．パイロクロア格子の場合には，図 8.15(a) で分けてあるように，格子を構成する四面体を A，B の 2 個の部分集合に分ける．各部分集合に属する四面体は，それぞれ fcc 格子を構成するが，四面体同士はお互いに離れている．部分集合 A および

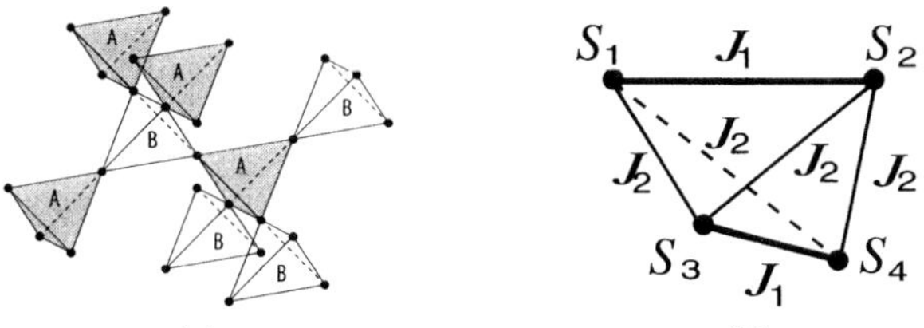

(a)　(b)

図 8.15　(a) パイロクロア格子の四面体による分割 (四面体 A 内の相互作用を J，B 内の相互作用を J' とする)，(b) 四面体内部でのダイマーによる分割

B に属する四面体上の相互作用をそれぞれ J，J' として J' の項を摂動として扱う．摂動の出発点 ($J'=0$) では，系は孤立した四面体の集合である．反強磁性相互作用をもつ四面体上の 4 個のスピンの基底状態は全スピンが 0 の状態が 2 重に縮重している．これらの状態は $\omega = \mathrm{e}^{2\pi\mathrm{i}/3}$ として

$$
\begin{aligned}
\psi_+ &= \frac{1}{\sqrt{6}}\{|\uparrow\uparrow\downarrow\downarrow\rangle + |\downarrow\downarrow\uparrow\uparrow\rangle + \omega(|\uparrow\downarrow\uparrow\downarrow\rangle + |\downarrow\uparrow\downarrow\uparrow\rangle) \\
&\quad + \omega^2(|\downarrow\uparrow\uparrow\downarrow\rangle + |\uparrow\downarrow\downarrow\uparrow\rangle)\} \\
\psi_- &= \frac{1}{\sqrt{6}}\{|\uparrow\uparrow\downarrow\downarrow\rangle + |\downarrow\downarrow\uparrow\uparrow\rangle + \omega^2(|\uparrow\downarrow\uparrow\downarrow\rangle + |\downarrow\uparrow\downarrow\uparrow\rangle) \\
&\quad + \omega(|\downarrow\uparrow\uparrow\downarrow\rangle + |\uparrow\downarrow\downarrow\uparrow\rangle)\}
\end{aligned}
\tag{8.11}
$$

と表せる．このとき $\psi_\pm$ はそれぞれ，スカラー・カイラリティ $\boldsymbol{S}_1\cdot[\boldsymbol{S}_2\times\boldsymbol{S}_3]$(あるいは，$\boldsymbol{S}_1\cdot[\boldsymbol{S}_4\times\boldsymbol{S}_2]$，$\boldsymbol{S}_4\cdot[\boldsymbol{S}_1\times\boldsymbol{S}_3]$，$\boldsymbol{S}_4\cdot[\boldsymbol{S}_3\times\boldsymbol{S}_1]$) の固有状態である．すなわち，摂動の出発点にとる各四面体の基底状態はカイラリティの自由度をもつ．これを大きさ 1/2 の擬スピン $\boldsymbol{\tau}$ で表すと，J' に関する 3 次の摂動により，$\boldsymbol{\tau}$ に対する有効ハミルトニアンが求まる．これは fcc 格子上の $\boldsymbol{\tau}$ スピンに対するフラストレーションのあるハミルトニアンになるので，その基底状態も簡単にはわからないが，常次によって詳しく調べられている[23]．

四面体の基底状態として別の状態を選ぶこともできる．たとえば

$$
\begin{aligned}
\psi_{ds} &= \frac{1}{2}(|\uparrow\downarrow\uparrow\downarrow\rangle - |\uparrow\downarrow\downarrow\uparrow\rangle - |\uparrow\downarrow\uparrow\downarrow\rangle + |\uparrow\downarrow\uparrow\downarrow\rangle) \\
\psi_{ps} &= \frac{1}{\sqrt{3}}(|\uparrow\uparrow\downarrow\downarrow\rangle + |\downarrow\downarrow\uparrow\uparrow\rangle) \\
&\quad - \frac{1}{\sqrt{12}}(|\uparrow\downarrow\uparrow\downarrow\rangle + |\uparrow\downarrow\downarrow\uparrow\rangle + |\downarrow\uparrow\uparrow\downarrow\rangle + |\downarrow\uparrow\downarrow\uparrow\rangle)
\end{aligned}
\tag{8.12}
$$

と選べば，ψ_{ds} は $\boldsymbol{S}_1$ と $\boldsymbol{S}_2$，$\boldsymbol{S}_3$ と $\boldsymbol{S}_4$ がそれぞれ 1 重項対をつくっている状態で，ψ_{ps} では $\boldsymbol{S}_1$ と $\boldsymbol{S}_2$，$\boldsymbol{S}_3$ と $\boldsymbol{S}_4$ はそれぞれ 3 重項対だが，全体で 1 重項を構成している．図 8.15(b) のように四面体中の相互作用に異方性を導入し，$J_1 \neq J_2$ とおけば，$J_1 > J_2$ のときは ψ_{ds}，$J_1 < J_2$ のときは ψ_{ps} が基底状態となる．磯田・森[24)]，古賀・川上[25)] らは，これらの状態から出発し四面体間の相互作用 (こちらにも異方性を入れる) を摂動として，基底状態の相転移を調べた．その結果，この 2 相の境界は $J_1 = J_2$ のごく近傍にあると結論された．

このように，パイロクロア格子上の $S = 1/2$ 反強磁性ハイゼンベルク模型について，複数のグループにより理論的研究が行われてきたが，基底状態の性格や秩序の有無については，まだ共通の理解に到達していないと思われる．

カゴメ格子やパイロクロア格子上の反強磁性ハイゼンベルク模型のように，古典的に考えると非常に大きな縮重をもつ量子スピン系において，どのような量子的基底状態が実現するかという問題は，興味深い問題である．しかし，大きな縮重をもつことは，その系が不安定であることを示しており，容易に対称性が破れ，縮重を解消して安定化してしまうことを意味する．すなわち，理想的なカゴメ格子やパイロクロア格子上のハイゼンベルク反強磁性体を実験的に得ることは難しい．実際，パイロクロア格子や B スピネル構造をもつ磁性体は現在多く知られているが，低温では，何らかの原因により格子に変形が生じているものが多い．したがって，理想的な構造に格子変形や，磁気異方性などが加わったときにどのような秩序が実現するかについての研究も多く行われている．

8.3　リング交換相互作用系

ここまで 2 個のスピンの積で表される相互作用のみを取り扱ってきたが，一般には多数のスピンの積で表される相互作用がある．この相互作用は ^{3}He 固体の磁性において重要な働きをすることが知られている[26)]．本節では多スピン相互作用がある系を考える．第 2 章で述べたように，3 粒子の交換から生ずる相互作用は，通常ハイゼンベルク型の相互作用になるので，多粒子の相互作用が特徴的な振る舞いを示すのは 4 個以上の粒子の置換による相互作用である．

8.3.1　4スピン交換相互作用

$S=1/2$ スピン $\boldsymbol{S}_1 \sim \boldsymbol{S}_4$ をもつ4個の粒子の循環置換によるスピンの置換は，2スピンの交換演算子3個の積で表される．積を計算し逆回りの置換と加えあわせると，定数項を除いて

$$\mathcal{H}_4 = \sum_{\alpha<\beta} \boldsymbol{S}_\alpha \cdot \boldsymbol{S}_\beta + 4\{(\boldsymbol{S}_1 \cdot \boldsymbol{S}_2)(\boldsymbol{S}_3 \cdot \boldsymbol{S}_4) + (\boldsymbol{S}_4 \cdot \boldsymbol{S}_1)(\boldsymbol{S}_2 \cdot \boldsymbol{S}_3) - (\boldsymbol{S}_1 \cdot \boldsymbol{S}_3)(\boldsymbol{S}_2 \cdot \boldsymbol{S}_4)\} \tag{8.13}$$

となる．このハミルトニアンのもとで安定な状態が何かを考えてみよう．式(8.13) の中の $\sum_{\alpha<\beta}$ は4個のスピンから得られる全スピン対にわたる和を表す．

分子場近似では，$\boldsymbol{\sigma}_i = 2\boldsymbol{S}_i$ は長さ1の古典的ベクトルとして扱える．スピン2個の積の項は $\boldsymbol{S}_1+\boldsymbol{S}_2+\boldsymbol{S}_3+\boldsymbol{S}_4=0$ のとき最小値 $-1/2$ を与える．一方スピン4個の積からなる項は，

$$4\{(\boldsymbol{S}_1 \cdot \boldsymbol{S}_2)(\boldsymbol{S}_3 \cdot \boldsymbol{S}_4) + (\boldsymbol{S}_1 \times \boldsymbol{S}_2) \cdot (\boldsymbol{S}_3 \times \boldsymbol{S}_4)\} \tag{8.14}$$

と表されるので，4スピンが同一平面内にあり，それらの面内での基準軸からの角度を $\theta_1 \sim \theta_4$ とおくと，$\theta_1-\theta_2+\theta_3-\theta_4=\pi$ のときに最小値 $-1/4$ を与える[27]．その中で $\boldsymbol{S}_1+\boldsymbol{S}_2+\boldsymbol{S}_3+\boldsymbol{S}_4=0$ となるのは図8.16(b) に示すように，隣り合うスピンがお互いに直交する状態で，このときエネルギーの期待値は $-3/4$ となる．

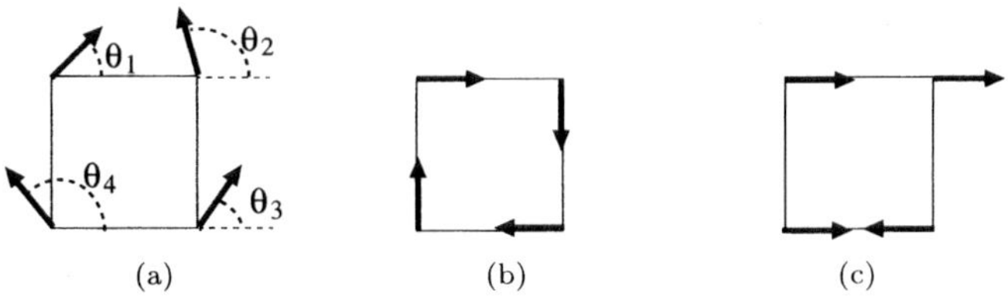

図 8.16　(a) 4スピンが同一平面にある古典的状態，(b) 古典的基底状態，(c) 4スピンの積の項のみの基底状態の一例

大きさ $1/2$ の量子スピンの場合，全スピンの大きさが0の基底状態と1の基底状態が縮重しており，基底エネルギーは $-9/4$ となる．このように基本的な構成要素の基底状態に縮重があるのが，フラストレーションをもつ系の特徴であり，4スピンのリング交換相互作用はそれ自体にフラストレーションを含む

と考えられる．スピン4個の間にリング交換相互作用が働く系では，通常それに加えて2スピン交換相互作用，3スピン交換相互作用もあるから，様々な形でフラストレーションが働く．

8.3.2 bcc ^{3}He 固体の磁性

^{3}He は常圧では絶対零度でも固化しないが，圧力を加えると固化する．圧力約 3MPa から 10MPa の範囲では bcc 構造，それより高圧では hcp 構造になる．^{3}He は大きさ 1/2 の核スピンをもち，スピンによる磁性を示す．1974 年に Halperin ら[28] は，bcc ^{3}He が反強磁性に相転移することを発見した．その後の実験的研究によって，bcc ^{3}He の磁気相図が定められた．図 8.17 に示すように，秩序相は磁場とともに低磁場相から不連続転移によって高磁場相に移り変わる．低磁場相から常磁性相への相転移も不連続転移である．高磁場相と常磁性相の相転移は，3 重点の近傍では不連続転移であるが，高磁場側では連続転移である．したがって途中に 3 重臨界点が存在することになる．Xia ら[30] は 3 重臨界点が 0.65T 付近に存在すると報告しているが，まだ確定的ではないようである．

低磁場相の磁気秩序は 1980 年の Osheroff ら[31] の NMR の実験により，図 8.18(a) に示すように，平行に整列した (100) 面上のスピンが 2 層ずつ交互に反平行に向く u2d2 構造であることが明らかになった．これに対し高磁場相は

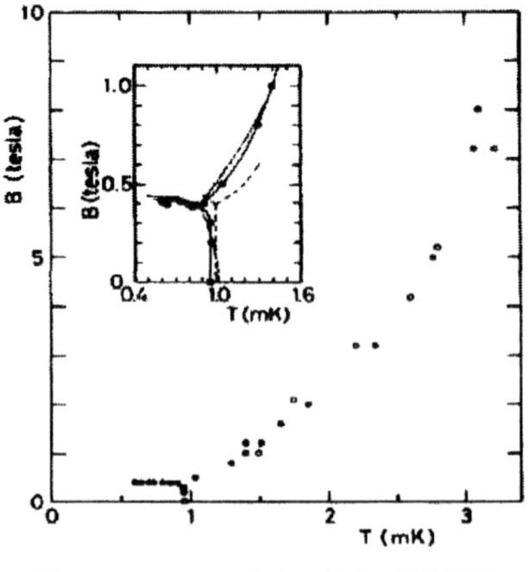

図 8.17 bcc ヘリウム 3 固体の磁気相図
挿入図は 3 重点近傍[29]．

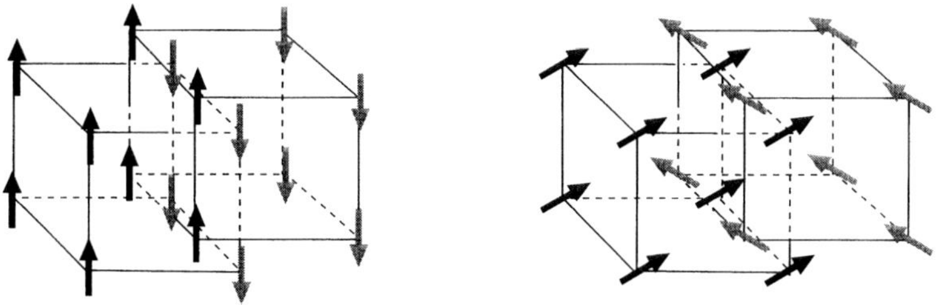

(a) (b)

図 8.18 bcc ヘリウム 3 固体の磁気秩序
(a) u2d2 構造, (b) cnaf 状態.

図 8.18(b) に示すように，反強磁性秩序のスピンが磁場方向に傾いた状態であり，cnaf (canted normal antiferromagnet) 状態とよばれている.

^{3}He 原子の有効ハードコア直径 $\sigma_H = 2.14\,\text{Å}$ より近距離に ^{3}He 原子同士が近づくと，原子間には強い斥力が働く. bcc 格子の格子定数は約 4.3 Å であるが，2 個以上の原子が循環的に置換する過程 (リング交換) が 2 原子の交換と同程度の交換積分の値を与える. 表 8.1 に Ceperley-Jacucci[32] のモンテカルロ計算による交換積分の値を示す. この結果によれば，最近接原子の交換による J_{nn}，3 原子のリング交換による J_t，(110) 面内で隣接する原子 4 個のリング交換による K_P が最も大きな寄与を与える. 表にある K_F は，1 平面上にない 4 原子のリング交換による交換積分である.

表 8.1 bcc^{3}He(24.12cm^3 /mole) における交換積分
(Ceperley-Jacucci[32] によるモンテカルロ計算)

2 体	2 体	3 体	4 体	4 体	6 体
J_{nn}	J_{nnn}	J_t	K_P	K_F	S_1
-0.46	-0.065	-0.19	-0.27	-0.027	-0.036

Roger ら[33] は，J_t と K_P のみを含む模型を仮定し，u2d2 相と cnaf 相を含み実験と定性的に一致する磁気相図を理論的に求めた. 実験結果と精密に一致する磁気相図は理論的に得られていないが，u2d2 相が 4 原子のリング交換 K_P と 3 体交換 J_t の効果によって実現することは，以下の議論から定性的に理解できる.

u2d2 相の秩序ができているとき，リング交換 K_P を与える 4 個のスピンの組では，図 8.16(c) に示すように 3 個のスピンが互いに平行で残り 1 個のスピンがそれに反平行なスピン配列が実現している．これは図 8.16(a) で $\theta_1-\theta_2+\theta_3-\theta_4=\pi$ を満たす場合だから，4 スピンの積の項の最低値を与えるスピン配置である．一方，2 スピンの積すなわちハイゼンベルク型の相互作用については，最近接対では平行スピン対と反平行スピン対が同数あり全エネルギーに寄与しない．一方次近接スピン対では，平行スピン対が反平行スピン対の 2 倍存在する．3 粒子交換は次近接スピン対間に強磁性相互作用を与える．2 体および 4 体交換の効果を含めても次近接スピン間の相互作用が強磁性的ならば，K_P から生ずる第 3 近接スピン対間の相互作用は反強磁性的なので，u2d2 構造が安定化される[27]．

Roger ら[33] の理論的研究により，bcc ^{3}He 固体の磁性はほぼ理解できた．しかし，cnaf 相と常磁性相の間の相転移についてはまだ十分な理解ができていないようである．

8.3.3 2 次元 ^{3}He 固体の磁性

グラファイトの表面に ^{3}He 原子を吸着させると，ある密度で吸着膜上の ^{3}He 原子が規則正しく配列し 2 次元結晶を形成する[34]．2 次元結晶は単層膜および 2 層膜で実現するが，ともに三角格子になる．このとき ^{3}He のスピン間にリング交換による相互作用が働く．第 1 層のヘリウム原子はグラファイトが及ぼす引力により表面と強く結合しているため位置の交換は起こりにくい．そのため第 1 層の核スピン間に働く交換相互作用は小さく，数 μK 程度である．第 2 層のヘリウム原子はゆるく結合しているため，交換相互作用は数 mK 程度になる．したがって mK あるいはそれ以上の温度領域で 2 層膜結晶の示す磁性は，自由スピンとみなせる第 1 層の寄与を除き，第 2 層の核スピンに起因する．また，^{4}He や HD 分子を吸着第 1 層に用いることもできて，この場合には第 1 層にはスピンがない．核スピンの磁気モーメントは小さいので双極子相互作用もこの温度領域では無視できる．したがってこの系は異方性のない理想的な 2 次元スピン系とみなせる．1980 年代後半にこの系の磁気比熱および磁化率が数 mK まで測定され，それらの解析結果からこの系ではリング交換によるスピン交換相互作用が重要な働きをしていると考えられるようになった．この系は三角格子上のスピン間にリング交換が働いているため非常に強いフラストレーションが存在し，実験的にも理論的にもまだ十分理解されていない状態だが，簡単に現状を紹介しよう．

2 層膜結晶の比熱の測定結果を図 8.19 に示す．測定された密度では，第 2 層

の ^{3}He がほぼ完全に固化し，3 層目には ^{3}He 原子が存在しないと考えられている．高温の磁化率から求めたワイス温度はこの密度で負であり，反強磁性相互作用が支配的であることを示唆している．しかし，実験的に得られた比熱は，単純な反強磁性ハイゼンベルク模型から予想される振る舞いとは異なる温度依存性を示している．比熱は温度の関数として約 2 mK に緩やかなピークをもつ．この緩やかなピークは低次元反強磁性体に共通な振る舞いだが，さらに低温の約 0.3 mK に小さなピークが存在する．これより低温で比熱は温度 T に比例して減少する．また緩やかなピークの高温側で比熱が T^{-2} に比例せず，T^{-1} に比例しているように見えるのも，局在スピン系の比熱の高温展開の最初の項は T^{-2} に比例するので，異常である．これに対して，より高密度 $(23.0\mathrm{nm}^{-2})$ における比熱はピークの高温側で T^{-2} に比例し，温度変化全体も三角格子強磁性ハイゼンベルク模型から予想される振る舞いを示す[35]．

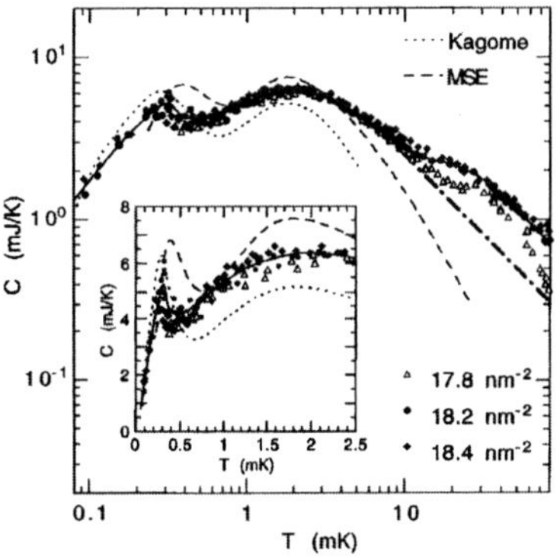

図 8.19 グラファイト上に吸着された ^{3}He2 層膜固体の，密度 17.8, 18.2 および 18.4 atom/nm^{-2} における比熱[35]

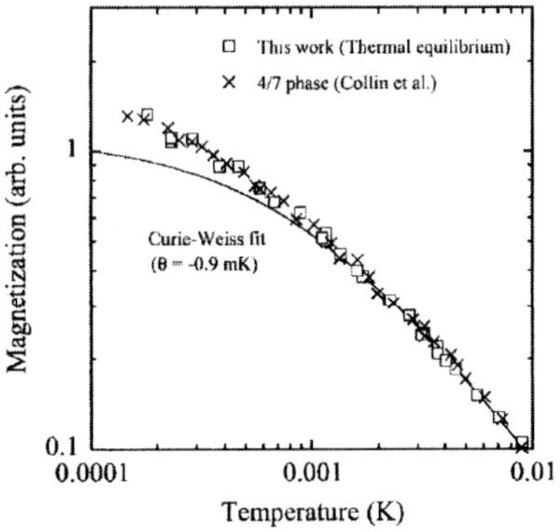

図 8.20 グラファイトに吸着させた ^{4}He 膜上の ^{3}He 固体膜の磁化[36]

次に磁化の測定結果を図 8.20 に示す[36]．これはグラファイトの表面に ^{4}He を 1 層吸着させ，その上に ^{3}He をちょうど三角格子を組む密度で 1 層吸着させた系に 5 mT の磁場を加えた場合の磁化である．この結果は，約 14 μK という低温においても磁化率が温度の低下とともに増大することを示している．しかし，その傾きは温度の減少とともに緩やかになっており，強磁性基底状態に向かうようには見えない．基底状態が非磁気的で，励起エネルギーにスピンギャップが存在するとすれば，スピンギャップの値は 10 μK 以下でなければでならない．したがってこの系のスピンギャップの値は相互作用 (数 mK 程度) に比べ非常に小さいか，それとも 0 ではないかと考えられる．

8.3.4　三角格子上のリング交換模型

2 次元 ^{3}He 固体の磁性を説明する理論的模型として，三角格子上の $S = 1/2$ スピンの間にリング交換相互作用の働く模型が有力だと現在考えられている．3 角格子 ^{3}He 固体に対して，図 8.21 に示す経路のリング交換相互作用を Bernu ら[37] がモンテカルロ法によって計算した結果を表 8.2 に示す．単位は μK で，密度 7.85 atom/nm^2 の単層 ^{3}He 固体における値である．^{3}He 2 層膜あるいは ^{4}He 1 層膜上の ^{3}He 1 層膜にこの結果をそのままあてはめることはできないが，彼らの計算結果から 3 原子のリング交換による強磁性相互作用が最も強く，4 原子，6 原子の交換もかなり大きいことがわかる．

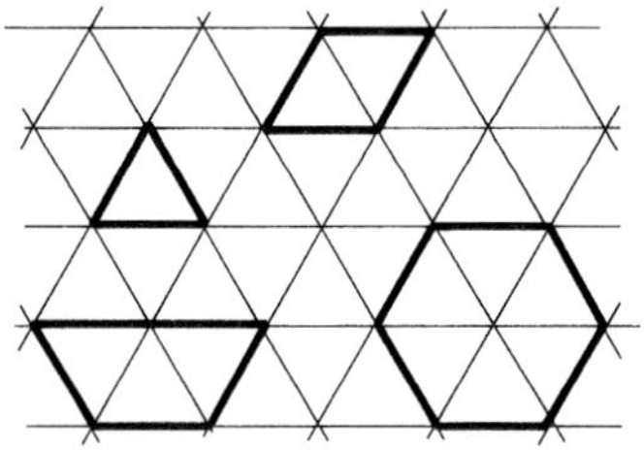

図 **8.21**　三角格子におけるリング交換の経路

表 **8.2**　三角格子 ^{3}He 固体における交換積分[37] (Bernu らによる MC 計算．密度 7.85 atom/nm^2 の単層膜．単位は μK)

2 体	3 体	4 体	5 体	6 体
J_2	J_3	J_4	J_5	J_6
-36.6 ± 2.6	-119 ± 8	-22.5 ± 1.4	$-6.6 \pm .7$	-12.6 ± 1.3

一方，Roger ら[38] は 6 原子の交換まで取り入れた模型の高温展開の結果と磁化率および比熱の測定結果を比較して交換積分の値を評価した．彼らの結果から 2 層目がちょうど固化する密度領域における交換積分の値を推定した結果が表 8.3 である．ワイス温度 θ は $k_B\theta = 3(J_2 - 2J_3 + 3J_4 - 5J_5 + \frac{5}{8}J_6)$ だから約 -0.3 mK である．Roger らの結果と Bernu らの数値計算の結果は大きさがかなり違うが，異なるリング交換によるスピン相互作用が同じ程度の大きさで

表 8.3　実験から求めた三角格子 ^{3}He 固体における交換積分の値[38](密度約 18 atom/nm^2 の 2 層膜．単位は mK)

$J_2 - 2J_3$	J_4	J_5	J_6
$\simeq 2.5$	$\simeq -1.5$	$\simeq -0.53$	$\simeq -1.2$

競合している点では一致している．これらの結果から，三角格子 ^{3}He 固体の磁性を理解するには，多スピン交換を含む系の理解が必要だと考えられる．

上の表では 5 あるいは 6 個の粒子の交換による相互作用も決して無視できない大きさをもっている．しかし，4 粒子の交換まで考慮すれば ^{3}He 固体の磁性の本質が理解できるだろうという期待に基づいて，4 スピン相互作用まで含む系の理論的研究が行われてきた．3 粒子交換は最近接格子点間の強磁性ハイゼンベルク型相互作用になるから，2 粒子交換とあわせて通常のハイゼンベルク模型で表せる．したがってモデルハミルトニアンは

$$\mathcal{H} = J \sum_{<i,j>} \boldsymbol{S}_i \cdot \boldsymbol{S}_j + K \sum_{\mathrm{p}} h_{\mathrm{p}} - h \sum_i \boldsymbol{S}_i^z \tag{8.15}$$

と表される．ここで $\sum_{<i,j>}$ と $\sum_{\mathrm{p}}$ は最近接格子点対および最小四辺形に関する和を表す．ハミルトニアン h_{p} は 4 スピン相互作用 (式 (8.13)) を表し，J および K は交換積分と

$$J = -2(J_2 - 2J_3), \tag{8.16}$$

$$K = -J_4 \tag{8.17}$$

の関係がある．現実の ^{3}He 固体では，$J < 0$ と考えられるが，ハミルトニアン (式 (8.15)) が一般の J の値でどう振る舞うかという問題も興味深い．h_{p} はそれ自体フラストレーションを含む相互作用であるが，三角格子上ではそれらが複雑に重なりあって，フラストレーションの非常に強い系となっている．このような系では新奇な基底状態が実現する可能性があるからである．以下では K は正の値をもつとする．$|J| \gg K$ ならば，ハミルトニアンの第 1 項が支配的だから，$J > 0$ のときは 120° 構造の反強磁性秩序，$J < 0$ のときは強磁性秩序が生じると考えられる．しかし $|J| \lesssim K$ の場合の基底状態は自明でない．

$h = 0$ の場合に分子場近似を用いてこの系の基底状態を調べた結果によれば，$J/K \lesssim -8.6$ では強磁性状態，$-2.3 \lesssim J/K \lesssim 8.2$ では四面体構造，$8.2 \lesssim J/K < 10$ では 6 副格子構造，$10 < J/K$ では 120° 構造が基底状態である[39]．強磁性状態の近傍にある $-8.6 \lesssim J/K \lesssim -2.2$ では，分子場近似の

基底状態がよくわかっていない．四面体構造は 4 副格子構造をもち，各副格子磁化は正四面体の中心からその 4 頂点を指す方向のベクトルである．この構造はスカラーカイラル秩序をもち，Z_2 対称性を破っている．この基底状態が実現すれば，スピンに関して等方的な 2 次元系であるにもかかわらず，有限温度で秩序状態が実現する[40]．一方 6 副格子構造は，反強磁性スカラーカイラル秩序とベクトルカイラル秩序をもつ複雑なスピン構造をもつ．外部磁場 h がゼロでない場合にも，分子場近似を用いて相図が調べられ，複雑な磁気相図が得られているが，その中で特徴的な相として uuud 相がある．この相は 4 副格子構造で 3 個の副格子のスピンが磁場と平行，1 個の副格子のスピンは磁場と反平行を向く状態で，$-7 \lesssim J/K \lesssim -10$ の広い範囲で実現する．この状態では磁化は飽和磁化の 1/2 だから，磁化曲線には 1/2 磁化プラトーが現れる．uuud 相では三角格子上のすべての最小の菱形で図 8.16(c) のスピン配置が実現しているので，この相は 4 スピン相互作用により安定化されていると考えられる．

この系は $S = 1/2$ の 2 次元系だから量子効果が強いはずである．したがって分子場近似で得られた状態は，量子効果によって不安定化し，別の状態が実現する可能性がある．そこで，有限系でハミルトニアン (8.15) を対角化し，基底状態の性質を調べる研究が Misguich ら[41] および LiMing ら[42] により行われた．もちろん，量子効果を取り込んでも $|J| \gg K$ の場合には強磁性基底状態と 120° 構造が実現する．対角化によれば $J/K \lesssim -7$ で強磁性基底状態が実現する．120° 構造が不安定化する J/K の値は分子場近似の結果より大きく，$J/K = 20 \sim 27$ と評価されている．彼らの結果では，この 2 つの極限の間では非磁気的なスピン液体状態が実現する．この状態は，スピン相関，ダイマー相関，カイラリティ相関など，調べられたすべての相関が距離とともに急速に減少するので，長距離秩序のまったく存在しない状態だと考えられている．これはアンダーソン (P. W. Anderson)[43] が最初に提案した RVB 状態の考えと一致している．また，$J/K \simeq 8$ を境にスピン液体状態の励起スペクトルが変化し，$J/K \lesssim 8$ では 3 重項状態が第 1 励起状態であり，基底状態との間に有限のエネルギーギャップが存在するが，$J/K \gtrsim 8$ では 3 重項状態が第 1 励起状態ではなく，スピンギャップの中に多数の 1 重項励起状態が存在する[42]．この状況はカゴメ格子ハイゼンベルク反強磁性体の場合と類似している．彼らはこの結果に基づき $J/K \simeq 8$ を境として 2 種類の異なるスピン液体状態が実現すると主張した．

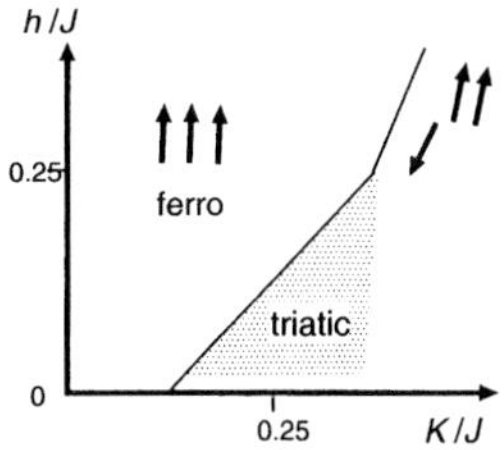

図 8.22　強磁性相近傍の相図

高磁場の右側は 3 副格子相．この図では 2 スピン交換のパラメタを $-J$ としている．

分子場理論を用いると，$J/K \lesssim -7$ のパラメタをもつ系は外部磁場のもとで強磁性になるが，このような状態は 3 副格子反強磁性相 (図 8.3(c) で示される状態) と隣接している．このとき 2 個あるいは 3 個のマグノンが束縛状態をつくり強磁性状態が不安定になることが，桃井ら[44] により明らかにされた．マグノン 3 個の束縛状態のほうがマグノン 2 個の束縛状態より安定なので，ある臨界磁場より磁場が小さくなると，マグノン 3 個の束縛状態がボース凝縮した状態が実現する．この状態は磁場のまわりのスピンの回転に対して 3 回対称であり，スピン 3 個の積で表される秩序変数 (8 重極) をもつ．彼らはこの状態を triatic 状態と名づけている．有限系の対角化計算によっても，この主張を支持する結果が得られている．ただし，磁場が 0 のときにも triatic 状態が安定かどうかはまだ明らかでない．このパラメタ領域における励起スペクトルの様子は Misguich らが調べた $J/K \simeq -5$ の領域での励起スペクトルとは異なるので，磁場がゼロのときにも強磁性相の近傍に別の相があることは確からしい．グラファイト上の ^{3}He 膜は，まさにこのパラメタ領域にあると考えられている．triatic 状態のようにスピン空間の回転対称性が破れた基底状態が実現していれば，ギャップレス励起の存在を示唆する実験結果と一致する．実験的にも理論的にもまだ解明すべき点が多いが，興味深い問題である．

文　　献

1) K. Husimi and I. Syozi : Prog. Theor. Phys. **1** (1950) 177; I. Syozi : ibid 341.
2) G. H. Wannier : Phys. Rev. **79** (1950) 367.
3) R. M. F. Houtappel : Physica **16** (1950) 425.
4) J. Stephenson : J. Math. Phys. **5** (1964) 1009.
5) S. Miyashita and H. Shiba : J. Phys. Soc. Jpn. **53** (1984) 1145.

6) H. Kawamura and S. Miyashita : J. Phys. Soc. Jpn. **53** (1984) 9.
7) H. Kawamura and S. Miyashita : J. Phys. Soc. Jpn **54** (1985) 4530.
8) T. Jolicoeur and J. C. LeGuillou : Phys. Rev. B **40** (1989) 2727.
9) T. Koma and H. Tasaki : Commun. Math. Phys. **158** (1993) 191.
10) H. Neuberger and T. Ziman : Phys. Rev. B **39** (1989) 2608.
11) B. Bernu, P. Lecheminant, C. Lhuillier and L. Pierre : Phys. Rev. B **50** (1994) 10048.
12) T. Ono and H. Tanaka : J. Phys. Soc. Jpn **68** (1999) 3174.
13) H. Shiba, T. Nikuni and A. E. Jacobs : J. Phys. Soc. Jpn. **69** (2000) 1484.
14) T. Ono, H. Tanaka, O. Kolomiyets, H. Mitamura, T. Goto, K. Nakajima, A. Osawa, Y. Koike, K. Kakurai, J. Klenke : P. Smeibidle and M. Meissner, J. Phys. Condens. Matter **16** (2004) S773.
15) A. Mielke : J. Phys. A: Math. Gen. **24** (1991) L73; ibid 3311.
16) R. Moessner and J. T. Chalker : Phys. Rev. **58** (1998) 12049.
17) J. T. Chalker, P. C. Holdsworth and E.F. Shender : Phys. Rev. Lett. **68** (1992) 855.
18) A. B. Harris, C. Kallin and A. J. Berlinsky : Phys. Rev. B **45** (1992) 2899.
19) A. Chubukov : Phys. Rev. Lett. **69** (1992) 832.
20) P. Lecheminant, B. Bernu, C. Lhuillier, L. Pierre and P. Sindzingre : Phys. Rev. B **56** (1997) 2521.
21) Ch. Waldtmann, H. U. Everts, B. Bernu, C. Lhuillier, P. Sindzingre, P. Lecheminant and L. Pierre : Eur. Phys. Jour. **B2** (1998) 501.
22) F. Mila : Phys. Rev. Lett. **81** (1998) 2356.
23) H. Tsunetsugu, J. Phys. Soc. Jpn. **70** (2001) 640; Phys. Rev.B **65** (2002) 024415.
24) M. Isoda and S. Mori : J. Phys. Soc. Jpn. **67** (1998) 4022.
25) A. Koga and N. Kawakami : Phys. Rev. B **63** (2001) 144432.
26) D. J. Thouless : Proc. Roy. Soc. **86** (1965) 893.
27) K. Yosida : Prog. Theor. Phys. Suppl. **69** (1980) 475.
28) W. P. Halperin, C. N. Archie, F. B. Rasmussen, R. A. Buhrman and R. C. Richardson : Phys. Rev. Lett. **32** (1974) 927.
29) A. Sawada, H. Yano, K. Iwahashi and Y. Masuda : Phys. Rev. Lett. **56** (1986) 1587.
30) J. S. Xia, W. Ni and E. D. Adams : Phys. Rev. Lett. **70** (1993) 1481.
31) D. D. Osheroff, M. C. Cross and D. S. Fisher : Phys. Rev. Lett. **44** (1980) 792.
32) D. M. Ceperley and G. Jacucci : Phys. Rev. Lett. **58** (1987) 1648.
33) M. Roger, J. H. Hetherington and J. M. Delrieu : Rev. Mod. Phys. 55 (1983) 1.
34) D. S. Greywall : Phys. Rev. B **41** (1990) 1842.
35) K. Ishida, M. Morishita, K. Yawata and H. Fukuyama : Phys. Rev. Lett. **79** (1997) 3451.
36) R. Masutomi, Y. Karaki and H. Ishimoto : Phys. Rev. Lett., **92** (2004) 025301.
37) B. Bernu, D. Ceperley and C. Lhuillier : J. Low Temp. Phys. **89** (1992) 589.
38) M. Roger, C. Bäuerle, Y. M. Bunkov, A. S. Chen and H. Godfrin : Phys. Rev. Lett. **80** (1998) 1308.

39) K. Kubo and T. Momoi : Physica B **329-333** (2003) 142.
40) T. Momoi, K. Kubo and K. Niki : Phys. Rev. Lett. **79** (1997) 2081.
41) G. Misguich, C. Lhuillier, B. Bernu and C. Waldmann : Phys. Rev. B **60** (1999) 1064.
42) W. LiMing, G. Misguich, P. Sindzingre and C. Lhuillier : Phys. Rev. B **62** (2000) 6372.
43) P. W. Anderson : Mater. Res. Bull. **8** (1973) 153; P. Fazekas and P. W. Anderson : Philos. Mag. **30** (1974) 423.
44) T. Momoi, P. Sindzingre and N. Shannon, Phys. Rev. Lett. **97** (2006) 257204.

A

ガウス分布における平均値

ここではガウス分布 (正規分布) の平均値について成り立つ有用な関係を紹介する.

A.1　古典的な確率変数の場合

N 個の確率変数 x_i $(1 \leq i \leq N)$ がガウス分布

$$P(x_1, x_2, \cdots, x_N) = C \exp\left(-\frac{1}{2}\sum_i a_i {x_i}^2\right), \qquad C = \prod_{i=1}^{N} \sqrt{\frac{a_i}{2\pi}} \tag{A.1}$$

に従うものとする. ここで a_i $(1 \leq i \leq N)$ は正の定数である. 任意の関数 $B(x_1, x_2, \cdots, x_N)$ の確率分布 (式 (A.1)) による平均を $\langle B \rangle$ と表す. すなわち

$$\langle B \rangle = \int \prod_{i=1}^{N} \mathrm{d}x_i B(x_1, x_2, \cdots, x_N) P(x_1, x_2, \cdots, x_N) \tag{A.2}$$

である. このとき x_i $(1 \leq i \leq N)$ の任意の 1 次式 $F = \sum_i f_i x_i$ に対して

$$\langle \mathrm{e}^F \rangle = \exp\left(\frac{1}{2}\langle F^2 \rangle\right) \tag{A.3}$$

が成り立つことを示そう.

$\langle F^2 \rangle$ の計算では, $i \neq j$ のとき $\langle x_i x_j \rangle = 0$ だから

$$\langle F^2 \rangle = \langle \sum_{i,j} f_i f_j x_i x_j \rangle = \langle \sum_i f_i^2 x_i^2 \rangle = \sum_i \frac{f_i^2}{a_i} \tag{A.4}$$

となる. 一方

$$\begin{aligned}\langle \mathrm{e}^F \rangle &= C \int \prod_{i=1}^{N} \mathrm{d}x_i \exp\left(-\frac{1}{2}\sum_i (a_i {x_i}^2 - 2 f_i x_i)\right) \\ &= \prod_{i=1}^{N} \sqrt{\frac{2\pi}{a_i}} \int \mathrm{d}x_i \exp\left\{-\frac{1}{2}a_i \left(x_i - \frac{f_i}{a_i}\right)^2 + \frac{f_i^2}{2a_i}\right\}\end{aligned}$$

$$= \exp\left(\frac{1}{2}\sum_i \frac{f_i^2}{a_i}\right) \tag{A.5}$$

である．したがって式 (A.3) の関係が成り立つ．N 個の確率変数が独立でない場合にも，対角化によって同様に証明できる．この場合の確率分布は

$$P(x_1, x_2, \cdots, x_N) = C\exp\left(-\frac{1}{2}\sum_{i,j} a_{ij}x_ix_j\right), \qquad C = \sqrt{\frac{|A|}{(2\pi)^N}} \tag{A.6}$$

と表される．ただし，$A = (a_{ij})$ は正定値 N 次対称行列，$|A|$ はその行列式である．また $N \to \infty$ の極限をとれば，確率変数が連続変数 t の関数の場合にも拡張できる．この場合の確率分布は関数 $x(t)$ の汎関数となり

$$P[x] = C\exp\left(-\frac{1}{2}\int\!\!\int \mathrm{d}t\mathrm{d}t' a(t,t')x(t)x(t')\right), \tag{A.7}$$

$$F = \int \mathrm{d}t f(t)x(t) \tag{A.8}$$

と表される．上の証明からもわかるように，F が実数である必要はない．したがってガウス分布に従う変数の 1 次式 F に対して

$$\langle \cos F\rangle = \frac{1}{2}\langle \mathrm{e}^{iF} + \mathrm{e}^{-iF}\rangle = \exp\left(-\frac{1}{2}\langle F^2\rangle\right) \tag{A.9}$$

が成り立つ．

A.2　ボース演算子の場合

公式 (A.3) は量子力学的な平均値に対しても成り立つ．量子統計においては，相互作用のない自由粒子に対する熱平衡分布が古典的なガウス分布に対応している．この場合の証明をしておこう．ハミルトニアンが

$$\mathcal{H} = \hbar\omega\, a^\dagger a \tag{A.10}$$

と表される 1 種類のボース粒子からなる系を考える．ここで a，$a^\dagger$ はボース演算子で，交換関係 $[a, a^\dagger] = 1$ を満たす．エネルギー固有値は粒子数 $a^\dagger a$ の固有値 n で表され，物理量 A の温度 T での平均値は Z を分配関数として

$$\langle A\rangle = \frac{1}{Z}\sum_{n=0}^{\infty}\langle n|A|n\rangle \exp\left(-\frac{\hbar\omega n}{k_{\mathrm{B}}T}\right) \tag{A.11}$$

で与えられる．

このとき a，$a^\dagger$ の 1 次結合 $F = ca + da^\dagger$ に対して式 (A.3) が成り立つことを示す．ただし c，d は任意の定数である．

まず $\langle F^2\rangle$ は，$n_{\rm B}(\hbar\omega)=\langle a^\dagger a\rangle=(e^{\frac{\hbar\omega}{k_{\rm B}T}}-1)^{-1}$ を用いて

$$\langle F^2\rangle=\langle c^2a^2+cd(a\,a^\dagger+a^\dagger\,a)+d^2(a^\dagger)^2\rangle=cd\{2n_{\rm B}(\hbar\omega)+1\} \tag{A.12}$$

となる．一般に演算子 A と B の交換子 $[A,B]$ が A および B と交換するとき，

$$e^Ae^B=e^{A+B+\frac{1}{2}[A,B]} \tag{A.13}$$

が成り立つ．これを用いると

$$e^F=e^{ca+da^\dagger}=e^{ca}\,e^{da^\dagger}\,e^{-\frac{1}{2}cd} \tag{A.14}$$

となる．指数関数を展開し，エネルギー固有状態が n の固有状態であることを用いると

$$\langle e^F\rangle=e^{-\frac{1}{2}cd}\left\langle\sum_{n=0}^{\infty}\frac{c^n}{n!}a^n\sum_{m=0}^{\infty}\frac{d^m}{m!}(a^\dagger)^m\right\rangle=e^{-\frac{1}{2}cd}\sum_{n=0}^{\infty}\frac{(cd)^n}{(n!)^2}\langle a^n(a^\dagger)^n\rangle \tag{A.15}$$

となる．ここで，よく知られたブロック・ドゥドミニシス (Bloch-de Dominicis) の定理を用いると $\langle a^n(a^\dagger)^n\rangle=n!(\langle aa^\dagger\rangle)^n$ となるから[1)]，

$$\langle e^F\rangle=e^{-\frac{1}{2}cd}\sum_{n=0}^{\infty}\frac{1}{n!}(cd\langle aa^\dagger\rangle)^n=\exp\left(\frac{cd}{2}\{2n_{\rm B}(\hbar\omega)+1\}\right) \tag{A.16}$$

となり，公式 (A.3) が成り立つ．

上に述べた証明では，1 種類のボース粒子を考えたが，複数種類のボース粒子が存在して，お互いに相互作用していても，ハミルトニアンがボース演算子の 2 次式で表されていれば，あらかじめボゴリューボフ変換などを用いて対角化を行えば，上に述べた証明が適用できる．すなわち，一般にハミルトニアン

$$\mathcal{H}=\sum_{i,j}(A_{ij}a_i^\dagger a_j+B_{ij}a_i^\dagger a_j^\dagger+B_{ij}^*a_ia_j) \tag{A.17}$$

で表されるボース系においては，任意のボース演算子の 1 次結合

$$F=\sum_i(c_ia_i+d_ia_i^\dagger) \tag{A.18}$$

に対して，公式 (A.3) が成り立つ．この関係は有限温度で導いたが，系が唯一の基底状態をもつときは，$T\to 0$ の極限をとれば基底状態でも成り立つことがわかる．公式 (A.9) についても同様である．

文　献

1) 多くの量子統計力学の教科書に説明がある．たとえば，阿部龍蔵「統計力学」(第 2 版)，東京大学出版会 (1992).

B

自由エネルギーの変分原理

ここでは自由エネルギー (式 (4.3)) に対する変分原理を導く．そのために以下の補題を用いる．

[補題 I]　ヒルベルト空間のエルミート演算子 X，X_0 および実関数 $f(x)$ について

1) $f(x)$ は X および X_0 の固有値すべてを含む区間で下に凸である．

2) $f(x)$ は X_0 の固有値すべてを含む区間で微分可能である．

3) 演算子 $f(X) - f(X_0) - (X - X_0)f'(X_0)$ の対角和が有限である．

が成立つとき，次の不等式が成り立つ．ただし $f'(x)$ は関数 $f(x)$ の導関数である．

$$\mathrm{Tr}[f(X) - f(X_0) - (X - X_0)f'(X_0)] \geq 0 \qquad \text{(B.1)}$$

[証明]　X_0 の固有値を α_n，対応する固有ベクトルを $|\alpha_n\rangle$，同様に X の固有値を β_n，対応する固有ベクトルを $|\beta_n\rangle$ と表し，$\{|\alpha_n\rangle\}$ および $\{|\beta_n\rangle\}$ はともに正規直交完全系になっているものとする．したがって

$$\begin{aligned}
&\mathrm{Tr}[f(X) - f(X_0) - (X - X_0)f'(X_0)] \\
&\quad = \sum_n \langle\alpha_n|f(X) - f(X_0) - (X - X_0)f'(X_0)|\alpha_n\rangle \\
&\quad = \sum_n \langle\alpha_n|f(X) - f(\alpha_n) - (X - \alpha_n)f'(\alpha_n)|\alpha_n\rangle \\
&\quad = \sum_n \sum_m \langle\alpha_n|\beta_m\rangle\langle\beta_m|f(\beta_m) - f(\alpha_n) - (\beta_m - \alpha_n)f'(\alpha_n)|\beta_m\rangle\langle\beta_m|\alpha_n\rangle \\
&\quad = \sum_n \sum_m |\langle\alpha_n|\beta_m\rangle|^2\{f(\beta_m) - f(\alpha_n) - (\beta_m - \alpha_n)f'(\alpha_n)\} \qquad \text{(B.2)}
\end{aligned}$$

仮定より $f(\beta_m) - f(\alpha_n) - (\beta_m - \alpha_n)f'(\alpha_n) \geq 0$ が成り立つから式 (B.1) がいえる．

[補題 II]　エルミート演算子 X，X_0 が，$X \geq 0$, $X_0 > 0$，$\mathrm{Tr}[X] = \mathrm{Tr}[X_0] = 1$

を満たすとき次の不等式が成り立つ.

$$\mathrm{Tr}[X\log X - X\log X_0] \geq 0 \tag{B.3}$$

等号は $X = X_0$ のときにのみ成り立つ. これは補題 I で $f(x) = x\log x$ とおくことにより容易に証明できる.

H がエルミート演算子で β が実数のとき

$$X_0 = \frac{1}{\mathrm{Tr}\mathrm{e}^{-\beta H}}\mathrm{e}^{-\beta H} \tag{B.4}$$

とおくと, 補題 II は

$$\mathrm{Tr}[X\log X - X\log X_0] = \mathrm{Tr}[X\log X] + \beta\mathrm{Tr}[XH] + \log\mathrm{Tr}[\mathrm{e}^{-\beta H}] \geq 0 \tag{B.5}$$

となる. H をハミルトニアン, $\beta = 1/k_{\mathrm{B}}T$ (>0) とおけば, 勝手に選んだ密度行列 X に対する自由エネルギー (式 (4.3)) が真の自由エネルギーより必ず大きいか等しい事が導かれる.

さらに, 式 (B.5) から自由エネルギーに対する以下の不等式を導くこともできる.

パイエルスの不等式　H を任意のハミルトニアン, $\beta = 1/k_{\mathrm{B}}T$ (>0), $\langle n|H|n\rangle$ を任意の正規直交系に対するハミルトニアンの期待値とすると

$$-\beta^{-1}\log\mathrm{Tr}[\mathrm{e}^{-\beta H}] \leq -\beta^{-1}\log\sum_n \mathrm{e}^{-\beta\langle n|H|n\rangle} \tag{B.6}$$

が成り立つ.

ボゴリューボフの不等式　H および H_0 を任意のハミルトニアンとし, $\mathrm{Tr}[\mathrm{e}^{-\beta H}]$ および $\mathrm{Tr}[\mathrm{e}^{-\beta H_0}]$ がともに有限なら, $H - H_0$ のハミルトニアン H_0 に対するカノニカル分布での平均を $\langle H - H_0\rangle_0$ と表すと

$$-\beta^{-1}\log\mathrm{Tr}[\mathrm{e}^{-\beta H}] \leq -\beta^{-1}\log\mathrm{Tr}[\mathrm{e}^{-\beta H_0}] + \langle H - H_0\rangle_0 \tag{B.7}$$

が成り立つ. この不等式はファインマンの不等式とよばれることもある.

C

マーシャル・リープ・マティスの定理の証明

マーシャル・リープ・マティス (Marshall-Lieb-Mattis) の定理 (MLM 定理) の証明には，分解不能な非負正方行列に対して一般に成り立つペロン・フロベニウス (Perron-Frobenius) の定理を利用する．非負行列とはすべての行列要素が正または 0 の行列であり，正方行列 A が分解不能 (irreducible) であるとは，どんな順列行列 P を用いても A_{11}，A_{22} を次数 1 以上の正方行列として

$$P^{-1}AP = \begin{bmatrix} A_{11} & A_{12} \\ O & A_{22} \end{bmatrix}$$

の形にできないことをいう．順列行列は基底の並べ替えを表す行列で，順列 $(p_1, p_2, \cdots, p_n)$ に対応する行列 P の要素は $p_{ij} = \delta_{jp_i}$ で与えられる．

ペロン・フロベニウスの定理により，$N \times N$ ($N \geq 2$ とする) 行列 $A = (a_{ij})$ が非負かつ分解不能のとき，以下のことが成り立つ．

1) 行列 A の最大固有値 λ は正である．

2) λ は固有方程式の単根である．

3) λ に対する実固有ベクトルは，すべての成分が定符号 (たとえば正) である．

ペロン・フロベニウスの定理の一般的な証明は線形代数の教科書に載っているので参照されたい[1)]．A が負の対角要素を含む場合でも，適当な正の数 μ を用いて，$A + \mu I$ (I は単位行列) を非負にできれば，定理の結論 2) および 3) は成り立つ．行列 A が分解不能なことは次のように言い換えられる．すなわち，任意の i，j ($N \geq i \neq j \geq 1$) に対して，適当な $l_1, l_2, \cdots, l_n$ を選び $a_{il_1}a_{l_1l_2}\cdots a_{l_{n-1}l_n}a_{l_nj} \neq 0$ にできる．

2 個の副格子 A，B からなる有限格子の格子点 i に大きさ S_i のスピンをもつハイゼンベルク模型 (式 (3.18)) で，以下の条件を満たすものを考える．

1) 異なる副格子上の 2 スピン間に反強磁性相互作用 ($J_{ij} \geq 0$) が働く．

2) 同じ副格子上の 2 スピン間に強磁性相互作用 ($J_{ij} \leq 0$) が働く．

3) 格子全体が相互作用により連結している．すなわち，格子上の任意の 2 個のスピン i, j に対して，$J_{il_1}J_{l_1l_2}\cdots J_{l_nj}\neq 0$ となる格子点の適当な経路 $i, l_1, l_2, \cdots, l_n, j$ を選べる．

まず副格子 A 上にあるすべてのスピンを S^z 軸のまわりに角度 π だけ回転し，ハミルトニアンを変換する．この変換を変換 I とよぶ．変換 I で A 上のスピンは $S_i^x\to -S_i^x$，$S_i^y\to -S_i^y$，$S_i^z\to S_i^z$ と変換され，ハミルトニアン $\mathcal{H}$ は

$$\mathcal{H}^{\mathrm{A}}=\sum_{<ij>}\left\{-\frac{1}{2}|J_{ij}|(S_i^+S_j^-+S_i^-S_j^+)+J_{ij}S_i^zS_j^z\right\} \tag{C.1}$$

に変換される．これは XXZ 模型だが，仮定 1) および 2) により，$S_i^+S_j^-+S_i^-S_j^+$ の係数はすべて 0 または負である．全スピンの z 成分 $S_{\mathrm{T}}^z=\sum_i S_i^z$ はこの変換で不変であり，$\mathcal{H}$ および $\mathcal{H}^{\mathrm{A}}$ の保存量である．$\mathcal{H}^{\mathrm{A}}$ は S_{T}^z に関して分解されているから，まず $S_{\mathrm{T}}^z=M$ の部分空間 V_M での固有値問題を考える．V_M の基底として各スピンの z 成分を対角化するものを以下のように選ぶ．

$$\phi_\alpha=N_\alpha\Pi_i(S_i^+)^{m_i}\Phi_0 \tag{C.2}$$

ただし $\alpha\equiv\{m_1, m_2, \cdots, m_N\}$．また Φ_0 はすべての i で $S_i^z\Phi_0=-S_i\Phi_0$ を満たす状態で，$N_\alpha(>0)$ は規格化定数である．$S_{\mathrm{T}}^z=M$ だから $\sum_i m_i=\sum_i S_i+M$ が成り立つ．この基底を用いて V_M 内で $-\mathcal{H}^{\mathrm{A}}$ を行列として表す．この行列の非対角要素は $S_i^+S_j^-+S_i^-S_j^+$ の項から生ずるので，任意の $\alpha\neq\beta$ に対し $\langle\phi_\alpha|-\mathcal{H}^{\mathrm{A}}|\phi_\beta\rangle\geq 0$ が成り立つ．また，行列が分解不能なことは，状態 $\alpha\equiv\{m_1, m_2, \cdots, m_N\}$ を格子点 i に粒子が m_i 個いる状態だと考えると分かりやすい．$S_i^+S_j^-$ を作用させると粒子は j から i に移る．J_{ij} に対する条件 3) により，$-\mathcal{H}^{\mathrm{A}}$ を繰り返し作用させて任意の 2 点間で粒子を移動させられるから，この操作を繰り返して任意の粒子配置を異なる任意の粒子配置に移すことができる．行列を繰り返しかけても行列要素の打ち消しあいは起こらないので，V_M における $-\mathcal{H}^{\mathrm{A}}$ の行列表現は分解不能である．したがってペロン・フロベニウスの定理の結果 2) および 3) が適用でき，部分空間 V_M において命題 I が成り立つ．

[命題 I] 部分空間におけるハミルトニアンの基底状態には縮重がなく，この基底状態の波動関数 Ψ を部分空間の基底 $\{\phi_\alpha\}$ を用いて $\Psi=\sum_\alpha c_\alpha\phi_\alpha$ と表すとき，c_α をすべて正に選べる．

以下で，与えられたハミルトニアンと適当に選んだ基底に対して，命題 I が

成り立つことを繰り返し用いる．

次に基底状態の全スピンの大きさ $S_{\rm T}$ を決めるために，$\mathcal{H}$ の系と同じ大きさのスピンを各格子点にもち，ハミルトニアンが

$$\mathcal{H}_{\rm ref} = \boldsymbol{S}_{\rm A} \cdot \boldsymbol{S}_{\rm B} \tag{C.3}$$

の系を考える．ここで $\boldsymbol{S}_{\rm A} \equiv \sum_{i \in {\rm A}} \boldsymbol{S}_i$，$\boldsymbol{S}_{\rm B} \equiv \sum_{j \in {\rm B}} \boldsymbol{S}_j$．$\boldsymbol{S}_{\rm A}$，$\boldsymbol{S}_{\rm B}$ および全スピンの大きさをそれぞれ $S_{\rm A}$，$S_{\rm B}$ および $S_{\rm T}$ とおくと $\mathcal{H}_{\rm ref}$ の固有値は

$$\frac{1}{2}\{S_{\rm T}(S_{\rm T}+1) - S_{\rm A}(S_{\rm A}+1) - S_{\rm B}(S_{\rm B}+1)\} \tag{C.4}$$

となる．$S_{\rm A}$，$S_{\rm B}$ を決めると，最小固有値は $S_{\rm T} = |S_{\rm A} - S_{\rm B}|$ のとき実現し，その値は $-\{S_{\rm A}S_{\rm B} + {\rm Min}(S_{\rm A}, S_{\rm B})\}$ である．この値が最小になるのは $S_{\rm A}$，$S_{\rm B}$ がともに最大の場合だから $S_{\rm A} = \mathcal{S}_{\rm A} \equiv \sum_{i \in {\rm A}} S_i$，$S_{\rm B} = \mathcal{S}_{\rm B} \equiv \sum_{i \in {\rm B}} S_i$ の場合で，その時 $S_{\rm T} = |\mathcal{S}_{\rm A} - \mathcal{S}_{\rm B}| \equiv \mathcal{S}_0$ となる．したがって $\mathcal{H}_{\rm ref}$ の基底状態の全スピンの大きさは $\mathcal{S}_0$ である．

$\mathcal{H}$ および $\mathcal{H}_{\rm ref}$ は全スピンと交換可能だから，$\mathcal{S}_0$ が整数の場合にはどちらの場合もすべてのエネルギー固有値に対応する固有状態が V_0 に含まれる．したがって V_0 における基底状態が全空間における基底状態となる．$\mathcal{H}_{\rm ref}$ も MLM 定理の条件を満たすハミルトニアンだから，命題 I により基底状態に縮重がないことがわかる．また，V_0 における $\mathcal{H}$ と $\mathcal{H}_{\rm ref}$ の基底状態はともに定符号だからお互いに直交しない．ゆえに全スピンの同じ固有値に属する固有状態である．これで $\mathcal{H}$ の基底状態の全スピンの大きさは $\mathcal{S}_0$ であることが導かれた．$\mathcal{S}_0$ が半奇数の場合は，上の議論で V_0 のかわりに $V_{1/2}$ を考えればよい．これで MLM 定理の結論 1) と 2) が導かれた．MLM 定理の結論 3) も容易に証明できる．

$\mathcal{H}^{\rm A}$ で記述される系における基底状態 Ψ_M でのスピン相関関数は

$$\langle S_i^x S_j^x \rangle = \frac{1}{4} \sum_{\alpha, \beta \in V_M} c_\alpha c_\beta \langle \phi_\alpha | (S_i^+ S_j^- + S_i^- S_j^+) | \phi_\beta \rangle \tag{C.5}$$

と表されるが，行列要素が非負で，c_α，c_β がすべて正なので正の値をとる．これを $\mathcal{H}$ の系に変換すれば MLM 定理の結論 4) が得られる．

文　献

1)　たとえば，古屋茂：行列と行列式，培風館 (1957).

D

非線形シグマ模型

D.1　スピンのコヒーレント表示

量子力学では，位置あるいは運動量を対角化する基底ベクトルを用いて状態や演算子を表すのが普通だが，これらの基底ベクトルは，運動量あるいは位置の不確定さが無限大なので古典的な描像とはかけ離れた状態である．これに対して量子力学的な不確定さが最小になる状態 (コヒーレント状態) を基底ベクトルに用いて量子力学を書き表せる．このような表示をコヒーレント表示とよぶ．本節ではスピンに対するコヒーレント表示を倉辻・鈴木[1] に従って導く．数学的な準備として大きさ S のスピンに対して成り立つ関係を示す．

$$\exp(\lambda S^+)S^- \exp(-\lambda S^+) = S^- + 2\lambda S^z - \lambda^2 S^+ \tag{D.1}$$

この関係は左辺を λ に関して微分して微分方程式を求めることにより容易に導ける．式 (D.1) は交換関係

$$[\exp(\lambda S^+), S^-] = (2\lambda S^z - \lambda^2 S^+) \exp(\lambda S^+) \tag{D.2}$$

に書き直せるが，これを λ について展開すると自然数 n に対して，

$$[(S^+)^n, S^-] = \{2nS^z - n(n-1)\}(S^+)^{n-1} \tag{D.3}$$

が得られる．式 (D.3) を用いると，任意の複素数 α，β に対して

$$N(\alpha, \beta) \equiv \langle S| \exp(\alpha^* S^+) \exp(\beta S^-)|S\rangle = (1 + \alpha^* \beta)^{2S} \tag{D.4}$$

が導ける．ここで $S^z = S$ を与える基底ベクトルを $|S\rangle$ と表した．

極座標の (θ, ϕ) の方向にスピンが向く状態を表すコヒーレント状態 $|\theta, \phi)$ を

$$|\theta, \phi) \equiv N(\zeta(\theta, \phi), \zeta(\theta, \phi))^{-1/2} \exp(\zeta(\theta, \phi)S^-)|S\rangle \tag{D.5}$$

と定義する．ここで $\zeta(\theta, \phi)$ は

$$\zeta(\theta, \phi) = \tan\frac{\theta}{2}\mathrm{e}^{\mathrm{i}\phi} \tag{D.6}$$

によって決まる複素数である．状態 $|\theta,\phi)$ におけるスピン演算子の期待値が

$$(\theta,\phi|\boldsymbol{S}|\theta,\phi) = S(\sin\theta\cos\phi, \sin\theta\sin\phi, \cos\theta) \tag{D.7}$$

となることは式 (D.4) を用いて容易に確かめられる．この状態を $0 \le \theta \le \pi$, $0 \le \phi < 2\pi$ のすべての方向について考えると，これらは完全性を満たす．つまり

$$\int |\theta,\phi)\mathrm{d}\mu(\theta,\phi)(\theta,\phi| = 1 \tag{D.8}$$

が成り立っている．ここで

$$\mathrm{d}\mu(\theta,\phi) = \frac{(2S+1)}{4\pi}\sin\theta\mathrm{d}\theta\mathrm{d}\phi = \frac{(2S+1)\mathrm{dRe}\zeta\mathrm{dIm}\zeta}{\pi(1+|\zeta(\theta,\phi)|^2)^2} \tag{D.9}$$

はスピンの方向に関する積分要素である．したがって任意の状態およびスピン演算子をコヒーレント状態を用いて書き表すことができる．この表現をコヒーレント表示とよぶ．状態 (式 (D.5)) は規格化されているが，異なる角度の状態との間に直交性が成り立たないため，表示が一意的でないことには注意が必要である．すなわち

$$(\theta,\phi|\theta',\phi') = \frac{N(\zeta(\theta,\phi),\zeta(\theta',\phi'))}{[N(\zeta(\theta,\phi),\zeta(\theta,\phi))N(\zeta(\theta',\phi'),\zeta(\theta',\phi'))]^{1/2}} \tag{D.10}$$

したがって状態 $|\psi\rangle$ のコヒーレント表示 $(\theta,\phi|\psi\rangle$ では

$$(\theta,\phi|\psi\rangle = \int(\theta,\phi|\theta',\phi')\mathrm{d}\mu(\theta',\phi')(\theta',\phi'|\psi\rangle \tag{D.11}$$

は直交基底を用いた表示と異なり，自明でない積分となる．

D.2 経路積分

前節のコヒーレント表示を用いてスピン系の分配関数を経路積分で表そう．ここではスピン系のハミルトニアン H はどんなものでもよい．N 個のスピンを含む系は $\zeta = \zeta_1, \zeta_2, \ldots \zeta_N$ で指定される状態

$$|\zeta) \equiv |\zeta_1)|\zeta_2)\ldots|\zeta_N) \tag{D.12}$$

を用いて表す．上の式で $\zeta(\theta_i,\phi_i)$ を簡単のために ζ_i と表した．分配関数は，β を n 等分して $\Delta\tau = \beta/n$, $\tau_i = i\Delta\tau$ とおき，$n-1$ 個の中間状態を導入すると

$$Z = \mathrm{Tr}[\mathrm{e}^{-\beta H}] = \int \mathrm{d}\mu(\zeta)(\zeta|\mathrm{e}^{-\beta H}|\zeta)$$

$$= \prod_i \int \mathrm{d}\mu(\zeta(\tau_i))(\zeta(\beta)|\mathrm{e}^{-\Delta\tau H}|\zeta(\tau_{n-1}))(\zeta(\tau_{n-1})|\mathrm{e}^{-\Delta\tau H}|\zeta(\tau_{n-2}))$$

$$\ldots(\zeta(\tau_1)|\mathrm{e}^{-\Delta\tau H}|\zeta(0)) \qquad (\ \zeta(\beta)=\zeta(0)\ ) \tag{D.13}$$

と表される．$\zeta(\tau)$ を τ の滑らかな関数と仮定すると，$\Delta\tau$ が十分小さいとき

$$\log(\zeta(\tau_{i+1})|\zeta(\tau_i)) \simeq \Delta\tau\sum_j \frac{S}{1+|\zeta_j(\tau_i)|^2}(\dot{\zeta}_j^*(\tau_i)\zeta_j(\tau_i)-\zeta_j^*(\tau_i)\dot{\zeta}_j(\tau_i)) \tag{D.14}$$

となる．ここで $\dot{\zeta}_j(\tau)$ は $\zeta_j(\tau)$ の τ に関する微分係数である．したがって，$n\to\infty$ の極限をとると分配関数 Z は

$$Z=\int\mathcal{D}\mu(\zeta(\tau))\mathrm{e}^{-\mathcal{S}}, \tag{D.15}$$

$$\mathcal{S}=\mathcal{S}_1+\mathcal{S}_2, \tag{D.16}$$

$$\mathcal{S}_1=\int_0^\beta \mathrm{d}\tau(\zeta(\tau)|H|\zeta(\tau)), \tag{D.17}$$

$$\mathcal{S}_2=-S\int_0^\beta \mathrm{d}\tau\ \sum_{j=1}^N\frac{\dot{\zeta}_j^*(\tau)\zeta_j(\tau)-\zeta_j^*(\tau_i)\dot{\zeta}_j(\tau)}{1+|\zeta_j(\tau)|^2} \tag{D.18}$$

と表される．式 (D.15) の積分は $\tau=0$ と $\tau=\beta$ の間でのスピンの可能な変化すべてについて加え合わせることを意味するので経路積分 (path integral) とよばれる．式 (D.17) に含まれる $(\zeta(\tau)|H|\zeta(\tau))$ はハミルトニアン中のスピン演算子 $\boldsymbol{S}_j$ を時刻 τ における値 $S\boldsymbol{n}_j(\tau)$ に置き換えたものになる．

$$\boldsymbol{n}_j(\tau)\equiv(\sin\theta_j(\tau)\cos\phi_j(\tau),\sin\theta_j(\tau)\sin\phi_j(\tau),\cos\theta_j(\tau)) \tag{D.19}$$

は時刻 τ におけるスピンの方向を表す大きさ 1 のベクトルである．$\mathcal{S}_2$ は純虚数であり，式 (D.6) より $\dot{\zeta}_j^*(\tau)\zeta_j(\tau)-\dot{\zeta}_j(\tau)\zeta_j^*(\tau)=-2\mathrm{i}\dot{\phi}_j\tan^2\theta_j/2$ となるので

$$\mathcal{S}_2=\mathrm{i}S\sum_{j=1}^N\int_0^\beta(1-\cos\theta_j(\tau))\mathrm{d}\phi_j(\tau) \tag{D.20}$$

と表せる．右辺の積分は $\boldsymbol{n}_j(\tau)$ が単位球面上で時刻 $\tau=0$ から $\tau=\beta$ まで変化して $\tau=0$ の位置に戻ってくる間に z 軸のまわりで切り取る球面の面積を表す．つまり $\mathcal{S}_2$ はスピンの運動によるベリー位相の項である．

後で必要なので $\mathcal{S}_2$ を別の形に書き直しておく．新しくパラメタ u $(0\le u\le 1)$ を導入し，$\boldsymbol{n}_j(\tau)$を τ と u の関数 $\boldsymbol{n}_j(\tau,u)$と考える．ただし $\boldsymbol{n}_j(\tau,u)$ は $u=0$ のとき，τ によらず $\boldsymbol{n}_j(\tau,0)=(0,0,1)$ であり，$u=1$ のときもとの $\boldsymbol{n}_j(\tau)$ に等しくなる $(\boldsymbol{n}_j(\tau,1)=\boldsymbol{n}_j(\tau))$ ように定義しておく．この $\boldsymbol{n}_j(\tau,u)$を用いると

$$\mathcal{S}_2=\mathrm{i}S\sum_{j=1}^N\int_0^\beta\mathrm{d}\tau\int_0^1\mathrm{d}u\ \boldsymbol{n}_j\cdot\left(\frac{\partial\boldsymbol{n}_j}{\partial u}\times\frac{\partial\boldsymbol{n}_j}{\partial\tau}\right) \tag{D.21}$$

と書き表すことができる．ここで

$$\boldsymbol{n}_j \cdot \left(\frac{\partial \boldsymbol{n}_j}{\partial u} \times \frac{\partial \boldsymbol{n}_j}{\partial \tau} \right) = -\frac{\partial \cos\theta_j}{\partial u}\frac{\partial \phi_j}{\partial \tau} + \frac{\partial \cos\theta_j}{\partial \tau}\frac{\partial \phi_j}{\partial u} \tag{D.22}$$

および積分

$$\int_0^\beta \mathrm{d}\tau \int_0^1 \mathrm{d}u \left\{ \frac{\partial}{\partial u}\left[(1-\cos\theta_j)\frac{\partial \phi_j}{\partial \tau}\right] - \frac{\partial}{\partial \tau}\left[(1-\cos\theta_j)\frac{\partial \phi_j}{\partial u}\right] \right\} \tag{D.23}$$

は第 2 項が τ に関して積分すると 0 になり

$$\int_0^\beta (1-\cos\theta_j(\tau))\mathrm{d}\phi_j(\tau) \tag{D.24}$$

と表されることを用いた.

D.3　非線形シグマ模型

連続対称性をもつ低次元のスピン系では，長波長の揺らぎが増大するために磁気的な長距離秩序が破壊される．このような系の低エネルギー励起状態は磁気秩序の存在を仮定して得られるスピン波では記述できない．しかし低温ではスピン間の相関は十分発達しており，相関長は格子間隔に比べて十分大きい．このような系の低エネルギー状態を記述する有効模型として非線形シグマ模型が広く用いられる．この節では 1 次元反強磁性ハイゼンベルク模型

$$\mathcal{H} = J\sum_i \boldsymbol{S}_i \cdot \boldsymbol{S}_{i+1} \tag{D.25}$$

に対応する非線形シグマ模型を，前節で導いた分配関数の経路積分表示を用いて導く．この模型では基底状態に反強磁性長距離秩序は存在しないが，低エネルギー状態では隣り合うスピンはほぼ反平行に向いていると考えてよい．スピンを 2 個ずつ組にしてそのコヒーレント表示 $S\boldsymbol{n}_{2j-1}$，$S\boldsymbol{n}_{2j}$ を

$$\begin{aligned} \boldsymbol{n}_{2j-1} &= -\boldsymbol{m}_j + \boldsymbol{l}_j, \\ \boldsymbol{n}_{2j} &= \boldsymbol{m}_j + \boldsymbol{l}_j \end{aligned} \tag{D.26}$$

と表す．ネール状態であれば $\boldsymbol{m}_j$ は j によらず一定で，$\boldsymbol{l}_j = \boldsymbol{0}$ である．低温では経路積分のうちネール状態に近い状態だけが重要だから，$\boldsymbol{m}_j$ の空間および時間的変化は緩やかであり，また $\boldsymbol{l}_j$ は $\boldsymbol{m}_j$ に比べ十分小さいと仮定する．$|\boldsymbol{n}_{2j-1}| = |\boldsymbol{n}_{2j}| = 1$ だから

$$\boldsymbol{m}_j \cdot \boldsymbol{l}_j = 0, \tag{D.27}$$

$$|\boldsymbol{m}_j|^2 = 1 - |\boldsymbol{l}_j|^2 \tag{D.28}$$

が成り立つ．$\boldsymbol{m}_j$ の空間的変化は緩やかなので連続変数 x を用いて $j=x$ とおきサイトに関する和を積分に書き直すと

$$\mathcal{S}_1 \simeq -JS^2N\beta + JS^2\int_0^\beta \mathrm{d}\tau \int_0^L \mathrm{d}x \left[2\boldsymbol{l}(x,\tau)^2 - 2\frac{\partial \boldsymbol{m}(x,\tau)}{\partial x}\cdot \boldsymbol{l}(x,\tau) + \left(\frac{\partial \boldsymbol{m}(x,\tau)}{\partial x}\right)^2\right] \tag{D.29}$$

と表される．この導出で $|\boldsymbol{l}_j|$ および微分の 3 次以上の項は小さいので無視した．$\mathcal{S}_2$ についても同様に近似を行うと

$$\begin{aligned}
&\boldsymbol{n}_{2j-1}\cdot\left(\frac{\partial \boldsymbol{n}_{2j-1}}{\partial u}\times\frac{\partial \boldsymbol{n}_{2j-1}}{\partial \tau}\right) + \boldsymbol{n}_{2j}\cdot\left(\frac{\partial \boldsymbol{n}_{2j}}{\partial u}\times\frac{\partial \boldsymbol{n}_{2j}}{\partial \tau}\right)\\
&\simeq 2\boldsymbol{m}\cdot\left(\frac{\partial \boldsymbol{l}}{\partial u}\times\frac{\partial \boldsymbol{m}}{\partial \tau}\right) + 2\boldsymbol{m}\cdot\left(\frac{\partial \boldsymbol{m}}{\partial u}\times\frac{\partial \boldsymbol{l}}{\partial \tau}\right)\\
&= 2\frac{\partial}{\partial \tau}\left(\boldsymbol{m}\cdot\left[\frac{\partial \boldsymbol{m}}{\partial u}\times \boldsymbol{l}\right]\right) - 2\frac{\partial}{\partial u}\left(\boldsymbol{m}\cdot\left[\frac{\partial \boldsymbol{m}}{\partial \tau}\times \boldsymbol{l}\right]\right)
\end{aligned} \tag{D.30}$$

となる．この場合の $\boldsymbol{m}$，$\boldsymbol{l}$ は x,τ,u の関数である．上の変形では $|\boldsymbol{l}|\ll 1$ なので $|\boldsymbol{m}|=1$ とおき，$\partial\boldsymbol{m}/\partial\tau$，$\partial\boldsymbol{m}/\partial u$ は $\boldsymbol{m}$ と直交することを用いた．上式を $\mathcal{S}_2$ に代入すると τ に関する微分の項は積分すると周期的境界条件のために消えてしまう．また u に関する微分の項を積分すると，積分の両端の $u=1$ と $u=0$ の値が得られ，$u=0$ では常に $\partial\boldsymbol{m}/\partial\tau=0$ であるために消えて $u=1$ の値だけ残る．結局

$$\mathcal{S}_2 = -\mathrm{i}S\int \mathrm{d}x\int \mathrm{d}\tau\, \boldsymbol{m}\cdot\left[\frac{\partial \boldsymbol{m}}{\partial \tau}\times \boldsymbol{l}\right] \tag{D.31}$$

となる．この式では $\boldsymbol{m}$ および $\boldsymbol{l}$ は x,τ のみの関数である．$\mathcal{S}_1$ と $\mathcal{S}_2$ を加えると

$$\mathcal{S} \simeq -JS^2N\beta + JS^2\int_0^\beta \mathrm{d}\tau\int_0^L \mathrm{d}x\left\{2\boldsymbol{l}^2 - 2\frac{\partial \boldsymbol{m}}{\partial x}\cdot\boldsymbol{l} + \left(\frac{\partial \boldsymbol{m}}{\partial x}\right)^2 - \frac{\mathrm{i}}{JS}\boldsymbol{m}\cdot\left[\frac{\partial \boldsymbol{m}}{\partial \tau}\times\boldsymbol{l}\right]\right\} \tag{D.32}$$

となるが，これは $\boldsymbol{l}(x,\tau)$ に関する 2 次式なので経路に関する積分を行って $\boldsymbol{l}(x,\tau)$ を含む項を消去できる．その結果得られる有効作用 $\mathcal{S}_{\mathrm{eff}}$ は定数を除き

$$\mathcal{S}_{\mathrm{eff}} = \frac{JS^2}{2}\int_0^\beta \mathrm{d}\tau\int_0^L \mathrm{d}x\left\{\left(\frac{\partial \boldsymbol{m}}{\partial x}\right)^2 + \frac{1}{4J^2S^2}\left(\frac{\partial \boldsymbol{m}}{\partial \tau}\right)^2\right\}$$

$$+\mathrm{i}\frac{S}{2}\int_0^\beta \mathrm{d}\tau\int_0^L \mathrm{d}x\boldsymbol{m}\cdot\left[\frac{\partial\boldsymbol{m}}{\partial x}\times\frac{\partial\boldsymbol{m}}{\partial\tau}\right] \tag{D.33}$$

となる．第 1 項は非線形シグマ模型の作用を表している．これは線形の模型のように見えるが，条件 $\boldsymbol{m}^2=1$ があるために非線形相互作用を含む模型である．第 2 項はスピン系から非線形シグマ模型を導くときに現れる項でトポロジー項とよばれる．$\boldsymbol{m}\cdot\{(\partial\boldsymbol{m}/\partial x)\mathrm{d}x\times(\partial\boldsymbol{m}/\partial\tau)\mathrm{d}\tau\}$ は $\mathrm{d}x\mathrm{d}\tau$ の間に変化する $\boldsymbol{m}$ がつくる立体角を表す．したがって第 2 項の積分は，$0\le x\le L$，$0\le\tau\le\beta$ の間で $\boldsymbol{m}(x,\tau)$ が変化するとき $\boldsymbol{m}(x,\tau)$ の頂点が覆う単位球面上の面積 (図 D.1) を表している．

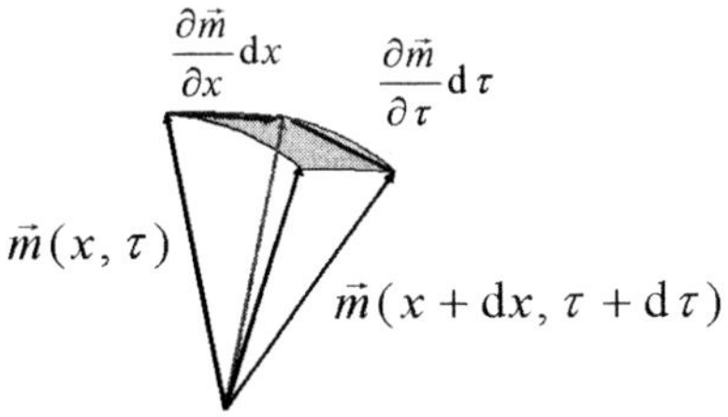

図 D.1　$\boldsymbol{m}$ の頂点が単位球面上を動くとき覆う面積

ボンド交替のある反強磁性鎖　上では，スピン間の交換相互作用がすべて等しいと仮定したが，交換相互作用が一様でない系でも同じ方法を用いて非線形シグマ模型が導ける．以下では 1 つおきに交換相互作用の値が異なるボンド交替鎖 (式 (D.34)) を取り扱う．

$$\mathcal{H}=\sum_i\{J_1\boldsymbol{S}_{2i-1}\cdot\boldsymbol{S}_{2i}+J_2\boldsymbol{S}_{2i}\cdot\boldsymbol{S}_{2i+1}\} \tag{D.34}$$

式 (D.26) を用いて $\boldsymbol{n}_i$ を書き直し，前節と同様の計算を行うと作用 $\mathcal{S}$ は

$$\mathcal{S}=\mathrm{const.}+S^2\int_0^L \mathrm{d}x\int_0^\beta \mathrm{d}\tau\left\{(J_1+J_2)\boldsymbol{l}^2-2J_2\,\boldsymbol{l}\cdot\frac{\partial\boldsymbol{m}}{\partial x}+J_2\left(\frac{\partial\boldsymbol{m}}{\partial x}\right)^2\right.$$
$$\left.-\frac{\mathrm{i}}{S}\boldsymbol{l}\cdot\left(\boldsymbol{m}\times\frac{\partial\boldsymbol{m}}{\partial x}\right)\right\} \tag{D.35}$$

と表される．$\boldsymbol{l}$ について積分してしまうと，$\boldsymbol{m}$ に対する作用は

$$\mathcal{S}=\mathrm{const.}+\frac{J_1J_2S^2}{J_1+J_2}\int_0^L \mathrm{d}x\int_0^\beta \mathrm{d}\tau\left\{\left(\frac{\partial\boldsymbol{m}}{\partial x}\right)^2+\frac{1}{4J_1J_2S^2}\left(\frac{\partial\boldsymbol{m}}{\partial\tau}\right)^2\right\}$$
$$+\mathrm{i}\frac{J_2S}{J_1+J_2}\int_0^L \mathrm{d}x\int_0^\beta \mathrm{d}\tau\frac{\partial\boldsymbol{m}}{\partial x}\cdot\left(\boldsymbol{m}\times\frac{\partial\boldsymbol{m}}{\partial\tau}\right) \tag{D.36}$$

となる．これは前節で求めたものと同様に非線形シグマ模型を表しているが，トポロジー項の係数はボンド交替の強さと共に連続的に変化する．

文　献

1) H. Kuratsuji and T. Suzuki : J. Math. Phys. **21** (1980) 472.

E エネルギーギャップ存在の条件

ここでは，1 次元量子スピン系において励起エネルギーにギャップがないための条件を紹介する．以下の考え方は，最初 $S = 1/2$ 反強磁性ハイゼンベルク模型の励起がギャップレスであることを証明する際に Lieb-Shultz-Mattis[1] が用いたものである．この証明が $S > 1/2$ の反強磁性ハイゼンベルク模型の基底状態にも適用できることは 1985 年頃には知られていた[2]．その後 Affleck-Lieb[3] および押川・山中・アフレック[4] により拡張され，広く用いられるようになった．

以下では，有限個のスピンを含む単位胞が 1 次元的につながった系を考える．単位胞はどのようなものでもよい．例を図 E.1 (a)〜(d) に示す．

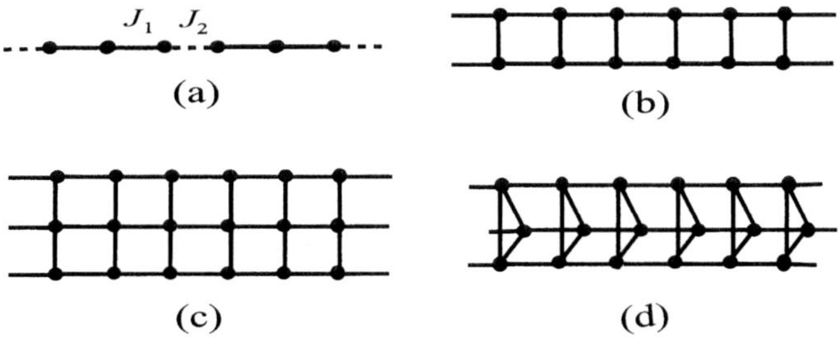

図 E.1　1 次元スピン系の例
(a) 3 個のスピンが組になった鎖，(b) 2 本の鎖からなる梯子スピン系，(c) 3 本鎖梯子スピン系，(d) 3 本鎖からなるスピンチューブ．

周期的境界条件に従う N(偶数) 個の単位胞からなる系を考える．j 番目の単位胞を Λ_j と表す ($\Lambda_{N+1} = \Lambda_1$)．系は以下の性質を満たすものとする．

1) 並進対称性：ハミルトニアンを単位胞の整数倍だけずらしても不変である．
2) 全スピンの z 成分は保存量である．
3) 空間反転対称性：隣接する単位胞間に鏡映面を適当に選ぶと，系はその面に関する反転対称性をもつ.

4) 有限系の基底状態は唯一である.

このとき次の定理が成り立つ.

[定理](Lieb-Shultz-Mattis, Affleck-Lieb, Oshikawa-Yamanaka-Affleck)
単位胞中のスピンの大きさの和を $\mathcal{S}$, 基底状態での全スピンの z 成分の値を M とおく. もし

$$\mathcal{S} - \frac{M}{N} \neq \text{整数} \tag{E.1}$$

ならば以下のいずれかが成り立つ.

1) $N \to \infty$ の極限で励起エネルギーが 0 に近づく励起状態が存在する.

2) $N \to \infty$ の極限で基底状態に縮重が存在する.

[証明] ハミルトニアンを具体的に

$$\mathcal{H} = \sum_{j=1}^{N} \sum_{\alpha} (A_{j,\alpha}^{\dagger} B_{j+1,\alpha} + B_{j+1,\alpha}^{\dagger} A_{j,\alpha}) + \sum_{j=1}^{N} C_j \tag{E.2}$$

と表す. ここで $A_{j,\alpha}$, $B_{j,\alpha}$ は Λ_j 上の演算子で Λ_j 内の全 S^z を S_j^z と表すと, S_j^z を $\Delta_\alpha(=\text{整数})$ だけ増加させるものとする. すなわち

$$[S_j^z, A_{j,\alpha}] = \Delta_\alpha A_{j,\alpha}, \qquad [S_j^z, B_{j,\alpha}] = \Delta_\alpha B_{j,\alpha} \tag{E.3}$$

C_j もやはり Λ_j 上のエルミート演算子であるが

$$[S_j^z, C_j] = 0 \tag{E.4}$$

を満たし, S_j^z を保存する. また Λ_j と Λ_{j+1} の間に鏡映面を選び反転を表す演算子を P とおくと

$$PA_{j,\alpha}P = B_{j+1,\alpha} \tag{E.5}$$

が成り立つ. スピン系のハミルトニアンが多くこの形になることは, XXZ 模型などの例で確かめられる. 系の基底状態を $|\psi\rangle$ とおき, ユニタリー演算子

$$U = \exp\left(\frac{2\pi \mathrm{i}}{N} \sum_{j=1}^{N} j S_j^z\right) \tag{E.6}$$

を用いて状態 $|\phi\rangle = U|\psi\rangle$ を定義する. 状態 $|\phi\rangle$ が $N \to \infty$ の極限で無限小の励起エネルギーをもつ励起状態になるかどうかを調べよう. まず, 状態 $|\phi\rangle$ におけるエネルギー期待値と基底状態のエネルギーとの差 δE を求める.

$$\delta E = \langle\phi|\mathcal{H}|\phi\rangle - \langle\psi|\mathcal{H}|\psi\rangle = \langle\phi|U^{\dagger}\mathcal{H}U - \mathcal{H}|\phi\rangle \tag{E.7}$$

だが

$$U^\dagger A_{j,\alpha} U = \exp\left(-\mathrm{i}\frac{2\pi\Delta_\alpha}{N}\right) A_{j,\alpha}, \qquad U^\dagger A^\dagger_{j,\alpha} U = \exp\left(\mathrm{i}\frac{2\pi\Delta_\alpha}{N}\right) A^\dagger_{j,\alpha},$$
$$U^\dagger C_j U = C_j \tag{E.8}$$

および $\exp(2\pi\mathrm{i}\Delta_\alpha) = 1$ を用いると

$$U^\dagger \mathcal{H} U = \sum_{j=1}^N \sum_\alpha \left\{ \exp\left(-\mathrm{i}\frac{2\pi\Delta_\alpha}{N}\right) A^\dagger_{j,\alpha} B_{j+1,\alpha} + \exp\left(\mathrm{i}\frac{2\pi\Delta_\alpha}{N}\right) B^\dagger_{j+1,\alpha} A_{j,\alpha} \right\} + \sum_{j=1}^N C_j \tag{E.9}$$

となり，

$$\delta E = \sum_\alpha \left\{ \left(\cos\frac{2\pi\Delta_\alpha}{N} - 1\right) \sum_{j=1}^N \langle\psi| A^\dagger_{j,\alpha} B_{j+1,\alpha} + B^\dagger_{j+1,\alpha} A_{j,\alpha} |\psi\rangle - \mathrm{i}\sin\frac{2\pi\Delta_\alpha}{N} \sum_{j=1}^N \langle\psi| A^\dagger_{j,\alpha} B_{j+1,\alpha} - B^\dagger_{j+1,\alpha} A_{j,\alpha} |\psi\rangle \right\} \tag{E.10}$$

が得られる．ここで反転対称性より $\langle\psi| A^\dagger_{j,\alpha} B_{j+1,\alpha} - B^\dagger_{j+1,\alpha} A_{j,\alpha} |\psi\rangle = 0$ となり，並進対称性により $\langle\psi| A^\dagger_{j,\alpha} B_{j+1,\alpha} + B^\dagger_{j+1,\alpha} A_{j,\alpha} |\psi\rangle$ は j によらないから

$$\delta E = \sum_\alpha N \left(\cos\frac{2\pi\Delta_\alpha}{N} - 1\right) \langle\psi| A^\dagger_{1,\alpha} B_{2,\alpha} + B^\dagger_{2,\alpha} A_{1,\alpha} |\psi\rangle \sim O\left(\frac{1}{N}\right) \tag{E.11}$$

が得られる．したがって δE は $N \to \infty$ の極限で 0 に近づくことがわかる．

次に $|\phi\rangle$ が基底状態と直交しているか否かを調べる．ここで $|\psi\rangle$ が唯一の基底状態であることを用いる．系を単位胞だけ並進移動するユニタリー演算子を T とおくと，並進対称性により $T|\psi\rangle$ も基底状態になるが，基底状態が唯一なので適当な位相 θ を用いて

$$T|\psi\rangle = \mathrm{e}^{\mathrm{i}\theta}|\psi\rangle \tag{E.12}$$

と書ける．これより

$$\langle\psi|\phi\rangle = \langle\psi|U|\psi\rangle = \langle\psi|T^\dagger U T|\psi\rangle = \left\langle \psi \left| \exp\left(\frac{2\pi\mathrm{i}}{N}\sum_{j=1}^N j S^z_{j+1}\right) \right| \psi \right\rangle$$
$$= \exp\left(\frac{2\pi\mathrm{i}M}{N}\right) \langle\psi| \exp[2\pi\mathrm{i}S^z_1] |\phi\rangle \tag{E.13}$$

となる．ここで，$\mathcal{S}$ が整数の場合と半奇数の場合で議論を分けると

1) $\mathcal{S} =$ 半奇数 の場合

$\exp(2\pi\mathrm{i}S^z_1) = -1$ だから $\{1 + \exp(2\pi\mathrm{i}\ M/N)\}\langle\psi|\phi\rangle = 0$．すなわち

M/N が半奇数でなければ，$\langle\psi|\phi\rangle = 0$ である．

2) $\mathcal{S} =$ 整数 の場合

$\exp(2\pi \mathrm{i} S_1^z) = 1$ だから $\{1 - \exp(2\pi\mathrm{i}\ M/N)\}\langle\psi|\phi\rangle = 0$．すなわち M/N が整数でなければ，$\langle\psi|\phi\rangle = 0$ である．

まとめると，$\mathcal{S} - M/N \neq$ 整数 のときに $|\phi\rangle$ は基底状態と直交し，有限系の励起状態となる．この状態の励起エネルギーは $N \to \infty$ の極限で 0 に近づく．$N \to \infty$ の極限で基底状態が唯一つの場合には，この系の励起にはエネルギーギャップが存在しない．別の可能性として，この励起状態がもう 1 個の基底状態に収束する場合があり，この場合には無限系の基底状態は縮重している．

[証明終り]

結局，この定理からエネルギーギャップについていえることは，有限系について 1) から 4) までの条件が成り立ち，かつ無限系で基底状態に縮重が存在しない 1 次元スピン系には，励起エネルギーギャップが存在しないということである．Martiall-Lieb-Mattis の定理のところでも述べたように，有限系の基底状態に縮重がなくても無限系の基底状態には縮重が起こりうる．これは通常何らかの長距離秩序が存在する場合である．しかし，$N \to \infty$ の極限で基底状態に縮重がないことを厳密に証明することは難しく，ほとんどの系では証明が知られていない．このことを厳密に議論するためには，無限系の基底状態とは何かという議論から始めなくてはいけないので，ここでは立ち入らない．

ハルデイン予想の対象である 1 次元反強磁性ハイゼンベルク模型においても $S = 1/2$ の場合を除いて証明は知られていない (少なくとも著者は知らない)．だから S が半奇数の場合に励起にエネルギーギャップがないことは，$S = 1/2$ の場合を除けば完全には証明されていないというべきだろう．しかし，これらの系の基底状態に縮重があると考える根拠はないので，S が半奇数の場合に励起にエネルギーギャップがないことを疑う理由はない．

他の $\mathcal{S}$ が半奇数の系も，基底状態に縮重があると考える根拠が特にない場合には，ここで述べた定理に基づいて励起エネルギーギャップをもたないと考えることができる．もちろん，数値的な方法などを用いて，基底状態に縮重がないことを確かめることも必要である．数値計算の結果からも，図 E.1(c) のように奇数本の $S = 1/2$ スピン鎖からなる梯子スピン系には励起エネルギーギャップが存在しないことが結論されている．

ここでは特別な励起状態だけをとりあげたので，この定理をエネルギーギャップ存在の根拠にすることはできないはずだが，実際には，これまで知られている系で $S=$ 整数 の場合の基底状態は，ほとんど励起エネルギーギャップをもつことが知られている．ただし，系のパラメタの値がちょうど基底状態の移り変わる臨界点にあるときは，ギャップレスになることが多い．図 E.1(b) に示した 2 本の $S=1/2$ スピン鎖からなる梯子スピン系については詳しい研究が行われた．偶数本の $S=1/2$ スピン鎖からなる梯子スピン系はエネルギーギャップをもつことが結論されている．

磁場中で磁化 M をもつ磁化プラトー状態が実現するためには，基底状態から磁化を $M+1$ に変化させる励起状態がエネルギーギャップをもっていなければならない．一方上に述べた定理で用いた励起状態は基底状態と同じ磁化をもっている．したがって，$S-M/N=$ 整数 が成り立っていることと磁化プラトーが起こることを直接関係づけることはできないのだが，実際に見つかった磁化プラトーでは，次元によらず，ほとんどの場合にこの条件を満たしている．この条件は押川・山中・アフレックの条件とよばれている．磁化プラトーがこの条件を満たしていないように見える場合があるが，それはたいていプラトー状態で長周期構造をもつ秩序が実現しているためで，$N\to\infty$ の極限で並進対称性が成り立つように単位胞を大きく取り直せば押川・山中・アフレックの条件が成り立っている．1 次元 XXZ 模型 (6.4) の $\Delta>1$ の場合の基底状態 (このときは $M=0$ だが) や，2 次元系である $SrCu_2(BO_3)_2$ で発見された 1/8 および 1/3 プラトーもその例である．

1 次元系では，図 E.1(d) のように奇数本の鎖が鎖に垂直な方向のリングによって結合している $S=1/2$ スピンチューブ系の例が興味深い．この場合は基底状態は軸方向に結合交替ができることにより 2 重に縮重し，励起エネルギーギャップが存在すると考えられており，7 本鎖の場合まで数値的に確かめられている[5)].

文　　献

1) E. H. Lieb, T. D. Schultz and D. Mattis: Ann. Phys. **16** (1961) 407.
2) U. Glaus and T. Schneider: Phys. Rev. **B30** (1984) 215.
3) I. Affleck and E. H. Lieb: Lett. Math. Phys. **12** (1986) 57.
4) M. Oshikawa, M. Yamanaka and I. Affleck: Phys. Rev. Lett **78** (1997) 1984.
5) K. Kawano and M. Takahashi: J. Phys. Soc. Jpn. **66** (1997) 4001.

索　引

ア 行

カ 行

サ 行

タ　行

ナ　行

ハ 行

マ 行

ヤ 行

著者略歴

久保（くぼ）　健（けん）

1944 年　愛知県に生まれる
1972 年　東京大学大学院理学系研究科
　　　　物理学専攻博士課程修了
1994 年　筑波大学物理学系教授
　　　　前 青山学院大学理工学部教授
　　　　理学博士

田中（たなか）　秀数（ひでかず）

1956 年　新潟県に生まれる
1982 年　東京工業大学大学院理工学研究科
　　　　物理学専攻修士課程修了
1984 年　同博士課程中途退学
現　在　東京工業大学大学院理工学研究科教授
　　　　理学博士

朝倉物性物理シリーズ 7
磁　　性 I　　　定価はカバーに表示

2008 年 10 月 25 日　初版第 1 刷
2020 年 1 月 25 日　第 8 刷

著　者　久　保　　健
　　　　田　中　秀　数
発行者　朝　倉　誠　造
発行所　株式会社 朝　倉　書　店
東京都新宿区新小川町6-29
郵 便 番 号　162-8707
電　話　03(3260)0141
FAX　03(3260)0180
http://www.asakura.co.jp

〈検印省略〉

中央印刷・渡辺製本

ISBN 978-4-254-13727-9 C 3342　　Printed in Japan